航母与舰载机适配技术

航母舰载机安全起飞、着舰评估技术

HANGMU JIANZAIJI ANQUAN QIFEI, ZHAOJIAN PINGGU JISHU

张雯　朱齐丹　张智　著

哈爾濱工程大學出版社
Harbin Engineering University Press

图书在版编目(CIP)数据

航母舰载机安全起飞、着舰评估技术/张雯,朱齐丹,张智著. —哈尔滨:哈尔滨工程大学出版社,2017.11
ISBN 978-7-5661-1243-9

Ⅰ.①航… Ⅱ.①张… ②朱… ③张… Ⅲ.①航空母舰-舰载飞机-技术评估 Ⅳ.①E926.392

中国版本图书馆 CIP 数据核字(2017)第 258303 号

责任编辑 张忠远 宗盼盼
封面设计 博鑫设计

出版发行 哈尔滨工程大学出版社
社　　址 哈尔滨市南岗区南通大街 145 号
邮政编码 150001
发行电话 0451-82519328
传　　真 0451-82519699
经　　销 新华书店
印　　刷 哈尔滨市石桥印务有限公司
开　　本 787mm×1 092mm 1/16
印　　张 14.25
字　　数 263 千字
版　　次 2017 年 11 月第 1 版
印　　次 2017 年 11 月第 1 次印刷
定　　价 60.00 元
http://www.hrbeupress.com
E-mail:heupress@hrbeu.edu.cn

前　言

舰载机以“起飞难，着舰险”著称，与普通陆地机场起降相比，舰载机起降具有如下特殊性：

(1)舰载机需要跟踪航行的航母，降落在随航母做六自由度运动的起降甲板上；

(2)受航母甲板空间的限制，舰载机的起降跑道长度不足陆地起降跑道的1/10；

(3)海上气流情况复杂，尤其航母后端的尾流场给舰载机带来了不可预估的扰动。

上述困难交杂在一起，使舰载机起降任务极具风险。据美国军方统计，起飞、着舰阶段时间仅占舰载机执行任务周期时间的4%，而事故率却占整个事故的60%以上，因此舰载机的安全起降性是舰载机有效发挥作战能力的前提。此外，舰载机起降安全性在航母舰载机系统设计过程中也十分重要。例如，在舰载机设计过程中，若舰载机的操纵性、高速性等性能的设计与舰载机起降安全性要求发生矛盾时，设计师必须优先考虑起降安全性对舰载机的要求。

舰载机起降安全评估是提高并保障舰载机起降安全性的基础，在舰载机安全起降技术发展过程中发挥了极其重要的作用。舰载机安全评估可用于识别舰载机起降安全性，有助于发现不安全因素，为舰载机起降技术的改进提供方向；舰载机安全评估可用于舰载机起降事故的分析，辅助查找事故的原因，防患于未然；舰载机安全评估可用于提炼舰载机起降安全规律，指导舰载机起降特种装置、舰载机的设计；舰载机安全评估可用于舰载机飞行员和着舰指挥官的训练评价。

本书以《航母舰载机安全起飞、着舰技术》一书中介绍的舰载机起降过程动态仿真验证平台为基础，介绍哈尔滨工程大学在航母舰载机安全起飞、着舰评估方面的研究成果。本书共3篇，包含8章。其中，第1篇包含3章，主要介绍航母舰载机安全起飞、着舰评估指标体系及影响因素；第2篇包含4章，主要介绍航母舰载机安全起飞、着舰评估方法；第3篇包含1章，主要介绍航母舰载机安全起飞、着舰评估辅助软件。

本书的研究工作得到了国家国际科技合作专项资助(2013DFR10030)、国家自然科学基金资助(61603110)、中央高校基本科研业务费专项基金资助

(HEUCFM170401),在此表示特别感谢。

本书承蒙下列人员的仔细审查:蔡成涛、刘志林、陆军、孟浩、原新、苏丽、杨震、王立辉、吕晓龙、栗蓬、曾薄文、王立鹏、鲁鹏、杨智博。

希望我们的基础研究工作成果对我国从事航母研究的专业技术人员有所帮助,为我国航母事业的发展做出贡献。

著　者

2017 年 8 月

目　录

第2篇　航母舰载机安全起飞、着舰评估方法

第3篇　航母舰载机安全起飞、着舰评估辅助软件

绪　论

航母是以舰载机为主要作战武器的大型水面舰艇，它可在茫茫大海放飞或回收舰载机，因此航母/舰载机是现代夺取远洋海战制空权的关键力量，在保卫国家的领海、领空等方面都起着举足轻重的作用。由于航母起降甲板上的跑道长度不足陆地机场起降跑道长度的 1/10，舰载机主要采用弹射或滑跃的方式起飞，采用等角下滑、阻拦减速的方式着舰。

一、航母舰载机的起飞过程

1. 航母舰载机滑跃起飞

如图 0.1 所示，滑跃起飞是指舰载机依靠航母首的滑跃甲板(又称滑跳式甲板和滑橇式甲板)实现离舰起飞的过程。由于该项技术把甲板末端做成上翘的斜坡，舰载机起飞时可沿上翘的滑跃甲板冲出，形成斜抛运动，从而大大缩短了起飞的滑跑距离。目前，航母舰载机采用滑跃起飞模式的国家有俄罗斯、英国、印度、西班牙、意大利等。

图 0.1　滑跃起飞

滑跃起飞时，舰载机先移动到止动轮挡前，使其主轮固定在止动轮挡处，然后开启发动机达到全加力状态，止动轮挡前倾，随后释放止动轮挡，舰载机瞬间沿甲板加速滑跑，冲上滑跃甲板获得正的航迹角和俯仰角速度，直至飞离甲板，然后飞行员操纵舰载机尽量达到预定的起飞迎角并加速到一定速度后，开始正常上升，完成舰载机的起飞过程。滑跃起飞方式不需要复杂的弹射装置，与弹射起飞相比，弹射起飞的效率较低[1]。

2. 航母舰载机弹射起飞

如图 0.2 所示，弹射起飞是指利用弹射器拖动舰载机在航母起飞跑道迅速加速，使舰载机到达起飞甲板末端时能够起飞升空[2]。弹射起飞又可分为利用蒸汽弹射器起飞和利用电磁弹射器起飞两种。目前航母上采用的弹射器以蒸汽弹射器为主。

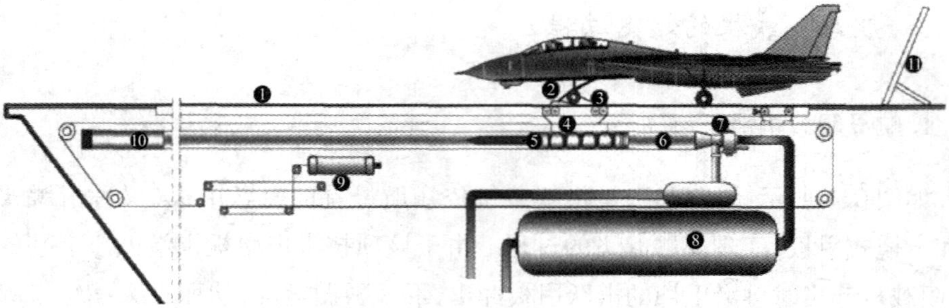

图 0.2　弹射起飞

1—飞行甲板；2—前起落架弹射杆；3—牵制杆；4—滑梭总成；5—活塞总成；6—汽缸；7—弹射阀总成；8—蒸汽蓄压器；9—回位装置；10—水刹；11—导流板

蒸汽弹射器是一台动力冲程很长的往复式蒸汽机，它以高压蒸汽推动活塞带动弹射轨道上的滑块，把与之相连的舰载机弹射出去。蒸汽弹射起飞时，飞行员在弹射指挥官的引导下驾驶舰载机，缓慢滑行至弹射位置，同时弹射操作员要根据舰载机的型号和质量，设置合适的弹射力大小及选择牵制杆的型号。然后通过安装在前起落架上的弹射杆，将舰载机和弹射拖梭连接。接着，将牵制杆通过定力拉断栓与前起落架铰接，另一端与甲板牵制装置连接。在进行弹射时，弹射器开始预加载，弹射杆被张紧，同时飞行员踩紧刹车，启动发动机引擎并推到最大挡位置；在弹射指挥官示意可以弹射时，弹射操作员按下“启动弹射”按钮，弹射器开始持续加载，当达到牵制杆释放载荷时，定力拉断栓被拉断，同时飞行员松开刹车，舰载机即脱离牵制杆的约束，在舰载机推力和弹射器弹射力的共同作用下开始进入弹射滑跑阶段；在弹射行程结束时，舰载机脱离弹射杆的约束，进入甲板自由滑跑阶段，受压缩的前起落架支柱快速伸展，舰载机快速抬头。在飞行甲板的边缘,舰载机如果仍没有达到最低起飞速度,将在发动机推力作用下,继续加速,直至成功起飞。在弹射行程的末端,活塞在水刹的作用下减速,此时回位装置通过传动系统牵引活塞总成及滑梭总成后退,重新回到开始位置,汽缸中的蒸汽则可以通过回流阀回收。至此,一次弹射起飞作业便完成,并开始准备下一架舰载机的弹射。

蒸汽弹射器体积庞大,工作时要消耗大量蒸汽,功率浪费严重,只有约6%的蒸汽被利用。为制造和输送蒸汽,航母要备有海水淡化装置、大型锅炉和无数管线,工作维护量惊人。蒸汽弹射器的最大缺陷在于弹射功率太大而无法发射无人机,因为现役的无人机质量轻,在弹射时机体会被加速度扯碎。

电磁弹射器是新一代舰载机弹射装置,与传统的蒸汽弹射器相比,电磁弹射器具有容积小、对舰上辅助系统要求低、效率高、质量轻、运行和维护费用低廉等优点。电磁弹射器是一个复杂的集成系统,其核心是直线弹射电动机,弹射电动机带有滚轮,带着一个往复车沿弹射器轨道滑行。在电磁弹射起飞前,舰载机弹射杆伸出至上下导轨之间,舰载机发动机启动并运行1 s后弹射器通电,强大的电流从导轨经舰载机弹射杆流回另一对导轨并形成回路,牵引杆在强大的电磁力的推动下运行到高速(未到起飞速度,但只差一点)后电流被强制截止,牵引杆将不再受力,然后在舰载机发动机的推力下达到起飞速度。

二、航母舰载机着舰过程

与陆地降落过程不同,舰载机着舰过程不进行“拉飘”,而是以等速、等角直线下滑的方式,按预定轨迹撞击着舰,这要求舰载机在着舰下滑过程中要精确地控制航迹。航母舰载机的着舰引导方式包括光学着舰引导和自动着舰引导两种方式。

1. 航母舰载机光学着舰引导

光学着舰引导是指舰载机飞行员依据着舰引导装置信息和着舰指挥官(LSO)指令完成精确下滑的引导方式。

光学着舰引导方式包括高度引导和对中引导两个方面。其中能够提供高度偏差信息的光学着舰引导装置包括菲涅耳着舰引导系统(FLOLS)、改进型菲涅耳着舰引导系统(IFLOLS)和手动着舰引导系统(MOVLAS)三种,它们都是利用透镜光束向飞行员提供高度偏差信息的着舰引导装置。其中改进型菲涅耳着舰引导系统比菲涅耳着舰引导系统提供更多层的引导光束;手动着舰引导系统是在海上环境恶劣、甲板运动剧烈时由着舰指挥官控制使用的着舰引导装置。能够提供对中偏差信息的光学着舰引导装置包括航母尾垂灯、远程激光甲板中线定位系统、中程横光带对中系统。在上述着舰引导装置中菲涅耳着舰引导系统和航母尾垂灯的技术最成熟、应用最广泛。下面以美国的菲涅耳着舰引导系统和航母尾垂灯为例,给出着舰引导装置的引导原理。

图 0.3 为菲涅耳着舰引导系统及其引导原理示意图。美国舰载机飞行员习惯将着舰机上的菲涅耳透镜引导灯光称为“肉球”,当飞行员看到绿色的切断灯亮起,表明舰载机进入下滑道,在此后的下滑过程中当飞行员看到的“肉球”与绿色基准灯相平时,说明飞行员眼位处于理想引导下滑道上(此时“肉球”颜色较重,偏橙黄色)。当飞行员看到的“肉球”高于绿色基准灯时,说明舰载机的位置偏高;当飞行员看到的“肉球”低于绿色基准灯时,说明舰载机的位置偏低;当飞行员看到的“肉球”位于最下方且变成红色时,说明舰载机的位置过低,需立即拉高,否则就会撞在航母尾上或坠入舰尾后的大海中[3]。

(a)

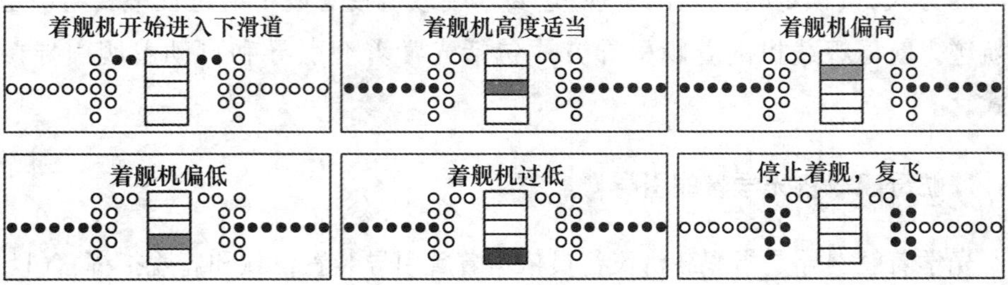

(b)

图 0.3　菲涅耳着舰引导系统及其引导原理示意图

(a)着舰引导系统;(b)引导原理

飞行员可根据尾垂灯和甲板中心线灯光的夹角判断出舰载机的横侧向偏差信息(即舰载机偏离甲板中心线的信息)。如图 0.4 所示,当舰载机对中甲板中心线时,飞行员看见甲板中心线的灯光线与尾垂灯光线是一条直线;当舰载机位于甲板中心线左侧时,飞行员看见甲板中心线的灯光线与尾垂灯光线呈左向夹角,此时飞行员应操纵舰载机向右飞;反之,飞行员看见甲板中心线的灯光线与尾垂灯光线呈右向夹角,此时飞行员应操纵舰载机向左飞[4]。

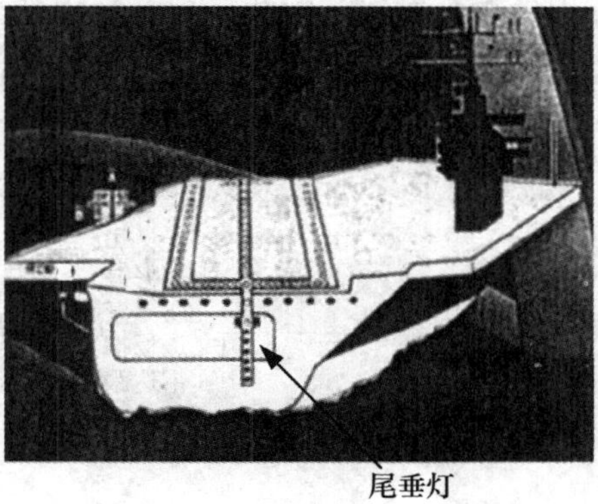

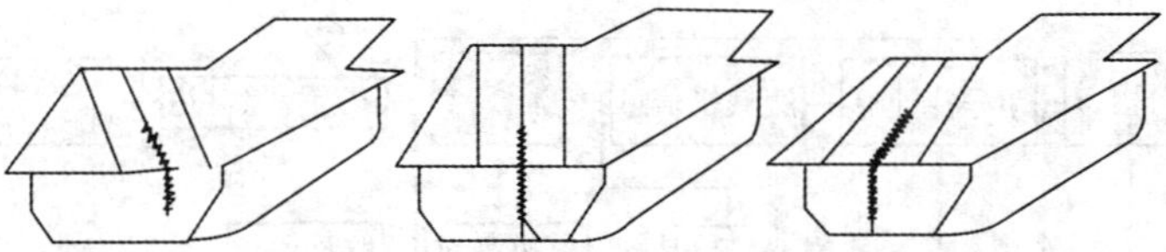

图 0.4　航母尾垂灯示意图

通常情况下,为了确保光学着舰引导的安全性和可靠性,在向飞行员提供着舰引导信息的基础上还需由着舰指挥官提供人工引导指挥。在着舰下滑过程中,着舰指挥官实时监视舰载机的飞行状态,并依据着舰指挥指令集,结合自身经验,在必要时向飞行员下达指挥指令,当指挥指令与飞行员根据引导灯光得到的引导信息不一致时,飞行员需要严格按照指挥指令执行。下达复飞指令是着舰指挥官最重要的任务:一旦舰载机着舰指挥官意识到此次着舰不可能成功,他必须立即下达指令让舰载机拉起复飞,重新进场着舰。

2. 航母舰载机自动着舰引导

自动着舰引导是由自动着舰引导系统提供航迹偏差信息的引导方式,它包含全自动着舰(Automatic Carrier Landing System,ACLS)和半自动着舰两种模式。自动着舰引导系统包括舰载精密跟踪测量雷达、航母运动测量装置、舰载计算机、数据链发射机和辅助设备。舰载机自动着舰系统工作时,由舰载精密跟踪测量雷达发出询问脉冲信号,机载雷达跟踪增强系统接收到该信号并经过固定延时后返回应答信号，舰载精密跟踪测量雷达根据该信号得出舰载机在空间中的位置，舰载计算机则根据舰载精密跟踪测量雷达获取到的舰载机的位置信息以及航母运动测量装置获取的航母运动信息计算出引导舰载机着舰的引导指令，然后舰载数据链发射机将偏差信息和引导指令发送至舰载机。若采用半自动着舰模式，接下来由飞行员根据舰载机接收的偏差信息纠正舰载机的着舰航迹偏差；若采用全自动着舰模式，如图 0.5 所示，由舰载机的飞行控制计算机根据引导指令纠正舰载机的着舰航迹偏差[5]。

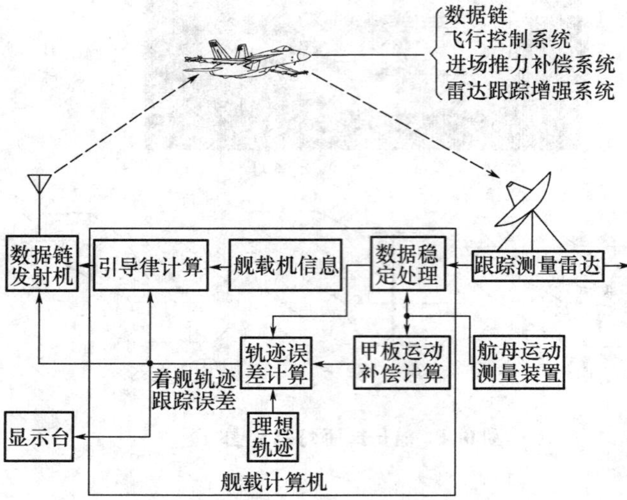

图 0.5　全自动着舰引导原理图

3. 航母舰载机阻拦过程

舰载机依靠阻拦索装置或阻拦网装置实现着舰制动。阻拦索装置是在常规情况下使用的舰载机着舰制动装置；阻拦网可承受的冲力大于阻拦索，是紧急情况下使用的着舰应急制动装置。

阻拦索装置由甲板上的四根阻拦索和甲板下的阻拦系统组成。若舰载机完成着舰下滑，落在阻拦区域内，并由机身后方的阻拦钩钩挂一根阻拦索，则利用阻拦索装置完成着舰制动。在阻拦着舰过程中，舰载机的尾钩拖动阻拦索运动，阻拦索通过滑轮组与甲板下的阻拦系统相连，阻拦系统产生巨大的制动力，使舰载机在 60 ~ 90 m 的距离内停下来，完成着舰任务，如图 0.6 所示。一旦舰载机经过阻拦区域时没有钩住阻拦索，舰载机必须进行逃逸，即接地后再次加大推力起飞。

图 0.6　阻拦索着舰过程

并不是所有的航母都配备阻拦网。航母的阻拦网一般设在第 3 根阻拦索处，平时阻拦网存放在跑道左舷，两个阻拦网支架分别存放在跑道两侧的专用槽内，需要使用阻拦网时由甲板人员快速支起。阻拦网同样与甲板下的阻拦系统相连。如图 0.7 所示，阻拦网制动时舰载机拖动阻拦网滑跑，使其动能通过阻拦网被阻拦系统吸收。一般舰载机在拖动阻拦网滑跑约 50 m 后停下来。每次使用后，阻拦网的损害程度都很大，所以阻拦网每次使用后都需重新更换，绝不允许重复使用[6]。

图 0.7　阻拦网着舰过程

4. 航母舰载机复飞过程

在着舰下滑过程中，当舰载机偏离理想航迹过大或航母甲板不具备着舰条件时，舰载机需要执行复飞操作，然后重新进场着舰。复飞指令通常由着舰指挥官下达，在着舰前的 5 ~ 12 s 的时段内，着舰指挥官通过对舰载机航迹的预测，判断舰载机能否安全着舰，并决定舰载机是继续着舰还是复飞。舰载机复飞时，飞行员加大油门，使发动机达到军用推力状态，并拉起机头，促使舰载机飞行速度激增、下沉速率减小，实现舰载机重新升空。

5. 航母舰载机逃逸过程

逃逸是指舰载机由于没能钩挂阻拦索，无法完成阻拦着舰，而在机轮接触甲板后加大推力、再次起飞的过程。舰载机尾钩没能钩挂阻拦索的原因有如下三种：①由于舰载机的下航迹偏差过大，导致舰载机尾钩落在阻拦区域外而没能钩挂阻拦索；②尾钩落在了阻拦区域，但由于舰载机尾钩跳跃或横摆过于剧烈，导致舰载机尾钩脱索；③由于阻拦索的预紧力过小，使阻拦索距离甲板的高度过低，导致舰载机尾钩无法钩挂阻拦索。

逃逸过程发生在舰载机机轮接触航母甲板后，逃逸时飞行员快速加大油门至发动机达到军用推力状态，并拉起机头，使舰载机达到起飞状态，然后升空，再次完成进场着舰。在逃逸过程中，飞行员操控要适当，要避免舰载机倾翻，同时还要避免飞行员诱发振荡。

三、航母舰载机安全起飞、着舰评估概述

舰载机起降安全性是指舰载机弹射起飞、滑跃起飞、着舰引导、全自动着舰、阻拦、复飞和逃逸过程中不发生人员损伤和设备财产损失的能力。舰载机起降安全性评估的作用是对舰载机起降过程的安全风险进行识别和评价，以减少和控制安全风险，使安全风险达到可接受的水平。

舰载机起降事故是舰载机非战斗减员的主要原因，提高起降安全性是提升舰载机有效作战能力的重要途径。要想提高舰载机的起降安全性，首先必须了解哪些因素影响了舰载机的起降安全性，是如何影响的，当前舰载机起降的安全风险程度有多高，目前舰载机起降安全性的薄弱环节在哪里，只有了解这些问题才能找出提高舰载机安全性的方式和方法。而上述这些问题都属于舰载机起降安全性评估的范畴，所以舰载机起降安全性评估是提高并保障舰载机起降安全性的基础。

舰载机起降安全性评估属于综合评估技术。综合评估是一项复杂的统计活动，包括确定评估目标、建立指标体系、选择评估模型（确定指标体系的标准值与评估规则、选择评估方法）、实施综合评估等方面。对于舰载机起降安全性评估而

言,其评估目标是明确的,即评估舰载机弹射起飞、滑跃起飞、着舰引导、全自动着舰、阻拦、复飞和逃逸过程的安全风险,为舰载机起降过程提供安全保障。

舰载机起降安全性评估按照评估对象可分为弹射起飞过程评估、滑跃起飞过程评估、着舰引导过程评估、全自动着舰过程评估、阻拦过程评估、复飞过程评估和逃逸过程评估,这些过程评估的目标相同、基本思路相近,不同的只是指标体系和安全指标边界条件,因此各过程的安全评估可以采用相同的安全指标评估方法和综合评估方法。根据上述特点,本书在第 2 篇(第 4 章至第 7 章)研究统一的舰载机安全起飞、着舰评估方法,并以某一过程为例实施综合评估。

舰载机起降安全性评估按照评估航次的数目可分为单航次评估和多航次评估。其中单航次评估是针对某一航次起降安全性的评价,主要用于飞行员的表现评价和事故分析等;多航次评估是对多个航次起降安全性的统计评价,统计评价的结果具有一般性,代表了舰载机起降各系统的性能,主要用于支撑起降特种装置的适配性评价、着舰指挥官技能评价、飞行员技能评价等,是提出舰载机起降系统性能改进方向、飞行员和着舰指挥官技能提升需求的主要依据。本书第 4 章至第 6 章介绍单航次评估方法,第 7 章介绍多航次评估方法。

四、国内航母舰载机安全起飞、着舰研究现状

我国舰载机起降安全性研究起步比较晚,但随着我国航母计划的实施,近几年它快速成为相关科研机构的研究热点。但这些研究多数局限于某一起降过程安全性影响因素的仿真分析和安全性评估指标研究,均未形成起降安全性评估体系。例如,南京航空航天大学仿真分析了甲板风、尾流场、着舰引导性能对着舰引导过程的影响[7-9],分析了弹射起飞的各种影响因素[10,11],研究了弹射起飞指标和复飞决策指标[12,13];北京航空航天大学研究了变化风场、航母运动、甲板运动对着舰过程的影响[14-18],以及甲板运动、甲板风、舰首气流地面效应、弹射能量、前起落架突伸力和升降舵预置偏角对弹射起飞的影响[19,20];海军航空工程学院青岛分院研究了着舰引导性能对着舰引导过程的影响[21],以及复飞指标[22,23]、航母运动对弹射起飞的影响[24]。

哈尔滨工程大学近十年来一直从事航母舰载机起飞、着舰仿真技术研究,建立并逐步完善了舰载机起降过程动力学模型,构建了舰载机起降过程的动态仿真验证平台,形成了“影响因素分析—安全性指标体系—评估方法”三步走的航母舰载机安全起飞、着舰评估研究机制,全面系统地对航母舰载机安全起飞、着舰进行了研究。具体研究成果包括:基于仿真验证平台对舰载机的起飞、着舰过程进行

了系统的仿真分析，在国内首次构建了较为全面的航母舰载机安全起飞、着舰指标体系，并在此基础上开展了弹射起飞、滑跃起飞、着舰引导、全自动着舰、阻拦、复飞、着舰过程的安全性评估研究，进行了起降特种装置的适配性评估、飞行员技能评估、着舰指挥官技能评估。

第1篇　航母舰载机安全起飞、着舰评估指标体系及影响因素

本篇首先分析了国外航母舰载机安全起飞、着舰评估指标，然后根据舰载机起降安全性评估的特点，本书将理论分析、仿真研究结论与国外经验相融合，定性选择舰载机起降安全性评估指标，构建指标体系，为航母舰载机安全起飞、着舰评估建立基础。

第 1 章　国外航母舰载机安全起飞、着舰评估指标

在工程上为了评价安全，常用“安全性”指标来衡量安全程度，国际标准化组织对安全性的定义为：将伤害（对人）或损害（对物、对环境）的风险限制在可接受水平的状态。舰载机起降安全性是指整个起飞或着舰过程中不发生人员损伤和设备财产损失的能力。舰载机安全起飞、着舰评估的目的是对舰载机起飞、着舰过程的安全性风险进行识别和评估，以便减少和控制安全性风险，使安全性风险达到可接受的水平。

安全性评估指标是揭示系统的安全本质、反映系统真实安全性的变量。安全性评估指标体系是指由一系列相互联系的安全评估指标构成的具有内在结构的有机整体。安全性评估指标是建立安全性评估指标体系的基础，而安全性评估指标体系是进行安全性评估的依据。因此选择合理的舰载机安全起飞、着舰评估指标，设计良好的舰载机安全起飞、着舰评估指标体系是进行舰载机安全起飞、着舰评估的关键。

了解国外航母舰载机安全起飞、着舰评估指标，吸取国外航母舰载机安全起飞、着舰设计和使用的经验，是建立航母舰载机安全起飞、着舰评估指标体系的基础。本章通过对国外舰载机起降相关标准和文献的研究，提取国外航母舰载机安全起飞、着舰评估指标。

1.1　国外航母舰载机起飞过程安全性指标

1.1.1　国外航母舰载机滑跃起飞安全性指标

目前针对滑跃起飞安全性进行研究的国家主要有美国、英国、俄罗斯、印度等。1980 年，美国 Naval Air Development Center 以缩短起飞距离为目的开展滑跃起飞安全性研究，文献[25]汇集了这项研究成果，其指出，滑跃起飞安全指标是最小离舰速度，而最小离舰速度取决于以下两个因素：①起飞迎角的限制；②最小爬升率不得小于零。

20 世纪 90 年代,英国开启了 CVF 航母的发展计划,在论证起飞方式时英国皇家空军对滑跃起飞安全性指标进行了细致的研究,文献[26]给出了该项研究成果:无论滑跃起飞还是弹射起飞,最大起飞质量都是决定起飞安全性的关键因素。英国皇家海军确定 CVF 航母舰载机系统的滑跃起飞最大起飞质量条件如下:

(1)操作甲板风为 25 n mile/h;

(2)试验气候条件为 +20 ℃;

(3)在操作甲板风条件下爬升率不得小于 2 m/s;

(4)俯仰角速度不能超过 12°/s;

(5)舰载机起飞性安全指标要求航迹下沉量相对离舰点不得超过 3.048 m;

(6)迎角应小于升力系数为 $0.9C_{\mathrm{Lmax}}$ 时的迎角(C_{Lmax} 为最大升力系数);

(7)最小纵向加速度为 $0.065g$。

此外,一些科研机构也进行了相关研究,得到一系列影响滑跃起飞安全性的结论。例如,1984 年美国 Structure and Dynamics Division 和 Flight Dynamics Laboratory 在文献[27]中指出,当气动作用较小时,推重比起到非常重要的作用,起飞的效果最终取决于推重比、随迎角变化的升力和阻力;2003 年印度的 Aeronautical Development Agency 在文献[28]中指出,为了避免飞行员出现迷失方向的感觉,要求爬升率为正。

1.1.2 国外航母舰载机弹射起飞安全性指标

弹射起飞技术最成熟的是美国,其早在 20 世纪 60 年代就确定了安全弹射起飞的指标[29]。目前,衡量弹射起飞安全性均以此为指标。

1. 航迹下沉量

在舰载机起飞时,由于舰载机的前起落架在离舰时会产生低头力矩,加上地效丧失导致舰载机的升力减小、航迹下沉。该航迹下沉量的限定为:相对于舰载机在离舰瞬时的重心位置,舰载机的重心下沉量最大为 3.048 m。

2. 迎角

在舰载机弹射起飞离舰后,当舰载机航迹出现最大下沉量时,舰载机的迎角最大,该最大迎角值不能超过 $0.9C_{\mathrm{Lmax}}$ 时的迎角。

3. 爬升率

在舰载机离舰后出现最大下沉量后的 3 s 内,舰载机的爬升率需达到

3.048 m/s。如果离舰后舰载机不下沉,则可以不对爬升率做限制。

以上三条弹射起飞安全指标主要是针对五种不同舰载机的参数进行研究,发现弹射参数的内在联系,并采访一批经验丰富的飞行员,经过综合研究考量得出的推荐指标。文献[29]指出上述指标产生的原因如下。

(1)针对舰载机离舰后航迹下沉量指标

在理论上,只要舰载机起飞后的下沉量不超过航母高出海平面的高度,不坠入海中,如下沉量在 25 ~ 30 ft① 也是可以接受的。事实上,舰载机在弹射起飞过程中会受到各种环境因素的影响,有不利因素也有有利因素,但由于舰载机质量或者甲板风的作用,在弹射过程中获得增益并不能弥补安全裕量的损失。再者,考虑到舰载机下沉对飞行员心理造成的影响,舰载机飞行员都表示更倾向于没有下沉量的弹射。最后,在夜晚或者恶劣天气下,最大允许下沉量更是越小越好。因而,该指标推荐舰载机的重心下沉量最大为 3.048 m。

(2)针对迎角指标

在舰载机弹射起飞过程中,舰载机发生抖振或者失去横向控制都会导致舰载机失速,舰载机的最大迎角应当受这两个极限条件的限制。文献[29]通过减小横向控制的作用,F8 型舰载机的最大允许迎角为 $0.9C_{\mathrm{Lmax}}$ 对应的迎角。目前,该限制值已被大家广泛接受。

(3)针对爬升率指标

文献[29]在一系列仿真过程中发现,在舰载机弹射起飞过程中会出现许多不同纵向加速度的值,很难确定一个固定值作为最小纵向加速度的限制值。而规定舰载机取得并保持 3.048 m/s 的爬升率,则舰载机需要有一个附加推力以产生 $0.05g$ 的纵向加速度。而这个 $0.05g$ 则是参考了可以利用的多余推力产生的加速度。因此,通过规定舰载机的爬升率来限制舰载机的推力更加符合期望的实际性能特点。

1.2 国外航母舰载机光学着舰引导过程安全性指标

着舰引导过程的安全性保障主要依靠着舰指挥官(LSO)来完成。由于舰载机着舰过程的高风险性,为了分析每次着舰的安全性和飞行员的驾驶技能,针对每次着舰 LSO 都需要对着舰的安全性和飞行员的驾驶技能进行等级评估。LSO 对着舰过程的等级评估不仅仅是对着舰落点的评估,而是对整个舰载机着舰过程的

① ft 为英尺,1ft = 0.304 8 m。

综合评估。为了提高评估的准确性,美国海军根据舰载机着舰过程动态特点将着舰过程分为如下几个阶段。

(1)The 90:从舰载机接近90°转弯直至对中完成。

(2)At the Start(X):距离舰尾约3/4 mile①,此时舰载机通过警示点或飞行员捕获“肉球”。

(3)In the Middle(IM):距离舰尾1/2~1/4 mile。

(4)In Close(IC):距离舰尾1/10~1/4 mile。

(5)At the Ramp(AR):舰载机通过舰尾时。

(6)In the Wires(IW):着舰点直至停止。

LSO根据X,IM,IC和AR四个阶段的飞行状态统计结果对舰载机飞行员进行等级评估,评估指标见表1.1[30]。

表1.1　LSO评估指标

等　　级	指标描述
OK	完美着舰,通常处于极好环境下才可能完成,通常成百上千次着舰也不一定会达到这一等级,5分
OK	着舰过程中仅有一些对中、下滑或迎角的微小偏差,4分
Fair	着舰过程中存在一个或多个安全范围偏差,并适当纠正,3分
Bolter	逃逸,一次安全飞行,尾钩放下但舰载机未停止,2.5分
No Grade	着舰过程存在较大但属于安全范围内的偏差或纠偏不适当,没有合理采纳LSO指令,2分
Technique Waveoff	着舰过程存在对中、下滑或迎角的偏差,导致不安全,需复飞,1分
Cut Pass	着舰过程存在不可接受的偏差,导致飞行不安全,执行复飞,0分
Foul Deck Waveoff	由于着舰区域拥堵而导致着舰终止,不得分,此次飞行不进入飞行员评价之中

依靠LSO进行着舰安全性评估,标准因人而异,预测结果一致性差,因此,着舰安全性自动评价系统是未来的发展方向。美国海军训练和研发中心于1981年开发了一套着舰自动评估和训练系统(Automated Performance Assessment and Remedial Training System, APARTS),该系统目前已应用于美国陆基着舰训练(Field Carrier

① mile为英里,1 mile=1 609.344 m。

Landing Practice,FCLP)和夜视着舰训练(Night Carrier Landing Trainer, NCLT)[31]。

1.3　国外航母舰载机全自动着舰过程安全性指标

全自动着舰过程的安全性评估实质上是对全自动着舰系统的性能评估,美国的全自动着舰验证主要采用岸基/陆基试验数据分析与人工评定的方式。美国在验证测试自动着舰系统时主要收集舰载机纵向着舰点、侧向着舰点、下滑角、航向角、下沉速度、交错跟踪角、俯仰角、滚转角、舰尾净高九种数据。在对九种测试数据的事后统计、分析中,美国海军发现只有纵向着舰点分布、纵向着舰点散布情况和着舰率与自动着舰安全评估相关,因此,最终的着舰结果采用多次数据统计分析的方式进行评定,而着舰过程中的自动着舰控制性能的评估主要依靠飞行员的事后评分。主要评估指标如下[32]。

1.3.1　飞行员满意度

飞行员满意度是指飞行员对自动着舰引导控制的看法,通常用ACLS品质等级划分(图1.1)来衡量。

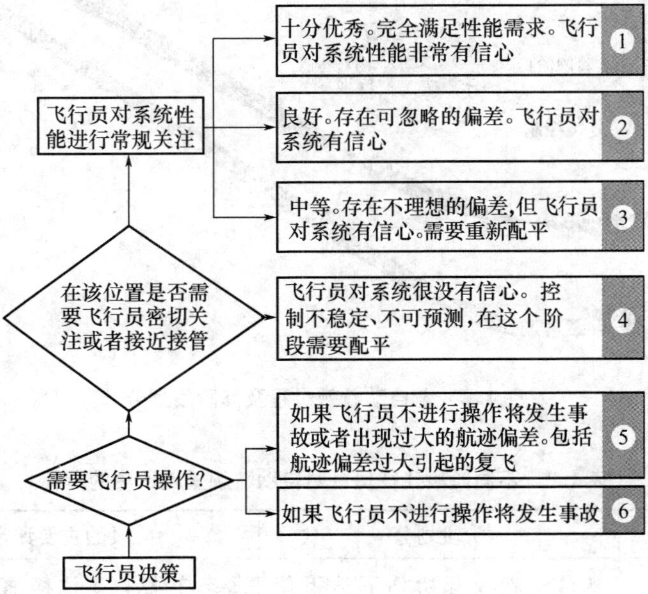

图1.1　ACLS品质等级划分(AQR)

通常根据全自动着舰过程的动态特性将其划分为平飞、下俯指令、下滑、进入、着舰五个阶段(图 1.2),不同阶段飞行员针对自动着舰重点评估的指标见表 1.2。

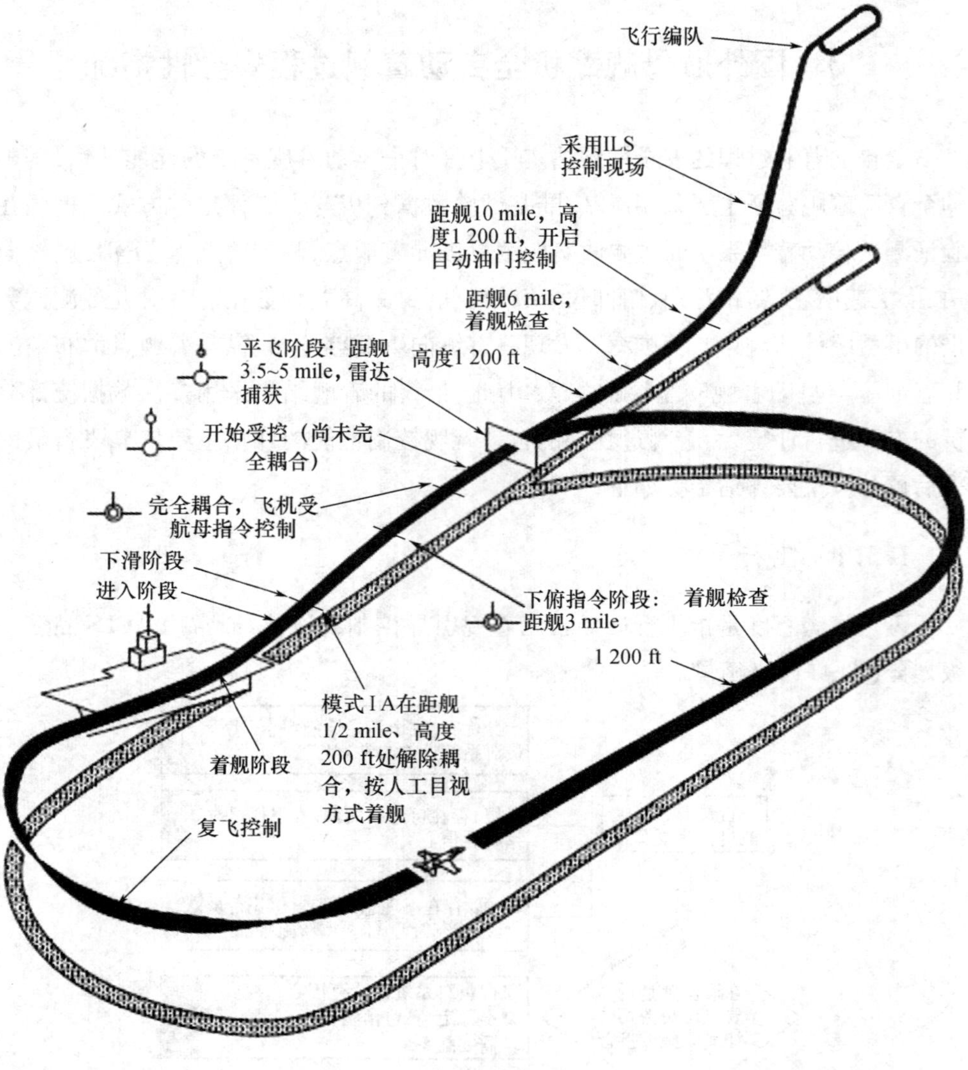

图 1.2　全自动着舰过程及其阶段划分

表 1.2　不同阶段飞行员针对自动着舰重点评估的指标

阶段名称	阶段划分	阶段的主要评定因素
平飞阶段	从自动着舰开始到下达下俯指令	姿态变化、高度漂移、指针移动、迎角变化、排列校正
下俯指令阶段	下俯指令下达过程	姿态变化、下降速率、超调情况、迎角变化

表1.2(续)

阶段名称	阶段划分	阶段的主要评定因素
下滑阶段	从下俯指令加入接近紊流阶段	姿态变化、迎角漂移、下滑道上的漂移、连续的指针移动
进入阶段	从进入紊流到全自动引导指令冻结为止	对紊流影响的抑制
着舰阶段	从舰尾端到达着舰点	舰尾净高、舰尾下沉速率、实际着舰点

1.3.2　着舰率

不考虑舰载机故障和极端工况(如30 kn以上的甲板风会使全自动着舰系统性能变坏)引起的着舰失败,可采用着舰率评估全自动着舰的安全性,着舰率可采用下式计算得出,即

$$着舰率=\frac{着舰成功次数}{着舰次数-舰载机故障引起的着舰失败} \tag{1-1}$$

1.3.3　纵向着舰点的均值

若纵向着舰点在理想着舰点前方且有较大偏移,则逃逸概率就会增加;若纵向着舰点在理想着舰点后方,则撞舰事故的发生概率就会增加。纵向着舰点的均值在10 ft之内还是可以接受的,大于25 ft是不允许的。

1.3.4　纵向着舰点散布误差

纵向着舰点散布误差是相对于平均着舰点的标准差,通常规定为40 ft。散布误差大意味着环境因素(如大气扰动、舰紊流和甲板运动)造成了控制松散。

1.4　国外航母舰载机阻拦过程安全性指标

目前公开的国外文献中未见针对阻拦过程的安全性评估指标,但关于阻拦系统性能影响着舰安全性的研究较多。文献[33]采用对中着舰、偏心着舰情况下阻拦索在尾钩附近的张力变化情况评估阻拦系统性能的安全性影响。文献[34]和文献[35]采用主液压缸压强、舰载机阻拦的速度变化、舰载机的加速度变化、阻拦索在尾钩附近的拉力变化情况评估阻拦系统性能的安全性影响。

1.5 国外航母舰载机复飞过程安全性指标

20 世纪 60 年代,美国海军航空发展中心的 R. B. Johnstone 从舰载机复飞安全高度、飞行员对复飞指令的反应延迟和复飞操纵手段三方面入手,提出了经典的复飞边界指标[36]。在 R. B. Johnstone 研究的基础上,1994 年美国海军在文献[37]中指出复飞安全条件如下:

(1)高度损失不得低于 30 ft;

(2)在 32.22 ℃时,白天复飞时纵向加速度为 3 kn/s^2;

(3)舰载机的抬头角度不能超过 3°。

2001 年美国海军在文献[38]中指明复飞时必须满足如下条件:

(1)在 89.8 ℉天气下,舰载机的纵向加速度为 3 kn/s^2 时,舰载机的下沉速率变为零的时间不超过 3 s;

(2)在可控范围内迎角不得超过 $0.9C_{Lmax}$;

(3)在整个复飞过程中必须满足一级飞行品质;

(4)发动机特性必须合理。

第2章　航母舰载机安全起飞、着舰评估指标体系

建立航母舰载机安全起飞、着舰评估指标体系是进行舰载机安全起降综合评估的前提，只有科学合理的评估指标体系，才可能得出科学公正的评估结论。本章分别针对舰载机弹射起飞、滑跃起飞、引导、阻拦、复飞和逃逸过程，建立全面的舰载机起降安全指标体系。

2.1　航母舰载机安全起飞、着舰评估指标体系的建立方法

舰载机起降过程涉及舰载机、航母、海上着舰环境、起降特种装置、飞行员、着舰指挥官等多个方面，这些方面复杂地耦合作用在一起，使舰载机起降安全性的影响因素错综复杂，能够体现众多的舰载机起降安全性指标。在众多的舰载机起降安全性指标中选择全面、可行、稳定的指标，构建合理的航母舰载机安全起飞、着舰评估指标体系结构是舰载机起降安全性综合评估技术的关键。本书根据舰载机起降安全性评估的特点，将理论分析、仿真研究结论与国外起降安全性指标相融合，定性选择舰载机起降安全性评估指标，构建指标体系。本书采用的具体指标体系构建方法如下。

2.1.1　综合法

所谓综合法，是指对已存在的一些指标群按一定的指标进行聚类，使之体系化的一种构造指标体系的方法。正如第1章所述，国外现存一些舰载机起降安全性评估指标，但这些指标或多或少的存在不全面、冗余、难获取等缺点，本书将第1章中的舰载机起降安全性评估指标进行对比、归纳整理，使之条理化，形成本书建立航母舰载机安全起飞、着舰评估体系的基础。

2.1.2　分析法

所谓分析法，是指将综合评估体系的度量对象和度量目标划分成若干部分或

侧面(即子系统),并逐渐细分(即形成各级子系统及功能模块),直到每一个部分或侧面可以用具体的统计指标来描述和实现。本书采用分析法对综合法所得出的航母舰载机安全起飞、着舰评估指标体系进行补充,以建立全面的航母舰载机安全起飞、着舰评估指标体系。本书采用的分析法是以《航母舰载机安全起飞、着舰技术》一书中介绍的舰载机起降过程动态仿真验证平台为基础,将仿真数据统计分析和理论分析相结合的方法。

2.2 航母舰载机安全起飞、着舰评估指标体系的结构

如图 2.1 所示,航母舰载机安全起飞、着舰评估指标体系结构分两层,第一层由安全性评估指标组成,各安全性评估指标叠加作用决定了舰载机起降过程的安全性;第二层由安全性影响因素组成,各安全性影响因素耦合作用对各安全性评估指标产生不同程度的影响,进而影响舰载机起降过程的安全性。采用这种分层结构的目的是便于分析和查找产生不安全威胁的原因。例如,若某次舰载机着舰引导过程被评定为不安全,利用图 2.1 所示的安全性评估指标体系结构可以依次

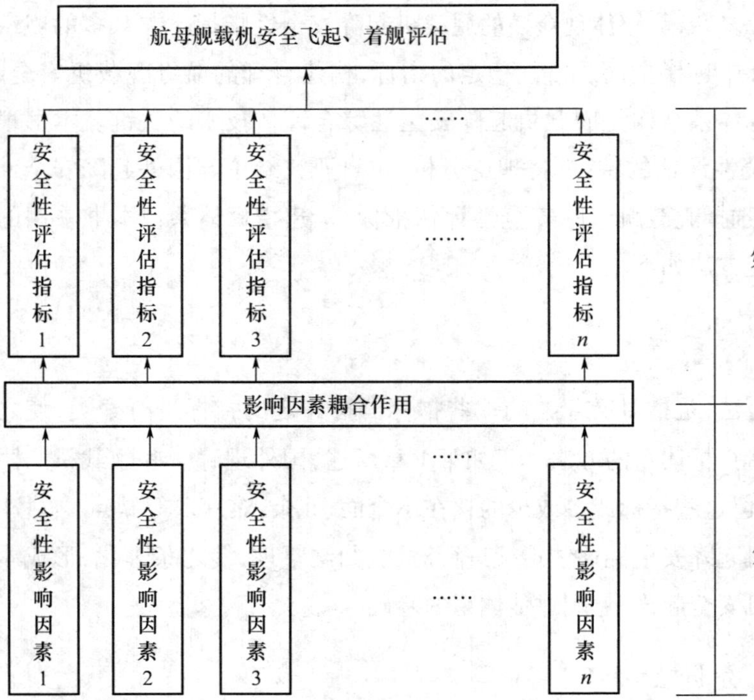

图 2.1 航母舰载机安全起飞、着舰评估指标体系结构

查找评分较低的安全性评估指标及导致其评分较低的安全性影响因素，由此确定产生不安全威胁的原因。

根据图2.1所示的航母舰载机安全起飞、着舰评估指标体系结构，书后附录以表格的形式给出了滑跃起飞、弹射起飞、着舰引导、全自动着舰、阻拦和复飞安全性评估指标体系与主要影响因素，本章后续依次对上述安全性评估指标和主要影响因素进行分析。

2.3　滑跃起飞安全性评估指标体系

2.3.1　滑跃起飞安全性评估指标

滑跃起飞过程的失败主要分为两类：一类是舰载机离舰后的航迹下沉量过大无法升空甚至掉入海中；一类是舰载机离舰后迎角变化过大，进入大迎角失速状态而无法实现起飞。因此，为了避免上述两种事故，在滑跃起飞过程中应保证离舰后的航迹角大于零，即离舰后航迹无下沉量，同时对起飞迎角的最大值进行限制。因此，滑跃起飞的安全性评估指标如下。

1. 离舰后允许的最大高度损失

离舰后允许的最大高度损失是指在保证着舰安全的前提下，舰载机离舰后航迹允许的最大下降高度。舰载机离舰后的飞行轨迹直接影响舰载机的起飞安全，如果离舰后舰载机的航迹下降高度低于航母甲板距海平面的高度，将直接导致起飞失败或舰载机坠入海中。理想的情况是在整个起飞过程中航迹角大于零，离舰后高度损失为零。

2. 舰载机离舰后的最大迎角

离舰后的迎角变化直接决定了滑跃起飞舰载机的气动特性。如果离舰后舰载机的迎角小于正常的起飞迎角，则起飞升力不足，舰载机将会下沉；相反，如果离舰后舰载机的迎角过大，起飞上升过程将出现抖动现象，甚至造成舰载机稳定性和操纵性的丧失，发生起飞失速的现象。为避免发生起飞失速的现象，应限制舰载机离舰后的最大迎角，一般要求不超过$0.9C_{\mathrm{Lmax}}$对应的迎角。

2.3.2 滑跃起飞安全性主要影响因素

1. 离舰速度

离舰速度是影响舰载机离舰后升力和迎角的关键因素，离舰速度不足将直接导致升力不能平衡重力，离舰后将持续出现较大下沉率、负爬升率（航迹角）、轨迹下沉，从而导致高度损失过大，影响起飞安全。离舰速度的选取需要综合考虑各种因素，其中对离舰速度最直接的影响就是舰载机推重比和滑跑距离。

2. 滑跑距离

滑跑距离是指舰载机从轮挡处滑跑至斜板末端的距离。滑跑距离越长，舰载机起飞加速的时间越长，舰载机将获得更大的离舰速度，而舰载机的空气升力与速度的平方成正比，离舰速度的增大是舰载机快速获取升力的一个关键因素。升力增大后，舰载机将在竖直方向获得爬升率的提升，从而减小下沉量。

3. 推重比

推重比是指舰载机在海平面的最大静推力与起飞质量之比。一架舰载机的最大静推力固定，因此舰载机的推重比与其质量成正比。在起飞滑跑段，舰载机质量越大，则加速度越小，从而离舰速度越小；在半抛物起飞飞行段，舰载机质量越大，则竖直向上的加速度分量越小，若舰载机因速度不足而不能获取足够的升力来平衡重力，则舰载机将处于下沉状态，这将导致起飞高度损失。

4. 甲板风

甲板风提高了舰载机的速度，使舰载机获得足够的升力来平衡重力，从而减少航迹下沉，减少高度和迎角的损失，提高滑跃起飞安全性。

5. 离舰航迹角

离舰航迹角决定了舰载机离舰后的初始航迹角，是保证舰载机具有足够起飞迎角并使舰载机离舰后无轨迹下沉的关键因素。离舰航迹角主要取决于滑跃甲板的上翘角度。滑跃起飞是依靠滑跃甲板的上翘角度获得离舰时的俯仰角和航迹角，合理的滑跃甲板出口角设计可以改善离舰航迹角，也可以增大推力和离舰速度在垂直方向上的分量，从而改善离舰后的航迹下沉。

6. 滑跃甲板型线

舰载机滑跃起飞时，甲板作用主要体现在两个方面：平甲板为舰载机提供起飞加速度；滑跃甲板使舰载机在离舰时获得一定的迎角和一个向上的速度分量。调整滑跃甲板出口角可以改善离舰航迹，减小下沉量。出口角直接影响舰载机的离舰速度和方向，出口角越大，推力和离舰速度在垂直方向上的分量越大，舰载机越容易摆脱下沉的影响。

理论上，最优的甲板跑道形状是在满足舰载机安全离舰起飞的前提下，跑道水平距离最短，但是，过于追求跑道水平距离的缩短，会造成滑跃甲板曲率变大，从而使舰载机起飞时，起落架承受的载荷增大，加重部件的耗损。

实际上，航母上的滑跃甲板末端还安装了一个向下反折的弧形曲面，这是为了让甲板风能顺利流过舰首，减小航母行驶阻力，且舰载机起飞时，这段曲面可以避免影响起飞的不利气流的产生。

7. 航母运动

航母航行时的运动速度能够提供甲板风，逆向甲板风可以提高舰载机的空速，使其获得足够的升力来平衡重力，从而有效改善起飞效果，减小航迹下沉量。

航母纵摇和升沉影响航迹角。在滑跑阶段，舰载机的运动与甲板运动牵连，舰载机离舰时刻的状态是甲板状态和舰载机状态的叠加，因此甲板运动是舰载机离舰状态的关键影响因素。例如，舰载机在甲板上滑跑时，舰首下俯会降低舰载机的竖直位置，同时，舰载机下俯会给舰载机一个附加向下的速度，影响舰载机爬升，这两个方面的综合作用导致舰载机起飞航迹下沉。

8. 舰载机操控

预置舵偏角是指滑跑前预设的升降舵偏角。预置舵偏角可以提供一个使舰载机抬头的力矩，改变舰载机离舰后的姿态，增大迎角，从而提升舰载机升力，减小下沉量。同时在滑跃起飞过程中舰载机会进行一定的航迹角补偿控制，改善航迹角性能，避免出现离舰后航迹下沉的现象。此外在滑跃起飞过程中引入增稳控制可限制迎角，增加迎角稳定性。

9. 地面效应

舰载机在近地飞行时，地面效应影响舰载机的升力和阻力，且舰载机的俯仰力矩也会因地面效应影响洗流场而改变。地面效应还会影响平尾的升力和下洗角的变化,但是在诸多被影响的参数中,地面效应对舰载机升力的影响最为严重。地面效应带来的升力变化是影响滑跃起飞轨迹的因素之一。

2.4 弹射起飞安全性评估指标体系

2.4.1 弹射起飞安全性评估指标

弹射起飞过程与滑跃起飞过程舰载机离舰后的环境相同、任务相同,因此滑跃起飞安全性评估指标也是弹射起飞的安全性评估指标。此外,在弹射起飞过程中弹射器向舰载机施加巨大的拖曳力,使其速度在短时间内极剧增加,舰载机加速度可能超过飞行员的承受范围,危及飞行员的安全,因此弹射最大加速度也应作为弹射起飞安全性评估的指标。综上所述,弹射起飞安全性评估指标如下:

(1)舰载机离舰后允许的最大高度损失;

(2)舰载机离舰后的最大迎角;

(3)弹射最大加速度。

2.4.2 弹射起飞安全性主要影响因素

1.弹射器性能

弹射器拖曳舰载机在长度有限的飞行甲板上迅速加速滑跑,弹射器性能是决定舰载机离舰速度的关键因素。弹射器性能主要由如下性能指标决定。

(1)弹射能量等级

弹射能量等级是衡量弹射器能力的重要指标,是弹射器使舰载机到达预期起飞速度的能力的体现。弹射能量等级同时影响舰载机的弹射质量和最大弹射末速度两方面。

(2)弹射距离

弹射距离越长舰载机的加速时间越长,则舰载机可获得更大的离舰速度。舰载机的升力与速度平方成正比,升力越大舰载机的爬升率越高,因此,弹射距离越长舰载机离舰后的高度损失越小。

(3)弹射末速度

弹射末速度直接影响了舰载机的离舰速度,从而影响高度损失和迎角。如果弹射末速度不足，升力不能平衡重力，将引起起飞高度损失，从而影响起飞安全性，如果高度损失超过航母甲板距海平面的高度，将发生舰载机坠入海中的事故。

2. 剩余甲板长度

从弹射器结束作用的位置到航母首部甲板边缘的距离，简称剩余甲板长度。舰载机在剩余甲板滑跑过程中完成前起落架突伸，前起落架突伸作用影响舰载机的姿态角，使舰载机的姿态角迅速发生变化，这些变化直接影响了舰载机离舰后的姿态和迎角，进而影响舰载机离舰后的航迹角和高度损失。足够长的剩余甲板长度将有效增加舰载机离舰俯仰角，减少舰载机离舰后的高度损失。

3. 推重比

飞机的推重比与其质量成正比。在弹射滑跑段，舰载机质量越大，则加速度越小，从而降低离舰速度；在平抛飞行段，舰载机质量越大，则垂向加速度分量越小，若舰载机因速度不足而无法获取足够的升力来平衡重力，则舰载机在离舰后将损失高度。

4. 甲板风

甲板风提高了舰载机的速度，使舰载机获得足够的升力来平衡重力，从而减小航迹下沉量，提高起飞安全性。

5. 前起落架突伸力

弹射起飞时舰载机利用前起落架突伸来建立离舰迎角、缩短起飞滑跑距离。舰载机被弹射器拖梭带至弹射器末端时，弹射杆脱离拖梭，储存在缓冲器内的能量被释放，使前起落架突伸，舰载机抬头，从而迅速达到起飞迎角。迎角的增大将显著提升升力在竖直方向的分量，抵抗舰载机的下沉，达到改善起飞安全性的目的。

6. 航母运动

舰载机在航母有纵摇的情况下弹射起飞时，航母纵摇会给其一个附加的俯仰角速度和俯仰角加速度，舰载机相当于在一个变坡度的跑道上起飞。纵摇不仅改变了弹射起飞离舰速度的大小，同时也改变了离舰速度的方向，因而纵摇可能会使舰载机离舰后产生较大的下沉量。

一般而言，当纵摇角为正（舰首上翘）时，舰载机离舰速度的垂直分速度会增大,从而有利于克服离舰下沉的影响而迅速爬升。但并不是纵摇角越大越好,过大的纵摇角会降低弹射时舰载机的加速度,不利于起飞。纵摇角为负时,会降低垂直分速度,增加起飞困难。

事实上,当纵摇角超过某一限度时,由于舰载机下沉量过大,将危及飞行安全,从而限制了舰载机的正常起飞。为了确保飞行安全,可以通过下沉量的限制推导出安全起飞的纵摇范围。

航母垂荡会使弹射起飞的最大下沉量增大,因而在考虑垂荡与纵摇的耦合作用时的限制条件也更为严格。

航母横摇对舰载机离舰后下沉量影响不大,但航母横摇使舰载机产生附加的横向运动,从而使舰载机以一定的滚转角速度离舰,如果横摇角过大,那么舰载机将难以正常起飞。

7. 舰载机操控

预置舵偏度是指滑跑前预设的升降舵偏角。预置舵偏角可以提供一个使舰载机抬头的力矩,改变舰载机离舰后的姿态,增大迎角,从而提升舰载机升力,减少下沉量。

另一方面,舰载机离舰后,飞行员仍需保持握杆操纵,一般为 2 s 左右的时间,迎角由较小的离舰迎角迅速达到最大值,继而回落,呈振荡变化。其间如不进行迎角控制,使迎角超过最大容许值,舰载机上升时将过度抖动,有可能丧失纵向和横向稳定性或操纵性。此时利用升降舵的自动调控,实现迎角的自动控制,使迎角较快地趋向于指令迎角,可以有效地避免迎角超过最大容许值。

8. 地面效应

地面效应对舰载机起飞升力的影响较大(其影响与对滑跃起飞的影响相似),进而改变弹射起飞的轨迹。

2.5 着舰引导安全性评估指标体系

2.5.1 着舰引导安全性评估指标

将舰载机引导至规定的降落区域,保证着舰过程中不发生舰载机撞击甲板的事故,阻拦过程中不发生舰载机冲出阻拦安全边界的事故,是保障着舰引导安全性的基本原则。根据该原则，着舰引导安全性评估指标如下。

1. 落点纵向偏差

落点纵向偏差是指舰载机着舰点与理想着舰点间的纵向距离，它取决于引导过程中舰载机下滑道的高度调整情况，它是舰载机尾钩能否钩挂阻拦索完成阻拦着舰的决定性因素：如果舰载机的落点在第一根阻拦索后方且过于靠近舰尾，那么将发生撞舰事故；如果舰载机的落点落在第四根阻拦索前方，那么此次着舰失败，必须拉起逃逸；如果落点位于有效阻拦区域内，那么舰载机尾钩能够钩挂阻拦索完成阻拦着舰，落点与阻拦索的相对位置决定了舰载机钩挂哪根阻拦索完成着舰。

2. 落点横向偏差

落点横向偏差是指舰载机着舰点与理想着舰点间的横向距离，它取决于引导过程中舰载机的对中调整情况，它决定了初始阻拦偏心。阻拦系统对机体偏心和偏航的纠偏能力有限，着舰时过大的偏心和偏航不但会引起阻拦滑跑时的机体受力不均，甚至还会使着舰机冲出阻拦安全边界区域。

3. 落点垂向速度

落点垂向速度是指舰载机着舰时的垂向速度，过大的落点垂向速度会使主起落架着舰时出现大的冲击力，严重的将导致起落架或甲板损坏。

另外，过大的落点垂向速度还会增加逃逸拉起时间。受着舰舰载机起落架性能的影响，为保证舰载机在逃逸过程中的俯仰动力学特性，着舰垂向速度至少应为船体下沉速度的平均值。

4. 舰尾净高

舰尾净高是指舰载机通过舰尾时舰载机尾钩距离甲板的垂直距离，它是避免舰载机发生撞击舰尾事故的安全指标。航母的升沉和俯仰运动，使航母尾不断进行沉浮运动，舰载机在接近舰尾时常常会上一时刻距离舰尾还有一定的距离，下一时刻就几乎要撞到做上浮运动的舰尾。撞击舰尾事故是国外发生频率最高的着舰事故，因此必须对舰尾净高进行限制。舰尾净高通常为 3 ~ 4 m，它取决于航母和舰载机的具体配置。

5. 落点舰机相对姿态

落点舰机相对姿态是指着舰时舰载机相对航母的俯仰、横滚姿态，过大的落点舰机相对姿态可能使舰载机机翼、机头、尾翼撞击甲板,导致舰载机损坏。落点舰机相对姿态的限制取决于舰载机的结构尺寸。

2.5.2 着舰引导安全性主要影响因素

1.菲涅耳助降系统的性能

菲涅耳助降系统为飞行员提供下滑道高度引导信息,菲涅耳助降系统的性能直接影响了舰载机的下滑道高度调整情况,并最终影响落点的纵向偏差。菲涅耳助降系统对引导过程的影响主要体现在如下几个方面。

(1)菲涅耳着舰引导装置的光学可分辨能力

菲涅耳着舰引导装置的光学可分辨能力直接决定飞行员对当前下滑道高度偏差的判别能力。在同样的误差高度条件下,飞行员对高度误差的判断能力会随舰载机相对着舰距离的增加而降低,优良的菲涅耳助降系统应使飞行员在下滑道最远处就能对下滑道高度偏差进行辨识。

(2)菲涅耳助降系统的甲板运动补偿能力

为了保证舰载机在着舰下滑过程中的航迹控制稳定性,菲涅耳助降系统需要对甲板运动进行补偿。补偿方式主要分为点稳定、线稳定和惯性稳定三种,其中点稳定是一种保证下滑道始终通过一个稳定点的补偿方式,线稳定补偿甲板的横摇、纵摇运动,惯性稳定补偿甲板的横摇、纵摇以及升沉运动。菲涅耳助降系统的稳定补偿方式和稳定补偿精度是影响舰载机下滑道航迹调整的重要影响因素。

下面对三种补偿方式进行对比。

①点稳定补偿方式

美国的经验表明点稳定补偿方式对于引导下滑道的补偿是不充分的,飞行员/舰载机系统仍很难跟踪得上采用这种方式补偿的引导下滑道,所以在采用点稳定补偿方式时飞行员通常并不严格地遵循引导信息,而是根据经验驾驶舰载机在平均意义上跟踪引导下滑道的运动。换言之,点稳定补偿方式对飞行员的驾驶技术和着舰经验都有较高的要求。

②线稳定补偿方式

与点稳定补偿相比,线稳定补偿充分考虑了引导下滑道的稳定问题,与舰载机的短周期响应特性相适应,所以采用这种补偿方式时飞行员通常只需严格跟踪引导下滑道进舰。

③惯性稳定补偿方式

与线稳定补偿方式相比，惯性稳定提供的引导下滑道更加稳定，它与水平面的夹角基本不变，在惯性空间内几乎只随着舰体的航行进行平移。这样的引导下滑道更有利于飞行员/舰载机系统的跟踪。但是，舰体运动时引导下滑道与水平面的夹角越稳定，引导下滑角（下滑道相对于航母的角度）的变化就越剧烈，而等角下滑技术指明相对稳定的下滑角是确保撞击式阻拦着舰成功的关键，从这种意义上讲，随船体运动的引导下滑道才是引导偏差最小的理想引导下滑道，因此升沉补偿的引入会造成引导偏差的增大，同样不利于着舰作业。

（3）菲涅耳助降系统布局的合理性

为了保障菲涅耳引导灯光能够将舰载机引导至有效阻拦区域内，菲涅耳助降系统与阻拦系统的安装位置必须相互配合。如图 2.2 所示，舰载机尾钩按照与飞行员眼位引导下滑道平行的尾钩引导下滑道运动，尾钩引导下滑道与甲板的交点即舰载机的引导落点，菲涅耳助降系统的安装位置应使引导落点位于阻拦装置对应的有效阻拦区域内。

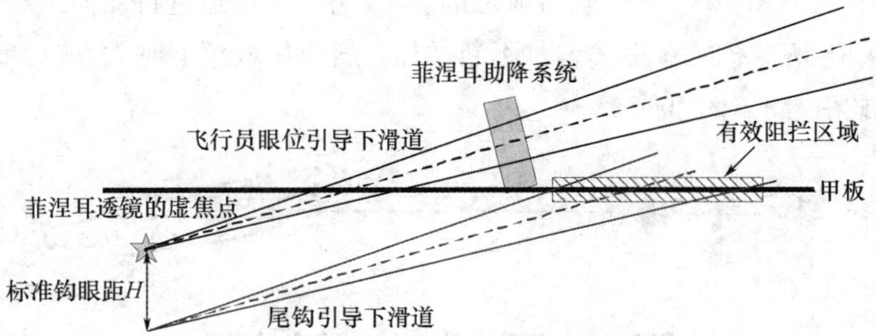

图 2.2　菲涅耳助降系统与阻拦装置的布局关系

2. 甲板灯光的对中引导性能

甲板灯光的对中引导性能直接影响了着舰过程中舰载机的对中调整。对中在舰载机着舰过程中起着至关重要的作用，若着舰机相对于中线有一个固定的横向偏差，会使阻拦系统的承受能力减小，并可能出现其他不希望的影响，如倾翻、甲板滚出。

3. 航母运动

跟踪运动的航母是舰载机着舰引导与普通着陆引导的主要区别，航母运动对引导安全性的影响主要表现在如下几个方面。

(1)航母的航行运动对下滑航迹角的影响

随着航母的航行,舰载机的理想下滑道也发生前行运动,跟踪理想下滑道飞行的舰载机实际上在惯性空间以比理想下滑角(理想下滑道的角度)略小的航迹角下滑,如图2.3所示。在理想下滑角不变的情况下,随着航母航行速度的增加下滑航迹角变小。

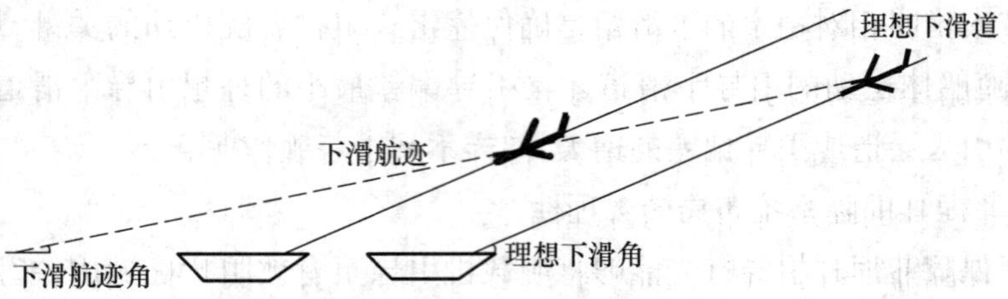

图 2.3　航母的航行运动对下滑航迹角的影响

(2)航母航行引起的对中偏差的影响

引导下滑道在甲板平面上的投影沿着斜角降落甲板方向,与航母的航行方向呈一定角度,如图2.4所示,随着航母的航行,引导下滑道进行侧向运动,如不进行对中纠偏,舰载机的对中偏差将不断增加。斜角甲板角度越大,航母航行速度越快,由此引起的对中偏差越大。

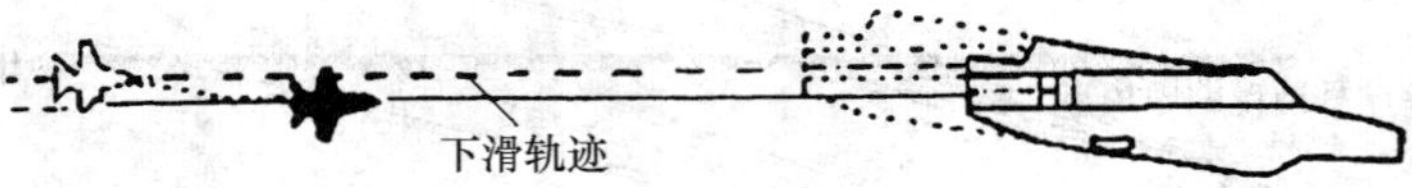

图 2.4　航母航行引起的对中偏差的影响

(3)航母甲板运动对舰载机航迹调整的影响

着舰过程中舰载机必须跟踪航母的运动,航母甲板周期性的横摇、纵摇和升沉运动增加了舰载机航迹跟踪的难度,航母甲板运动的频率过高还有可能影响舰载机航迹控制的稳定性,进而影响着舰安全性。

4. 甲板风

甲板风由航母航行和环境风共同决定。一方面,甲板风可减小舰载机对甲板的接近速度(接近速度 = 舰载机空速 - 环境风速 - 航母速度),从而影响着舰速度、落点下沉速度等指标;另一方面,甲板风的侧向分量干扰舰载机的侧向航迹,使下滑道对中调整偏差增大,从而影响落点横向偏差、偏航等指标。

此外,环境风中的垂直突风也是影响着舰引导安全性的重要因素,垂直突风是指舰载机从某个位置开始突然并持续遭遇一股垂向阵风。垂直突风作用于舰载机将引起舰载机升力和阻力的变化,进而带来航迹偏差,而对于这种航迹偏差的调整需要持续几秒钟。因此,垂直突风对着舰过程的影响是一定程度的航迹偏差和航迹调整。

5. 舰尾流场

舰尾气流场是舰载机着舰下滑道调整的主要扰动因素。舰尾流场包括自由大气随机紊流、航母运动引起的周期紊流、随机扰动尾流和稳态尾流四部分,其中稳态尾流对着舰过程的影响最大。稳态尾流又称雄鸡尾流,是航母航行时气流通过上层建筑后形成的先上洗后下洗的气流。

(1)大气紊流分量对着舰过程的影响

大气紊流分量的特性与舰载机相对于舰的位置无关,由于其具有随机性,无法进行经验补偿,因此只能靠改善纵向引导控制律的响应速度和频域带宽等特性来抑制其影响,大气紊流造成的落点偏差很难避免。

(2)舰尾流随机分量对着舰过程的影响

舰尾流随机分量对着舰过程的主要影响是引起航迹偏差、影响航迹控制的稳定性。随机分量具有随机性,与大气紊流分量一样无法进行经验补偿,因此只能靠改善舰载机的响应速度和频域带宽等来抑制其影响,随机分量造成的落点偏差很难避免。

(3)舰尾流稳态分量对着舰过程的影响

稳态尾流对舰载机高度偏差的影响规律比较复杂:首先,纵向偏差不仅受尾流垂直分量的影响,纵向分量也对飞行轨迹有影响,当舰载机飞行过程中,其遭遇的甲板风突然发生变化时,会改变舰载机的升力,从而改变舰载机的垂向受力平衡,最终影响舰载机的航迹角、俯仰姿态等状态,该效应与尾流垂直分量叠加,使影响规律更加复杂;其次,舰载机自身的气动特性、飞行控制性能等因素,影响了舰载机在稳态尾流影响下姿态的调整规律、时间滞后等特性,从而影响了其高度偏差曲线的变化规律及落点偏差。

6. 舰载机飞行品质

舰载机的飞行品质决定了舰载机的着舰下滑道调整能力和抗扰动能力,是影响舰载机航迹偏差的重要因素,是影响舰载机落点纵向、对中偏差和舰机相对姿态等指标的内在因素。

7. 飞行员技能水平

舰载机着舰任务对飞行员技能水平要求很高，舰载机的飞行品质和飞行员技术水平共同影响舰载机下滑道调整和落点偏差情况。技术水平高的飞行员可以快速、准确地调整舰载机着舰偏差，使舰载机落在有效阻拦区内完成阻拦着舰。

8. 初始航迹偏差

初始航迹偏差包含初始纵向偏差和初始横向偏差两个方面。初始航迹偏差是舰载机着舰下滑道调整的初始条件，过大的初始航迹偏差必然在着舰开始阶段引起较长的下滑道调整和较大的航迹偏差，进而影响着舰落点情况等各项安全性评估指标。

9. LSO 指挥

LSO 作为舰载机着舰安全性的保障人员，向飞行员提供语音引导信息，指挥飞行员进行着舰调整。LSO 语音信息的准确性、指挥命令的及时性和正确性直接影响着舰载机着舰引导的安全性。

2.6 全自动着舰安全性评估指标体系

2.6.1 全自动着舰安全性评估指标

全自动着舰过程与着舰引导过程的任务相同，因此，着舰引导安全性评估指标也是全自动着舰安全性评估指标，这些指标都属于结果评估指标。此外，由于在全自动着舰过程中飞行员只监视而不参与操控，因此飞行员可以作为第三方对全自动着舰过程进行评估。飞行员满意度是飞行员对全自动着舰过程评估的量化指标，它属于过程评估指标。飞行员满意度是通过飞行员的可接受性来评定自动着舰控制是否安全、合理的一种方式。它涵盖了全自动飞行控制中的姿态变化、高度漂移、迎角漂移、指针漂移、下滑道漂移等多种因素。综上所述，全自动着舰安全性评估指标如下：

(1)落点纵向偏差；

(2)落点横向偏差；

(3)落点垂向速度；

(4)舰尾净高;

(5)落点舰载机相对姿态;

(6)飞行员的满意度。

2.6.2　全自动着舰安全性主要影响因素

全自动着舰过程依赖全自动着舰系统实现飞行员监控条件下的舰载机自主着舰,全自动着舰安全性主要影响因素可分为环境因素、初始状态因素、全自动着舰系统性能因素。

全自动着舰系统性能因素是全自动着舰安全性特有的影响因素,下面详细分析它们对全自动着舰安全性的影响。

1.舰载机自动飞行控制性能

舰载机自动飞行控制性能是指舰载机自动驾驶仪对引导控制指令的执行能力。舰载机自动飞行控制包括姿态控制和自动油门控制,是全自动着舰系统的内环,直接影响了全自动着舰过程的航迹跟踪性能,其系统带宽、响应延迟等特性是否达标、是否能与引导控制指令相匹配,是影响全自动着舰落点偏差和飞行员满意度等的关键因素。

舰载机自动飞行控制技术需要在低速着舰状态下,根据引导控制指令自动完成对舰载机状态的控制,它的控制精度和响应速度直接影响了引导控制策略和自动着舰性能。

受舰载机的飞行控制性能的限制,舰载机无法跟踪高频的引导控制指令,频繁变化的引导控制指令很容易使舰载机失去稳定性。航母甲板的摇摆运动频率就足以影响舰载机自动飞行控制稳定性,因此在自动着舰的大部分时间里引导控制指令不考虑航母甲板的摇摆运动,仅引导舰载机跟踪航母的航行运动,只在着舰的最后阶段为避免由于甲板运动引起的撞舰事故,在引导控制指令引入甲板运动补偿指令。

另一方面,舰载机自动飞行控制是自动引导控制的执行系统,是自动引导控制的内环,它的性能必将影响舰载机对理想下滑道的跟踪性能,进而影响落点偏差等自动着舰安全指标。

舰载机自动飞行控制性能应满足如下要求。

(1)数据链开环响应性能

自动着舰系统的数据链开环响应性能是指断开数据链时,自动飞控系统对引

导指令的响应能力,它主要包括:

①数据链开环阶跃响应性能

数据链开环阶跃响应性能表征了自动飞控系统对阶跃引导指令的响应能力,它包含阶跃 H – dot 指令的响应能力和阶跃滚转角指令的响应能力。

②数据链开环频域响应性能

数据链开环频域响应性能代表了自动飞控系统对不同频率下引导指令的响应能力,它包含 H – dot 指令的幅频特性、相频特性和滚转角指令的幅频特性、相频特性。

(2)自动飞行系统与引导控制的综合配合性能

自动飞行系统与引导控制的综合配合性能,即当数据链闭合构成着舰引导闭环时,机载自动飞行系统配合舰载引导系统满足自动着舰系统响应要求的能力,它主要包括:

①下滑道偏差对 H – dot 引导指令的频域响应性能

理想下滑道变化时,H – dot 引导指令对下滑道偏差的调节控制能力。

②中偏差对滚转角引导指令的频域响应性能

理想下滑道变化时,滚转角引导指令对中偏差的调节控制能力。

飞行控制系统的上述性能直接影响了自动着舰系统的调整和纠偏能力,美国的自动着舰飞行控制系统在实装之前,都要经过上述性能的测试[39]。

2. 自动着舰引导控制性能

自动着舰引导控制实现舰载机的自主航迹控制,它包含着舰引导控制律、甲板运动预报及补偿控制和舰尾流补偿控制。自动着舰引导控制性能直接决定了引导控制指令的正确性,是全自动着舰系统能否安全完成着舰引导控制的关键,是自动着舰安全性的重要影响因素。

(1)着舰引导控制律性能

着舰引导控制律采用的引导策略和控制方法直接影响了着舰航迹,是影响落点偏差、舰尾净高等安全指标的关键因素。

着舰引导控制律产生舰载机状态控制指令,通过舰载机的自动飞行控制,实现舰载机的航迹跟踪控制。引导控制律一方面决定了舰载机将跟踪什么样的理想下滑道,另一方面决定了以何种控制算法实现舰载机状态对航迹偏差的控制。引导控制律作为舰载机自动飞行控制的外环,在设计时需考虑自动飞行系统的执行能力(性能),因此引导控制律的参数,需根据舰载机机型的变化进行调整。引导控制律分为纵向航迹控制和横向航迹控制两个方面。

引导控制律的纵向航迹控制方式分为俯仰角指令控制和 H - dot 指令控制两种。俯仰角指令 ACLS 通过俯仰角指令控制飞机姿态,从而实现航迹控制;H - dot 指令 ACLS 通过下沉率指令控制飞机姿态,从而实现航迹控制。俯仰角指令控制是引导控制律发展早期主要采用的控制模式,20 世纪 60 年代初期美国的 F - 4, A - 6等舰载机均采用这种模式。H - dot 指令产生于 20 世纪 70 年代,20 世纪 80 年代美国开始将其应用于 F/A - 18 舰载机。研究和试验表明,与俯仰角指令控制相比,H - dot指令控制具有较强的抗风扰动能力,可以减小由于大气紊流尤其是舰尾流造成的着舰误差。

引导控制律的横向航迹控制方式分为滚转角指令控制和航向角指令控制两种。由于着舰状态的飞机具有低动压、大迎角的特点,在这种情况下方向舵对航向的作用大大削弱,所以采用通过副翼控制滚转角来实现横侧向偏差的修改,方向舵只起到阻尼与辅助协调作用。

(2)甲板运动预报及补偿控制性能

甲板运动补偿及补偿控制能够在舰尾阶段实现舰载机和甲板运动的同步,使自动着舰控制满足舰尾净高安全指标的要求。

为了使舰载机在着舰过程中具有良好的稳定性,保持平缓的航迹变化,自动着舰引导控制律只引导舰载机跟踪航母的航行运动,而忽略运动频率较大的航母摇摆运动。但是,由于航母甲板长达 300 多米,航母的纵摇和垂荡会引起舰尾甲板大幅度的起伏运动。据美国统计,在 6 级海况下(SS6),海浪与海涌综合作用可引起航母约 1°的纵摇、1. 37 m 的垂荡,最大将导致 3. 9 m 的舰尾甲板运动。舰尾甲板的运动频率通常为 0. 6 rad/s,由于只跟踪航母航行的运动,自动着舰的舰载机常常在飞过舰尾时遭遇突然下俯或上仰的甲板。甲板下俯将直接引致落点向舰首方向移动,大幅度的甲板下俯将可能导致舰载机因错过阻拦区域而逃逸;甲板上仰运动会使落点向舰尾方向移动,最重要的是这会缩短尾钩距(舰载机经过舰尾时尾钩与甲板间的距离),如果尾钩距小于舰尾净高的要求,将有可能导致撞击舰尾事故的发生。

为了减小由于舰尾甲板运动引起的着舰偏差,在全自动着舰系统中引入甲板运动补偿及补偿控制。同时考虑到舰载机着舰稳定性的要求,甲板运动补偿及补偿控制只在着舰前的一小段时间内(美国为着舰前 12 s 左右)进行。

甲板运动预报及补偿控制包含甲板运动预报和甲板运动补偿控制两部分。甲板运动预报根据航母运动的历史数据对甲板未来的运动情况进行预报。甲板运动补偿控制根据预报信息计算甲板运动补偿高度,控制舰载机在短时间内实现与甲板运动相位的同步。由于舰载机响应完成甲板运动补偿控制需要 4 ~5 s,因此甲板运动补偿系统要具有一定的超前控制功能。而甲板运动是一个窄带随机过程,利用前馈控制仅能提供 1 ~2 s 的超前量,继续增大前馈参数将明显地增加跟踪偏差,因此只能利用甲板运动预报技术来增加补偿控制的超前量。

甲板运动预报及补偿控制的性能是影响落点偏差的重要因素。甲板运动补偿控制的频带应与舰尾甲板运动频率相适应,甲板运动预报的时长和甲板运动补偿控制增益应与舰载机的响应时间相适应,甲板运动预报的精度和甲板补偿控制精度都应满足舰尾下滑道偏差的要求。若甲板运动补偿系统的上述性能不满足要求,将无法实现舰载机运动和甲板运动的同步,进而将引起着舰偏差,甚至影响着舰成功率。

(3)舰尾流补偿控制性能

舰尾流补偿控制技术能够补偿舰尾流对舰载机航迹控制的影响,从而改善舰尾净高和落点偏差等安全指标。

为了减小舰尾流对着舰机的影响,避免由舰尾流造成的着舰偏差,全自动着舰系统在舰载机遭遇舰尾流阶段,即着舰的最后几秒,引入舰尾流补偿系统。舰尾流补偿系统产生舰尾流补偿指令,用于提高自动着舰系统的抗尾流干扰能力。舰尾流补偿指令的计算算法根据实测数据和应用经验获得,它与舰载机的机型相关。

舰尾流补偿系统的性能也是全自动着舰过程的重要影响因素,如果舰尾流补偿系统没能很好地抵抗舰尾流的干扰,受舰尾流影响,舰载机的落点偏差将增大,自动着舰的成功率将降低。

3. 航迹测量系统性能

航迹测量系统为自动着舰引导控制提供航迹测量信息,航迹测量系统包括着舰雷达系统、GPS 着舰引导系统等,航迹测量系统的捕获能力、精度、抗噪声能力、时间滞后、稳定性、可靠性等决定了测量信息的准确性,进而影响了自动引导控制指令的正确性,间接地影响了全自动着舰引导控制效果和着舰安全性。

4. 复飞决策技术

当舰载机超出自动着舰的控制极限或自动着舰设备出现故障时,自动着舰系统都无法完成着舰任务,此时必须切换到人工操纵模态,若此时距离着舰还有 5 ~12 s,则可发出复飞决策指令。

自动着舰复飞决策技术是确定何时结束自动着舰控制,实施人工复飞的一项技术。复飞决策的正确与否直接影响自动着舰的成功率,如果错误地进行了复飞决策,那么将错失一次成功着舰的机会;如果在本该复飞的情况下没有决策复飞,那么将直接导致飞行事故。

2.7 阻拦安全性评估指标体系

2.7.1 阻拦安全性评估指标

在保障舰载机和飞行员不受损伤的前提下,舰载机在阻拦滑跑区域内完成制动滑跑是阻拦过程安全性保障的基本原则,根据该原则,阻拦安全性评估指标如下。

1. 阻拦距离

为避免舰载机冲出阻拦滑跑区域撞击降落甲板上的其他设备,甚至冲出斜角降落甲板坠入海中,需将阻拦距离作为阻拦安全性评估指标。受降落甲板长度制约,阻拦距离一般为 90 ~ 100 m。

2. 最大阻拦加速度

最大阻拦加速度是确保飞行员和舰载机阻拦过程中不受损伤的安全指标。受飞行员最大加速度承受能力的限制,以及舰载机和尾钩最大阻拦力承受能力的制约,舰载机阻拦过程中的最大减速度不能超过某允许值。

3. 阻拦包络

阻拦包络是舰载机在阻拦滑跑过程中机体经过的甲板区域,它是避免舰载机在阻拦过程中由于偏离阻拦区域过大,撞击降落甲板上其他设备的安全指标。按照降落甲板布局的要求,阻拦包络不得超出甲板上的安全阻拦边界。

2.7.2 阻拦安全性主要影响因素

1. 阻拦系统性能

阻拦系统的性能是影响阻拦过程中舰载机受力的最重要的影响因素,它对着舰安全性的影响,主要体现在如下几个方面。

(1)阻拦力规律

阻拦力规律是阻拦安全性最重要的影响因素,该规律直接影响阻拦距离,并决定整个阻拦过程中舰载机加速度的变化曲线和阻拦索的受力变化。

(2)偏心、偏航阻拦能力

偏心、偏航阻拦能力是阻拦系统纠正舰载机偏心、偏航滑跑,缩小舰载机阻拦包络的能力。优良的偏心、偏航阻拦能力能够有效地避免舰载机冲出安全阻拦边界,缩小对落点横向偏差的要求。

(3)阻拦系统的最大能量等级

阻拦系统的最大能量等级是指阻拦系统可用于拦停舰载机的最大能量。最大能量等级决定了阻拦系统是否具备足够的能量将不同能量等级(不同的质量和速度)的舰载机安全拦停。

2. 阻拦俯仰角、滚转角

阻拦俯仰角、滚转角为舰载机尾钩挂索时刻的俯仰、横滚等姿态,将会引起滑跑阻拦过程中舰载机运动姿态的复杂波动,幅度过大将导致舰载机出现姿态倾翻、机翼打地等风险。

3. 阻拦偏心、偏航

阻拦偏心、偏航为舰载机尾钩挂索时刻的偏心、偏航,阻拦偏心、偏航影响阻拦过程中舰载机的受力状态及运动轨迹,从而影响阻拦加速度和阻拦包络。

4. 尾钩运动及钩索摩擦

尾钩的两自由度运动和钩索相对滑移运动,对阻拦系统吸收阻拦索的弯折波动、舰载机偏心阻拦引起的轨迹横向波动等有重要作用。不当的尾钩运动阻尼器特性和钩索摩擦特性,将会影响阻拦系统对波动能量的吸收,进而影响偏心阻拦时的阻拦包络。

5. 飞行员操控

当舰载机尾钩挂索成功后,飞行员应及时关闭发动机油门,否则影响阻拦距离及阻拦加速度等安全指标。

2.8　复飞安全性评估指标体系

2.8.1　复飞安全性评估指标

在舰载机不触碰航母和海面的前提下,实现舰载机再次升空飞行是复飞过程安全性保障的基本原则,根据该原则,复飞安全性评估指标如下。

1. 复飞高度损失

复飞高度损失是指舰载机执行复飞操作后的最大航迹下降量。复飞高度损失是舰载机能否实现安全复飞的关键指标。因为复飞往往发生在着舰的最后阶段,此时舰载机与海面距离较小,如果复飞高度损失过大,就会造成舰载机坠海或撞舰事故。

2. 复飞最大迎角

与起飞过程相似,若复飞迎角小于正常的起飞迎角,则起飞升力不足,舰载机将会下沉;相反,如果复飞迎角过大,起飞上升过程将出现抖动现象,甚至造成舰载机稳定性和操纵性的丧失,发生失速。为避免发生起飞失速现象,应限制复飞的最大迎角,一般要求不超过$0.9C_{\mathrm{Lmax}}$对应的迎角。

3. 俯仰的增加量

在复飞过程中如果不考虑舰载机的可控范围,过度的施加操控力,使机体状态超出正常的工作区域,不但无法执行复飞任务,还将因机体失稳、丧失操控性而发生事故。通常为了保证复飞的飞行安全性,俯仰的增加量要限制在一定限度内。

2.8.2　复飞安全性主要影响因素

1. 初始下沉率和迎角

初始下沉率是复飞后舰载机下沉时间和高度损失的直接影响因素。若舰载机复飞加力相同,初始下沉速率越大,下沉率速度降到零所需的时间越长,复飞后的高度损失越大,复飞发生事故的风险越大。

由于迎角和升力的对应关系,初始迎角的大小直接影响复飞过程的升力变化。初始迎角越大,复飞前舰载机所受升力越大,产生的下沉加速度和下沉速率就越小,进而复飞后的高度损失越小,复飞发生事故的风险越小。

2. 发动机响应能力

发动机的响应能力直接决定了舰载机的拉起复飞的能力。发动机输出功率越大,复飞推力越大,升力增加越快,复飞后舰载机下沉时间就越短,复飞高度损失就越小。发动机推力变化对油门输入响应是由发动机本身的特性决定的。

3. 复飞操纵方法

适当的复飞操纵方法也是提高复飞安全性的有效途径。如果仅采用推力控制进行复飞,那么在速度增加的同时迎角随之降低,导致在短时间内不能获得足够的爬升角度,使复飞时间加长。如采用军用推力加保持迎角的升降舵协调操纵方法,在获得较大升力的同时,可以快速获得爬升角度。

4. LSO 决策

LSO 能否在适当的时机正确地下达复飞命令,也是影响复飞安全性的重要因素。如果 LSO 在舰载机进入复飞包络后才下达复飞命令,那么无论进行何种挽救操作,复飞事故都将不可避免。

5. 飞行员响应时间

飞行员响应时间是飞行员对 LSO 复飞指令的反应时间。飞行员的响应时间过长,操作延迟过大,导致错过最佳复飞时机,对于安全复飞也是不利的。

6. 舰载机飞行品质

舰载机飞行品质是影响舰载机再次拉起复飞能力的重要因素,良好的舰载机飞行品质可增加舰载机复飞的安全裕度。

第3章　航母舰载机安全起飞、着舰主要影响因素仿真分析

舰载机起降安全性影响因素是安全性指标体系的重要组成部分,各因素的影响规律是构建安全性评估指标边界条件的基础,是查找不安全原因的依据。本章利用《航母舰载机安全起飞、着舰技术》一书中的仿真系统,仿真分析舰载机起降安全性主要影响因素的影响规律。

3.1　滑跃起飞安全性主要影响因素仿真分析

3.1.1　滑跑距离

在固定的滑跑甲板型线和起飞推重比的条件下,以某型舰载机为例,仿真分析滑跑距离对滑跃起飞安全性的影响。

仿真工况为:舰载机质量22 t,滑跃甲板长50 m,高6 m,出口角12°;无甲板运动;发动机推力368 kN;无甲板风;无地面效应;无预置舵偏度;滑跑距离分别取100 m,110 m,120 m,130 m和140 m。

仿真分析得出不同滑跑距离下的舰载机滑跃起飞轨迹如图3.1所示,滑跃起飞速度曲线如图3.2所示,滑跃起飞时航迹角曲线如图3.3所示,滑跃起飞时主起落架液缸压缩量曲线如图3.4所示。

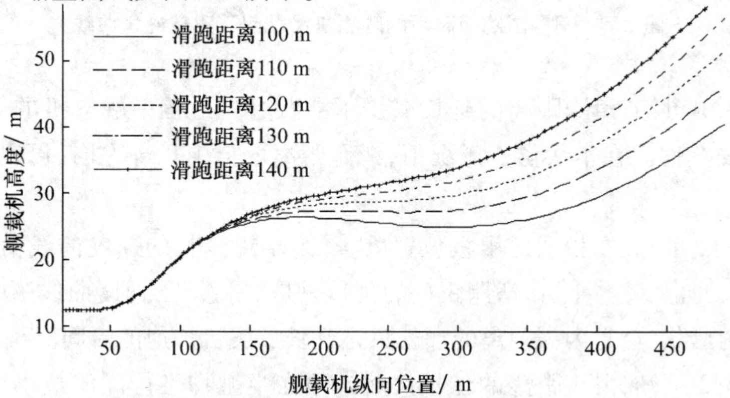

图3.1　不同滑跑距离下的舰载机滑跃起飞轨迹

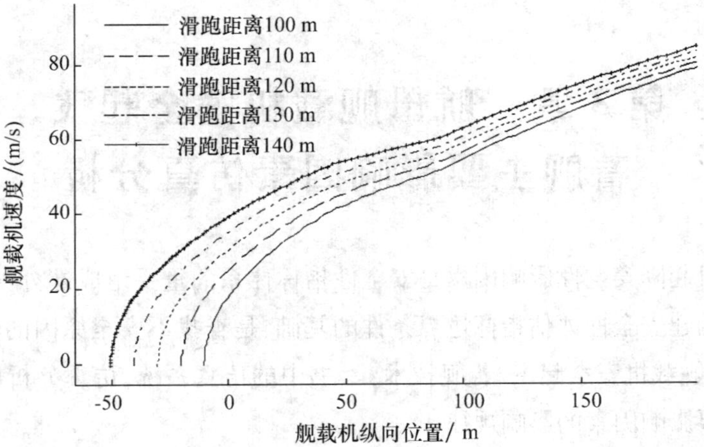

图 3.2 不同滑跑距离下的舰载机滑跃起飞速度曲线

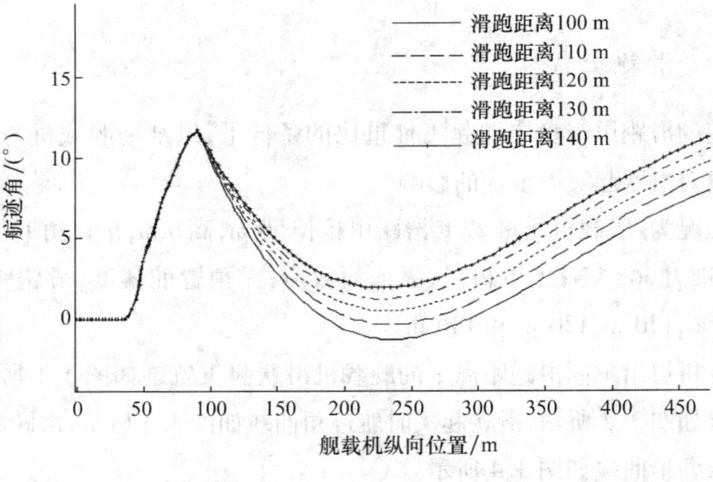

图 3.3 不同滑跑距离下的舰载机滑跃起飞时航迹角曲线

由图 3.1 可知,滑跑距离的延长减少了滑跃起飞过程中舰载机的下沉量,提高了起飞安全性。在本次仿真工况下,滑跑距离取值 120 m 左右,可以使飞机起飞无下沉。

由图 3.2 可知,在相同的甲板位置处,滑跑距离越长的速度曲线值比距离短的曲线值大,且从整体上看,滑跑距离的延长只是“平移”了速度曲线,并没有改变速度曲线的形状,这是因为距离的加长只是延长了飞机加速的时间。

由图 3.3 可知,滑跑距离的延长使航迹角在半抛物飞行段的最小值增大,当航迹角一直大于 0 时,表示飞机的航迹没有出现下沉,舰载机一直维持了一个正

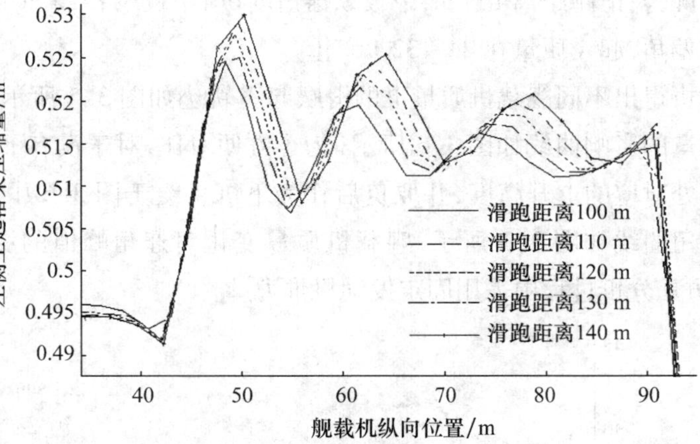

图 3.4　不同滑跑距离下的滑跃起飞时主起落架液缸压缩量曲线

的爬升率，下沉量小于 0。

由图 3.4 可知，滑跑距离的延长加大了主起落架液缸的压缩量，增大了起落架的载荷。滑跑距离越长，起落架载荷越大。舰载机在斜板上滑跑时，相当于做以滑跃甲板曲率半径为半径的圆周运动，其法向载荷与速度的平方成正比。滑跑距离的延长导致舰载机速度增大，从而间接增大了起落架载荷。

舰载机刚冲上滑跃甲板时，由于起落架缓冲器的缓冲作用使其俯仰角变化缓慢，滞后于滑跃甲板上翘角的变化，使起落架在短时间内受到快速挤压，载荷急剧上升。与此同时，绕横轴的旋转力矩使舰载机俯仰角增大，减轻起落架载荷，滑上滑跃甲板后，起落架载荷开始降低。起落架载荷的降低又使舰载机具有俯头的趋势，如此反复，所以可以看到起落架载荷的变化过程是一个波动的过程，且随着舰载机在滑跃甲板上滑跑，起落架的载荷呈增长趋势。

在舰载机刚滑跑至滑跃甲板时，滑跃甲板会使地面摩擦力的方向发生偏转，摩擦力方向由平行于甲板指向舰载机尾部，变为沿着滑跃甲板切线方向指向舰载机后下方，摩擦力方向的变化引入了使舰载机俯头的力矩，从而使主起落架的压缩量出现少量的减少，但是这一过程非常短暂，随着舰载机快速冲上滑跃甲板，起落架压缩量开始波动变化。

3.1.2　推重比

在固定的滑跑距离和滑跃甲板角度条件下，分析舰载机满足安全起飞条件的最小推重比。由于舰载机的推重与舰载机的质量成正比，因此本书以某型舰载机为例，仿真分析舰载机质量对滑跃起飞安全性的影响。

仿真工况为:滑跑距离105 m,甲板纵摇角度0°,甲板风12.5 m/s,控制方式为预置升降舵偏角,起飞质量在28~32 t变化。

仿真分析得出不同舰载机质量下的滑跃起飞轨迹如图3.5所示,舰载机质量变化对下沉量的影响曲线如图3.6所示(为了方便对比,对于没有下沉量的曲线,截取其拐点处对应的上升高度,并取负后作为下沉量绘于图3.6中,下文同理),滑跃起飞迎角曲线如图3.7所示,舰载机质量变化对迎角峰值的影响曲线如图3.8所示。仿真分析过程中采用固定发动机推力。

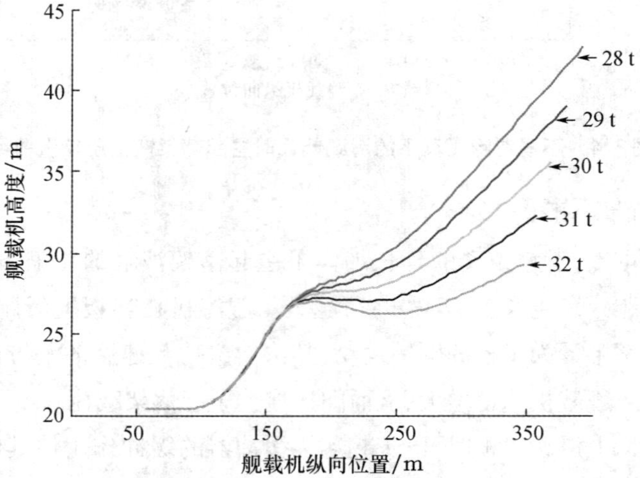

图3.5　不同舰载机质量下的滑跃起飞轨迹

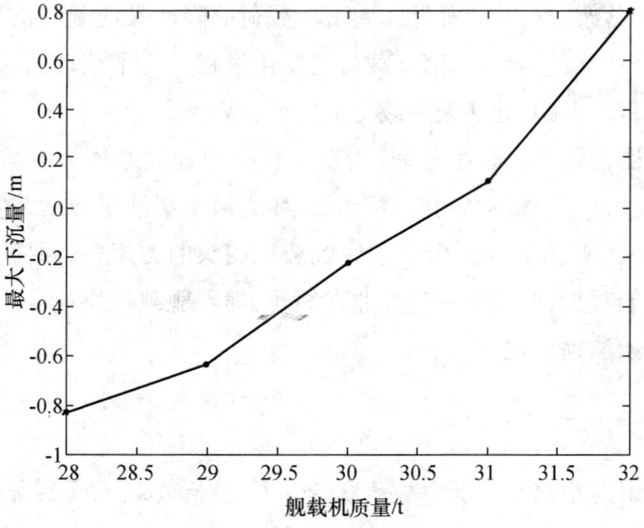

图3.6　舰载机质量变化对下沉量的影响曲线

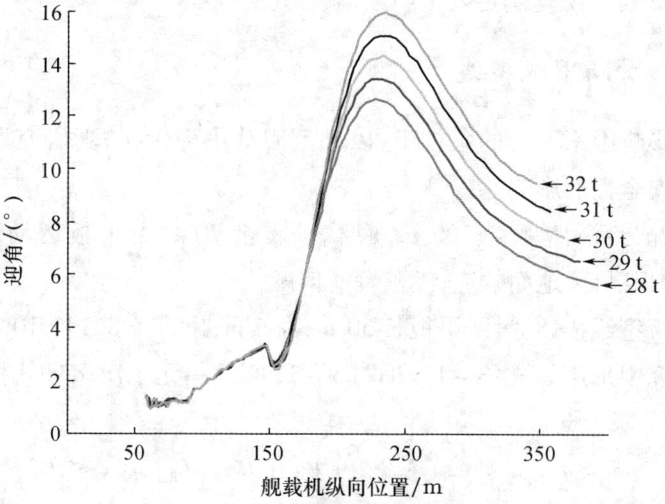

图 3.7　不同舰载机质量下的滑跃起飞迎角曲线

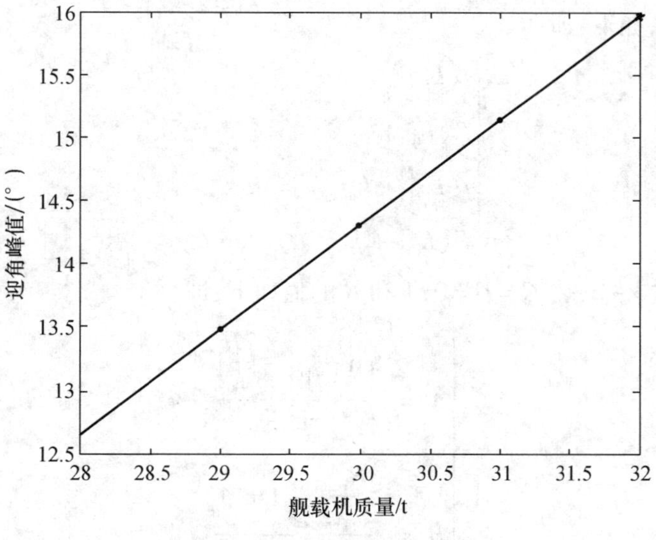

图 3.8　舰载机质量变化对迎角峰值的影响曲线

由图 3.5 至图 3.8 可知，固定发动机推力情况下，舰载机质量变化对起飞过程轨迹下沉量和迎角峰值有明显影响，且起飞下沉量随着舰载机质量增加而增加，迎角峰值随起飞质量增加而增加。如规定不允许出现高度损失，那么本仿真结果中大于 30 t 的工况已经略超出安全指标边界，如允许最大下沉量为 10 ft，那么仿真中各质量工况均满足安全约束。各工况极限迎角均小于 16°，如迎角约束上限大于 16°,那么各工况均满足安全约束。

3.1.3 滑跃甲板型线

在其他影响因素不变的条件下,以某型舰载机为例,仿真研究滑跃甲板型线对滑跃起飞安全性的影响。

仿真工况为:滑跑距离 100 m,舰载机质量 20 t,无甲板运动,发动机推力 368 kN,无甲板风,无地面效应,无预置舵偏度。

滑跃甲板型线描述:滑跃甲板长 50 m,高 6 m,出口角 8°,9°,10°,11°和 12°。

仿真研究中采用如式(3-1)和式(3-2)所示一元三次多项式描述滑跃甲板型线。

$$h = f(x) = Ax^3 + Bx^2 + Cx + D \quad (L_{\text{flat}} \leqslant x \leqslant L) \tag{3-1}$$

式中,x 为滑跃甲板的纵向位置;h 为滑跃甲板高度;L_{flat}为平甲板长度;A,B,C 和 D 为待定系数。可根据滑跃甲板的端点条件求取式(3-1)中的待定系数,对于给定的斜板长度 L_{ramp},滑跃甲板出口高度 H_{ramp}和滑跃甲板出口角 θ_{ramp},系数 A,B,C 和 D 的确定方法如下,即

$$\begin{cases} f(L_{\text{flat}}) = 0 \\ f'(L_{\text{flat}}) = 0 \\ f(L_{\text{flat}} + L_{\text{ramp}}) = H_{\text{ramp}} \\ f'(L_{\text{flat}} + L_{\text{ramp}}) = \tan\theta_{\text{ramp}} \end{cases} \tag{3-2}$$

根据式 (3-2)得 $C = D = 0$,A 和 B 的值如下,即

$$\begin{cases} A = \dfrac{\tan\theta_{\text{ramp}} - \dfrac{2H_{\text{ramp}}}{L_{\text{ramp}}}}{L_{\text{ramp}}^2} \\ B = \dfrac{\dfrac{3H_{\text{ramp}}}{L_{\text{ramp}}} - \tan\theta_{\text{ramp}}}{L_{\text{ramp}}} \end{cases} \tag{3-3}$$

仿真研究所得不同滑跃甲板出口角下的滑跃甲板型线如图 3.9 所示,滑跃甲板上翘角变化曲线如图 3.10 所示,舰载机滑跃起飞轨线如图 3.11 所示,舰载机滑跃起飞航迹角曲线如图 3.12 所示,舰载机垂向加速度曲线如图 3.13 所示,主起落架液缸压缩量曲线如图 3.14 所示。

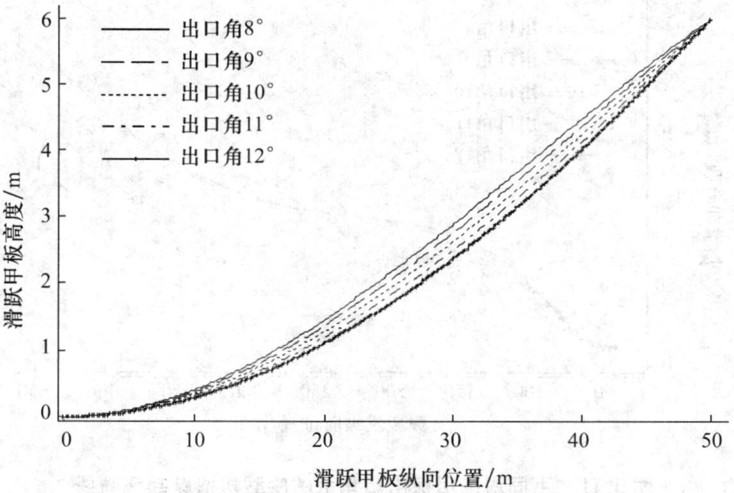

图 3.9　不同滑跃甲板出口角下的滑跃甲板型线

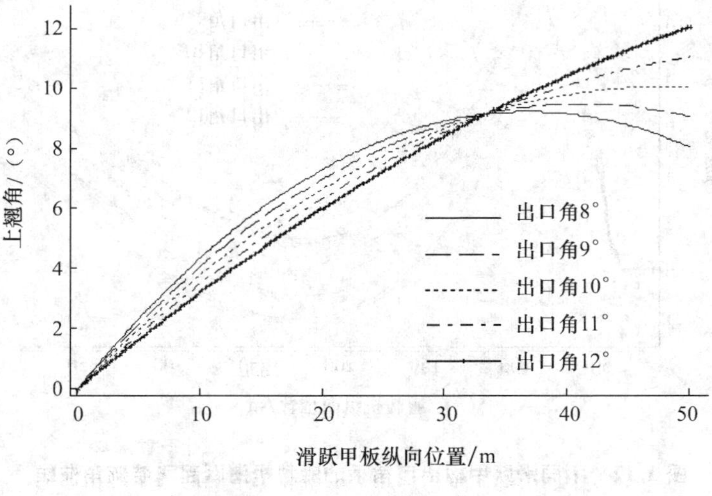

图 3.10　不同滑跃甲板出口角下的滑跃甲板上翘角变化曲线

由图 3.12 可知，滑跃甲板出口角越大，离舰时航迹角也越大。这是因为舰载机离舰时，速度的垂向分量正比于滑跃甲板出口角，而速度的垂向分量越大航迹角越大。

由图 3.13 可知，舰载机垂向加速度是波动变化的，这是滑跃甲板和起落架的缓冲器相互作用而引起的，这一点已经在研究滑跑距离的影响时做过阐述，此处不再赘述。

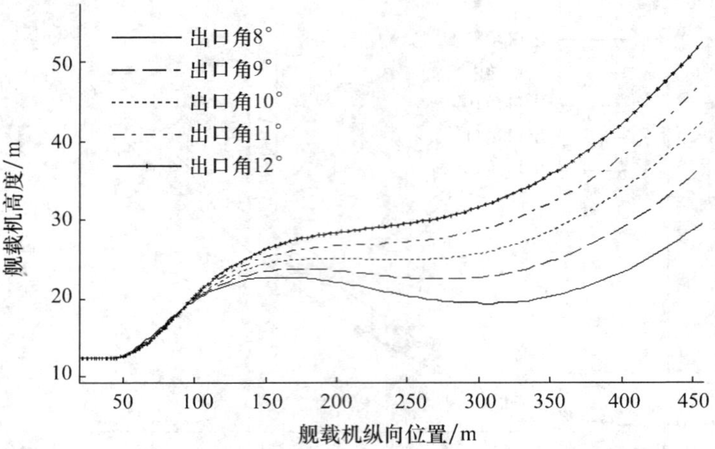

图 3.11　不同滑跃甲板出口角下的舰载机滑跃起飞轨线

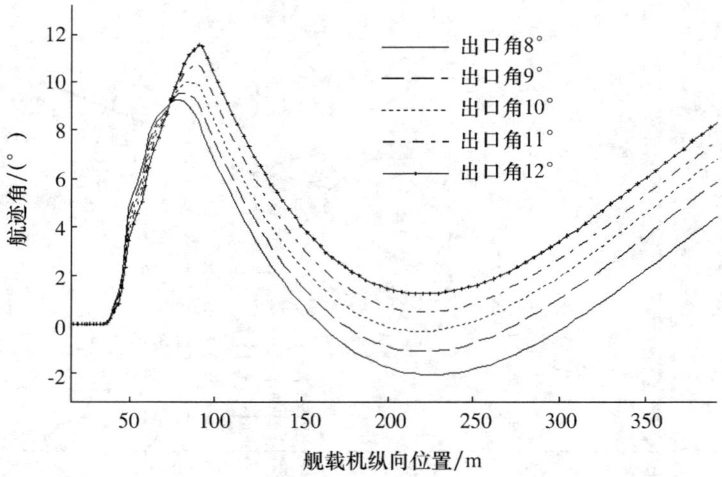

图 3.12　不同滑跃甲板出口角下的舰载机滑跃起飞航迹角曲线

不同出口角下的加速度波动程度不同,出口角越大,加速度波动越平缓,前后波动峰值差距越小,这是由滑跃甲板上翘角变化引起的。由图 3.10 可知,采用一元三次多项式描述的滑跃甲板型线,出口角越大,上翘角变化越平缓,而出口角小的滑跃甲板型线,上翘角变化较大,且在末端还出现减小的趋势。

不同出口角下加速度曲线末端的波动程度不同,出口角越小,曲线末端变化越平滑,有接近线性递减的趋势。这是因为出口角越小的滑跃甲板,其末端上翘角越小。

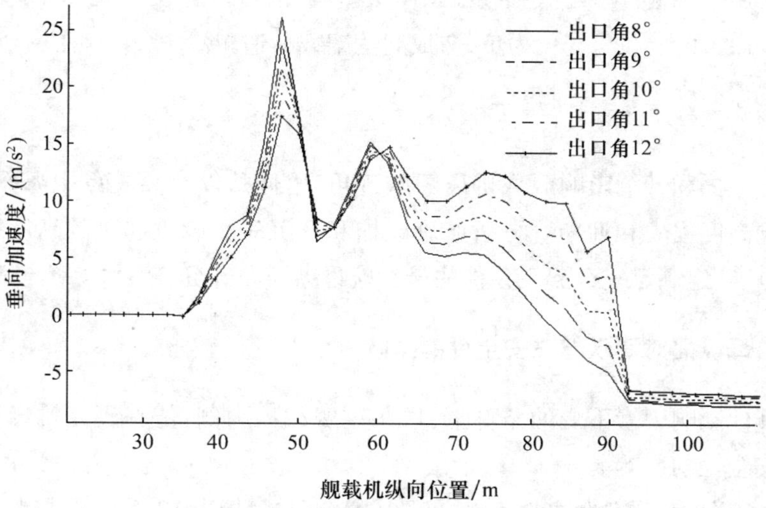

图3.13　不同滑跃甲板出口角下的舰载机垂向加速度曲线

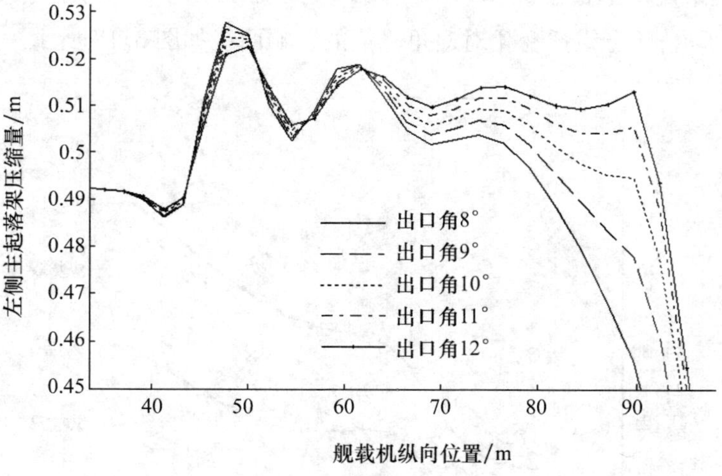

图3.14　不同滑跃甲板出口角下的主起落架液缸压缩量曲线

由图3.14可知,不同出口角的滑跃甲板型线对起落架载荷的影响主要体现在载荷的变化趋势上。以舰载机纵向位置60 m处为界,在前半段,随着出口角的增大,载荷的波动峰值越低;在后半段,载荷随着出口角的增大而增大;从总体趋势来看,出口角的增大有助于改善载荷波动,使载荷较为平缓的增长,但是也加剧了起落架载荷,不利于起飞安全。这主要是由滑跃甲板上翘角的变化率不同而造成的。采用一元三次多项式描述滑跃甲板型线,出口角越大,上翘角的变化越大,当 $\theta_{ramp}=10°$ 时,上翘角变化为负,造成起落架载荷递减。

3.1.4 航母运动

航母纵摇和升沉影响舰载机离舰航迹角、俯仰角以及离舰点距海面的高度,从而影响高度损失和迎角。分析航母纵摇和升沉对舰载机起飞的高度损失及迎角的影响,确定满足安全起飞条件的最大航母纵摇和升沉。

1. 航母纵摇对滑跃起飞安全性的影响

在其他影响因素不变的条件下,以某型舰载机为例,仿真研究航母纵摇对滑跃起飞安全性的影响。

仿真工况为:滑跃距离 105 m,起飞质量 30 t,甲板风 12.5 m/s,控制方式为预置升降舵偏角,航母纵摇角度在 −2°~2°变化。

仿真研究得到的不同航母纵摇下的滑跃起飞轨迹如图 3.15 所示,航母纵摇变化对下沉量的影响曲线如图 3.16 所示,不同航母纵摇下的滑跃起飞迎角曲线如图 3.17 所示,航母纵摇变化对迎角峰值的影响曲线如图 3.18 所示。

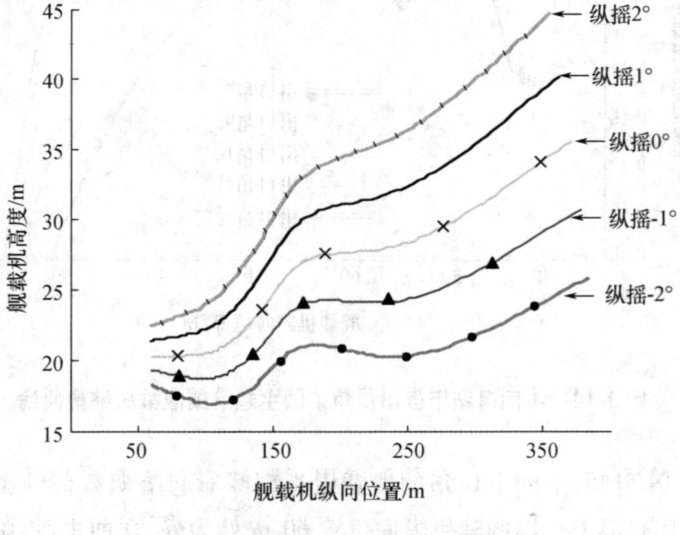

图 3.15 不同航母纵摇下的滑跃起飞轨迹

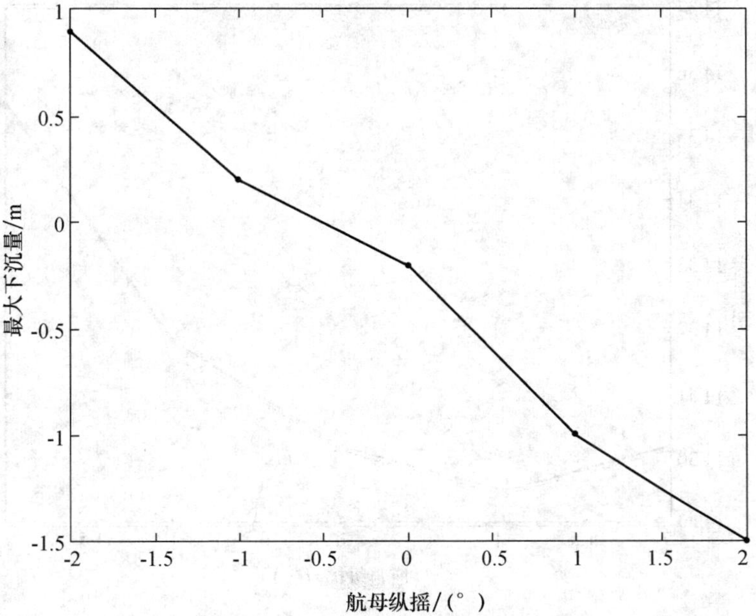

图 3.16　航母纵摇变化对下沉量的影响曲线

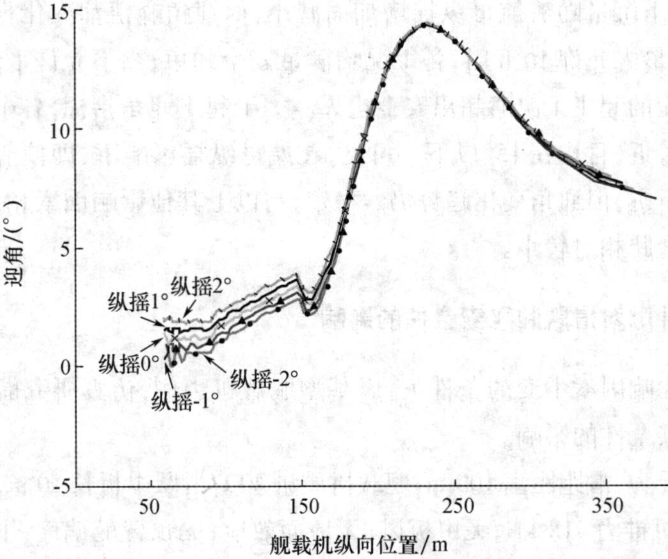

图 3.17　不同航母纵摇下的滑跃起飞迎角曲线

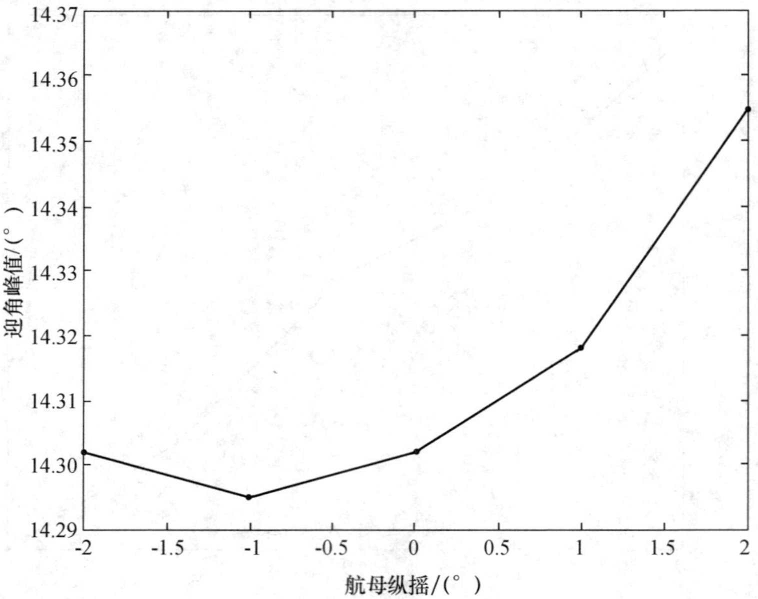

图 3.18　航母纵摇变化对迎角峰值的影响曲线

由图 3.15 至图 3.18 可知,航母纵摇变化对滑跃起飞过程轨迹下沉量有明显影响,且起飞下沉量随着航母纵摇增加而减小,但迎角峰值却变化很小。关于下沉量指标,当最大允许 10 ft 时,各工况均满足安全约束;当不允许下沉时,船体姿态下俯时对应的起飞工况略超出安全边界。关于起飞迎角指标,各个工况对应的峰值迎角很接近,且均在 15°以下。可见,在航母纵摇影响下,即使舰载机起飞后轨迹有一定下沉,但迎角变化趋势仍然稳定,与以上其他影响因素相比,该因素对起飞安全的威胁相对较小。

2. 航母升沉对滑跃起飞安全性的影响

在其他影响因素不变的条件下,以某型舰载机为例,仿真研究航母升沉幅度对滑跃起飞安全性的影响。

仿真工况为:滑跑距离 100 m;舰载机质量 20 t;滑跃甲板长 50 m,高 6 m,出口角 12°;发动机推力 318 kN;无甲板风;无地面效应;无预置舵偏度;甲板运动升沉周期 10 s,初始相位 0°。

仿真研究得到的不同升沉幅度下的滑跃起飞航迹如图 3.19 所示,滑跃起飞航迹角曲线如图 3.20 所示。

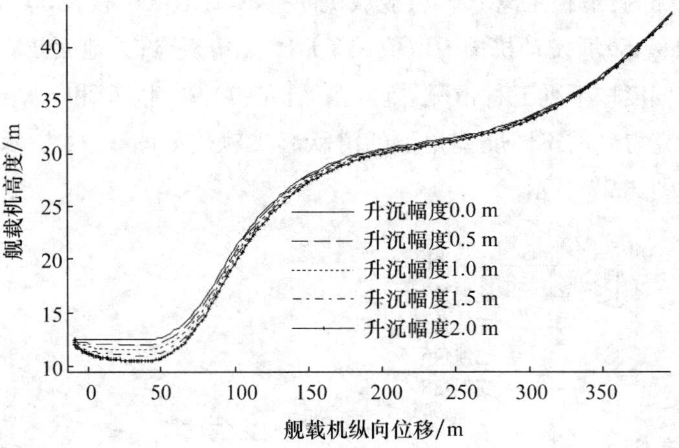

图3.19　不同升沉幅度下的滑跃起飞轨迹

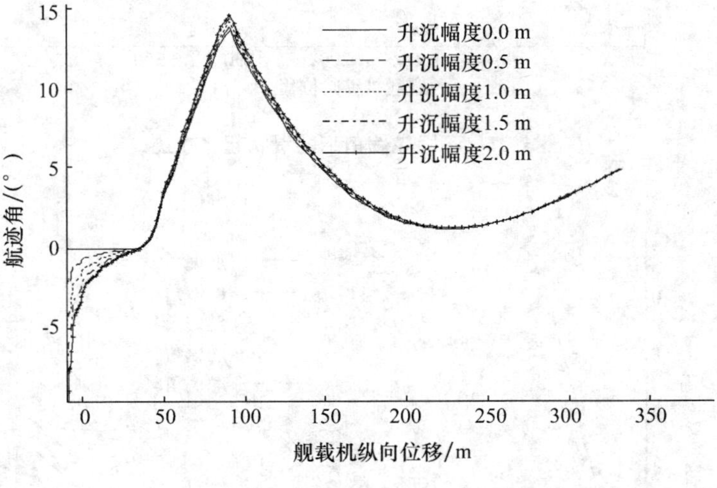

图3.20　不同升沉幅度下的滑跃起飞航迹角曲线

由图3.19和图3.20可知，甲板升沉对起飞轨迹的影响和纵摇类似。航母下沉时，一方面让舰载机离海面更近，增加了起飞风险；另一方面，给舰载机一个附加的向下速度，会增大航迹下沉量。

3.1.5　舰载机预置舵偏度操控

在其他影响因素不变的条件下，以某型舰载机为例，仿真研究预置舵偏角对滑跃起飞安全性的影响。

仿真工况为：滑跑距离 100 m；舰载机质量 20 t；滑跃甲板长 50 m，高 6 m，出口角 12°；无甲板运动；发动机推力取值 318 kN；无甲板风；无地面效应。

预置舵偏度取下列五种情况进行仿真研究：0°，2°，4°，6°和 8°。

仿真研究得到的不同舵偏角下的滑跃起飞轨迹如图 3.21 所示，滑跃起飞航迹角曲线如图 3.22 所示。

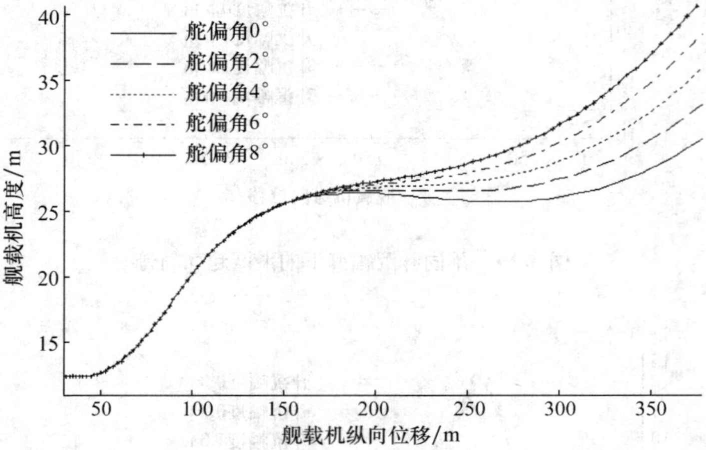

图 3.21　不同舵偏角下的滑跃起飞轨迹

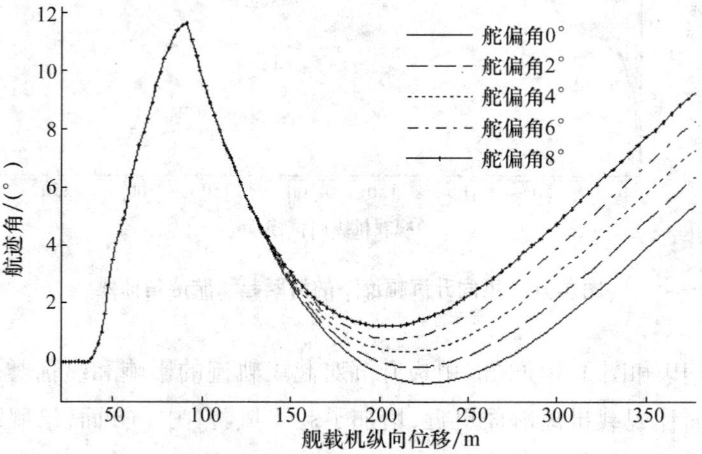

图 3.22　不同舵偏角下的滑跃起飞航迹角曲线

由图 3.21 和图 3.22 可知，调整舵偏角可以改善起飞航迹轨迹。在仿真算例条件范围内，预置舵偏度越大，改善效果越好。

3.1.6　地面效应

地面效应(简称地效)影响舰载机的升力、阻力、迎角、平尾的升力和下洗角的变化,但是在诸多被影响的参数中,地效对舰载机升力的影响最为严重,故在其他影响因素不变的条件下,以某型舰载机为例,仿真研究地效引起的舰载机升力变化对滑跃起飞的影响。

仿真工况为:滑跑距离 100 m;舰载机质量 20 t; 滑跃甲板长50 m,高 6 m,出口角 12°;无甲板运动;发动机推力取值 343 kN;无甲板风;无预置舵偏度。

地效取下列五种情况进行仿真研究:

(1)不考虑地效的舰上滑跃起飞;

(2)考虑地效的地面滑跃起飞,升力系数增量 0.25;

(3)考虑地效的舰上滑跃起飞,升力系数增量 0.25;

(4)考虑地效的地面滑跃起飞,升力系数增量 0.5;

(5)考虑地效的舰上滑跃起飞,升力系数增量 0.5。

这五种情况中,对比第一种、第三种和第五种情况,可知不同升力系数对滑跃起飞的影响;对比第二种和第三种、第四种和第五种情况,可知与地面滑跃起飞相比,地效对舰上滑跃起飞的影响。仿真研究所得到的不同地效情况下的滑跃起飞轨迹如图 3.23 所示,滑跃起飞航迹角曲线如图 3.24 所示。

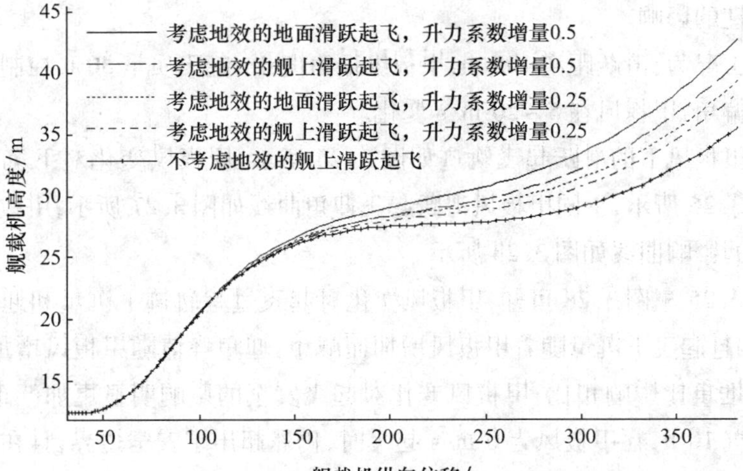

图 3.23　不同地效情况下的滑跃起飞轨迹

由图 3.23 和图 3.24 可知,地效越强,即地面引起的升力系数增量越大,则滑

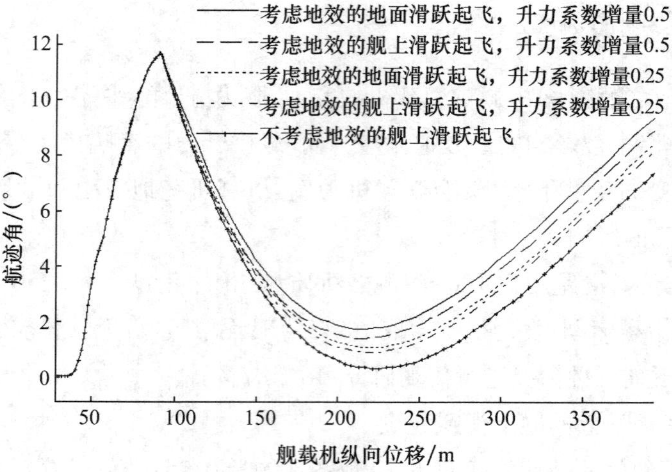

图 3.24　不同地效情况下的滑跃起飞航迹角曲线

跃起飞轨迹下沉就越严重。但相对于没有地效影响的起飞轨迹而言,地效对起飞是有航迹改善作用的,这是因为舰载机滑跑时,升力系数的提升使舰载机升力增大,从而减小了舰载机地面摩擦力,增大了舰载机滑跑加速度,提高了离舰速度。

3.1.7　甲板风

在其他影响因素不变的条件下,以某型舰载机为例,仿真研究甲板风对滑跃起飞安全性的影响。

仿真工况为:滑跃距离 105 m,甲板纵摇角度 0°,起飞质量 30 t,控制方式为预置升降舵偏角,甲板风在 5 ~20 m/s 变化。

不同甲板风下的滑跃起飞轨迹如图 3.25 所示,甲板风变化对下沉量的影响曲线如图 3.26 所示,不同甲板风滑跃起飞迎角曲线如图 3.27 所示,甲板风变化对迎角峰值的影响曲线如图 3.28 所示。

由图 3.25 至图 3.28 可知,甲板风变化对起飞过程轨迹下沉量和迎角峰值有明显影响,且起飞下沉量随着甲板风增加而减小,迎角峰值随甲板风增加而减小。与舰载机推重比影响相比,甲板风变化对起飞安全的影响明显更加严重,即使允许最大下沉 10 ft,在甲板风为 0 m/s 起飞时,仍然超出了安全边界,且在没有甲板风时,起飞迎角也较大,已超过 20°,不满足安全约束。

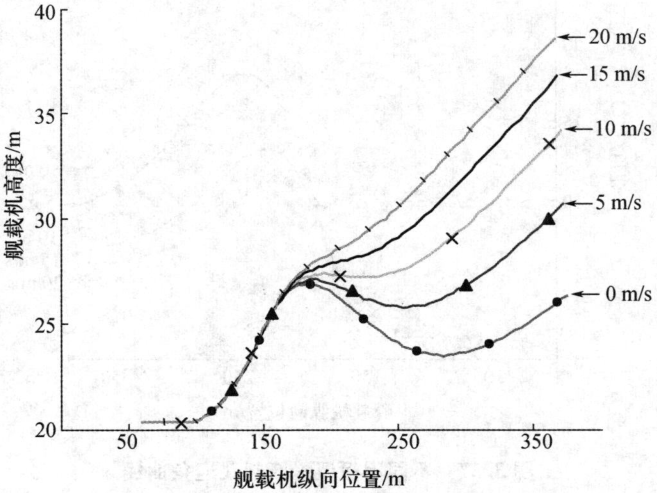

图 3.25　不同甲板风下的滑跃起飞过程轨迹

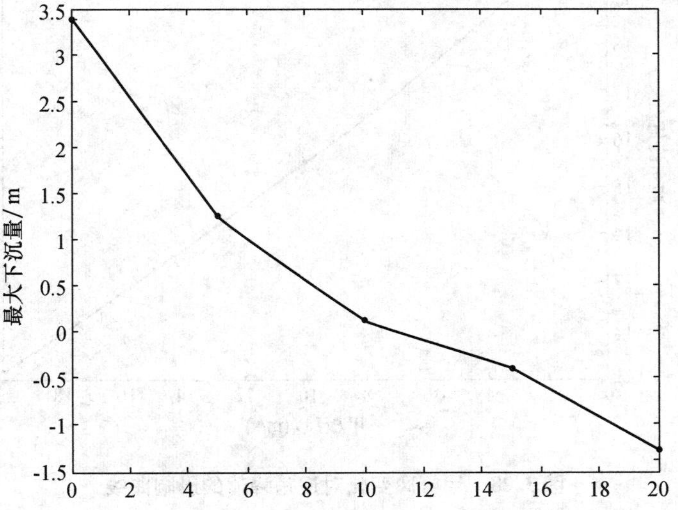

图 3.26　甲板风变化对下沉量的影响曲线

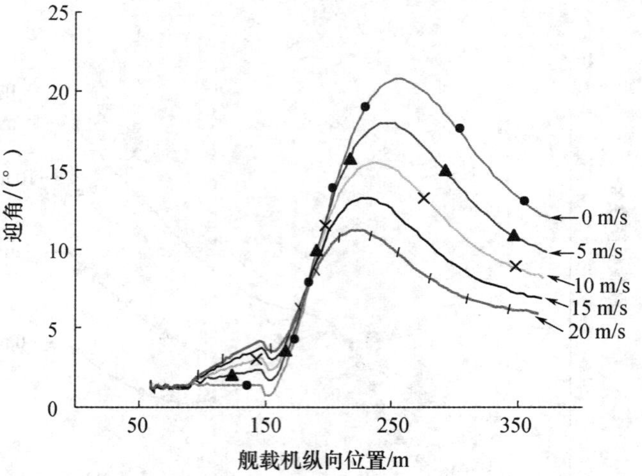

图 3.27　不同甲板风滑跃起飞迎角曲线

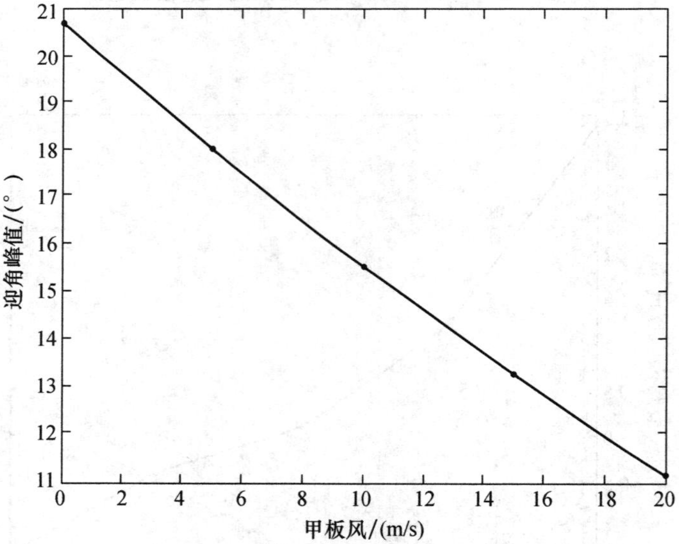

图 3.28　甲板风变化对迎角峰值的影响曲线

3.2　弹射起飞安全性主要影响因素仿真分析

由于弹射起飞过程与滑跃起飞过程的离舰后环境相同、任务相同，滑跑距离、地面效应、预置舵偏度等因素对弹射起飞和滑跃起飞的安全性影响相同，本书不再赘述，下面选取弹射起飞安全性的重要影响因素进行分析。

3.2.1　剩余甲板长度

在其他影响因素不变的条件下,以某型舰载机为例,仿真研究剩余甲板长度对弹射起飞安全性的影响。

仿真工况为:弹射距离 90 m,弹射末速 67 m/s,起飞质量 30 t,甲板风12.5 m/s,甲板纵摇角度 0°,控制方式为预置升降舵偏角,剩余甲板长度在0 ~16 m变化。仿真结果如图 3.29 至图 3.32 所示。

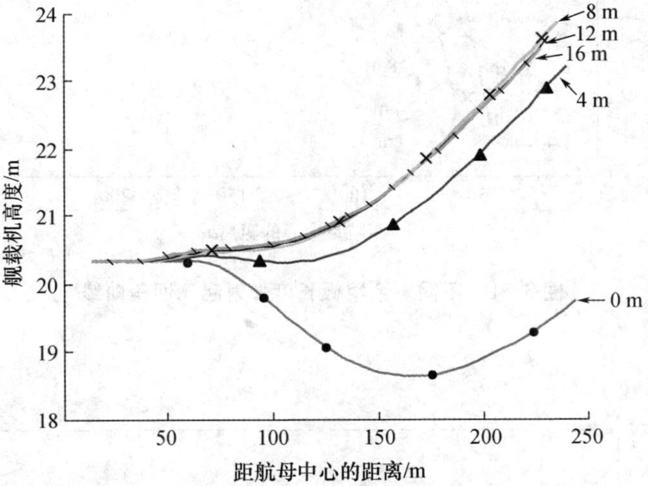

图 3.29　不同剩余甲板长度弹射起飞轨迹

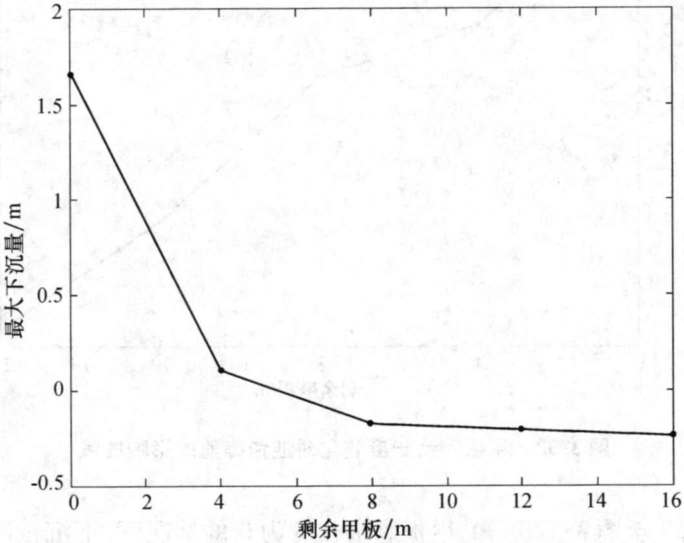

图 3.30　甲板剩余长度变化对下沉量的影响曲线

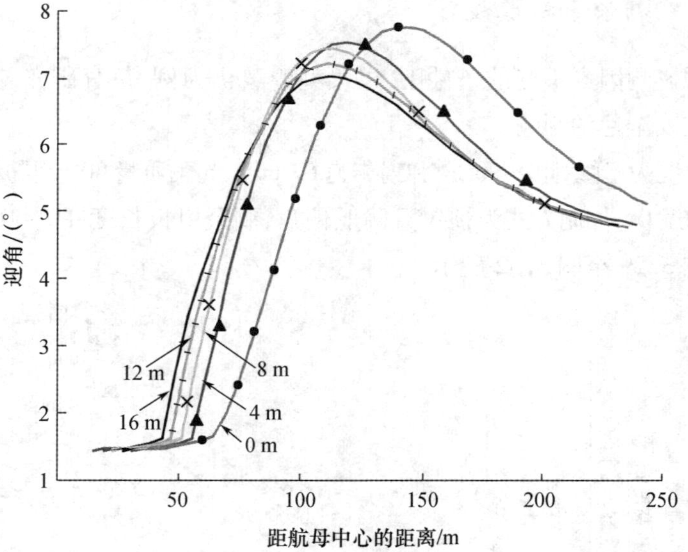

图 3.31　不同剩余甲板长度弹射起飞迎角曲线

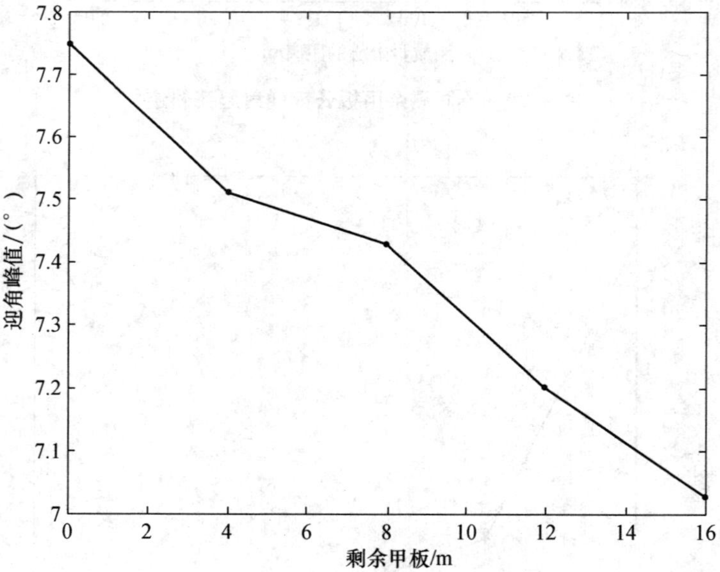

图 3.32　甲板剩余长度变化对迎角峰值的影响曲线

由图 3.29 至图 3.32 可知,甲板剩余长度为 0 的情况下,下沉量明显增加,虽然上述仿真工况中下沉量仍在 10 ft 之内,但考虑到甲板风、起飞质量等其他因素的耦合影响,应尽量留有足够安全余量,当甲板剩余长度选择 4 m 时,仍有一定下沉,当甲板剩余长度选择 8 ~ 16 m 时,弹射起飞轨迹比较接近。可见,当剩余甲板长度超过一定长度以后,对起飞的帮助不会继续增加。为充分发挥剩余甲板长度的作用,剩余甲板长度的下限边界应该在 4 ~ 8 m。

3.2.2　推重比

推重比直接影响弹射末端的加速性能,影响离舰速度,从而影响高度损失和迎角。

综合考虑舰载机不同推重比条件下,舰载机起飞过程的最大高度损失和离舰后最大迎角,确定满足舰载机安全起飞条件的最小推重比。只考虑质量对弹射起飞安全性的影响。这里以某型舰载机为例,仿真研究质量对弹射起飞安全性的影响。

仿真工况为:弹射距离 90 m,甲板纵摇角度 0°,甲板风 12.5 m/s,剩余甲板长度13.7 m,弹射末速 67 m/s,控制方式为预置升降舵偏角。仿真结果如图 3.33 至图 3.36 所示。

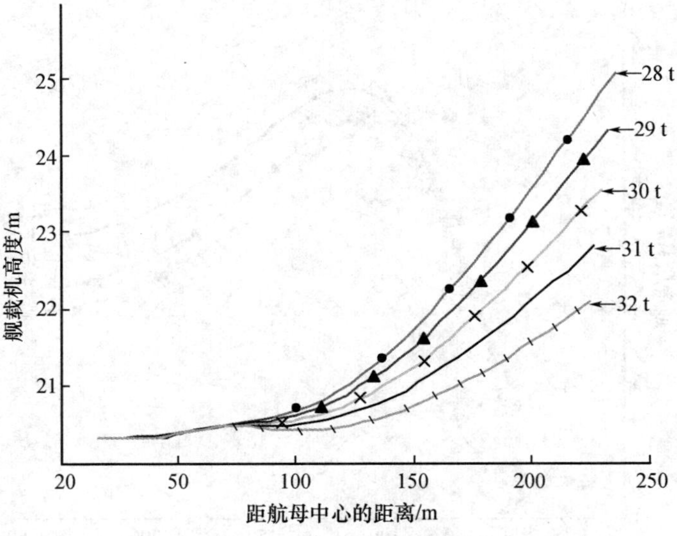

图 3.33　不同舰载机质量弹射起飞轨迹

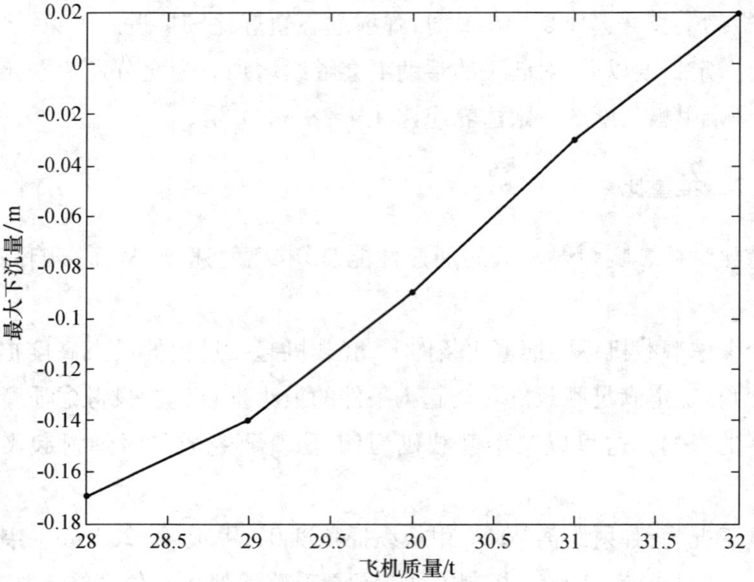

图 3.34　舰载机质量变化对下沉量的影响曲线

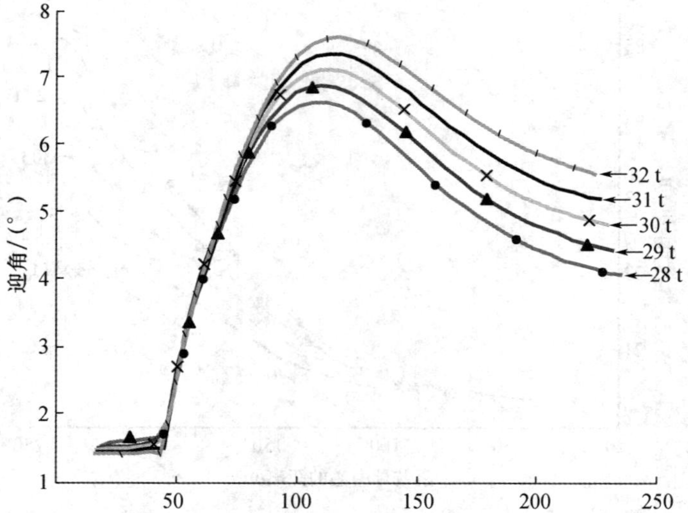

图 3.35　不同舰载机质量滑跃起飞迎角曲线

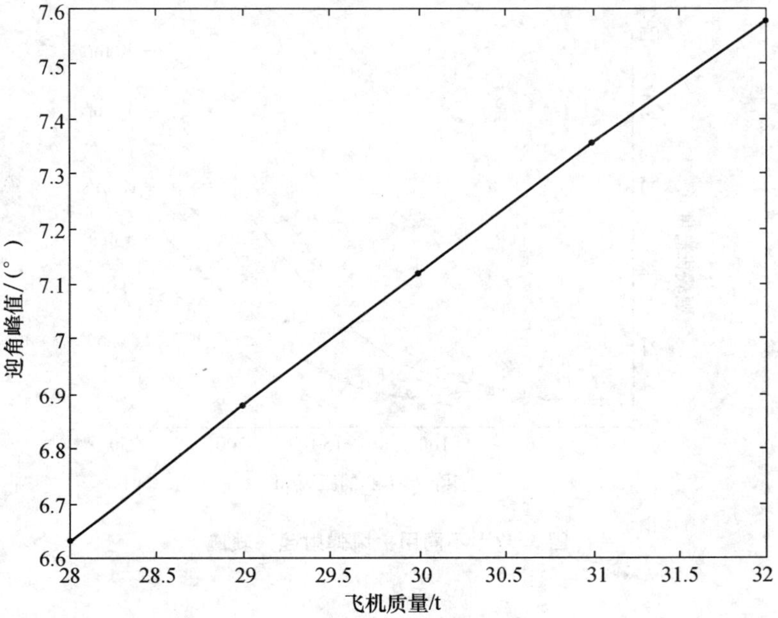

图 3.36　舰载机质量变化对迎角的影响曲线

由图 3.33 至图 3.36 可知,舰载机质量变化对起飞过程轨迹下沉量及起飞迎角变化有明显影响,且起飞下沉量随着舰载机质量的增加而增加,迎角峰值随着舰载机质量的增加而增加。与滑跃起飞相比,虽然在弹射起飞过程中随舰载机质量增加下沉量仍有增加趋势,但增加量很小,即使在 32 t 舰载机弹射起飞时,仍能达到接近零下沉的结果,因此也具有更高的安全性。起飞迎角也明显较小,最大迎角在 8°之内。

3.2.3　甲板风

甲板风直接影响弹射起飞升力,从而影响高度损失和迎角。

分析甲板风对舰载机起飞的高度损失和迎角的影响,确定满足安全起飞条件的甲板风范围。这里以某型舰载机为例,仿真研究甲板风对弹射起飞安全性的影响。

仿真工况为:弹射距离 90 m,甲板纵摇角度 0°,剩余甲板长度 13.7 m,弹射末速 67 m/s,起飞质量 30 t,控制方式为预置升降舵偏角,甲板风在 0 ~ 20 m/s变化。仿真结果如图 3.37 至图 3.40 所示。

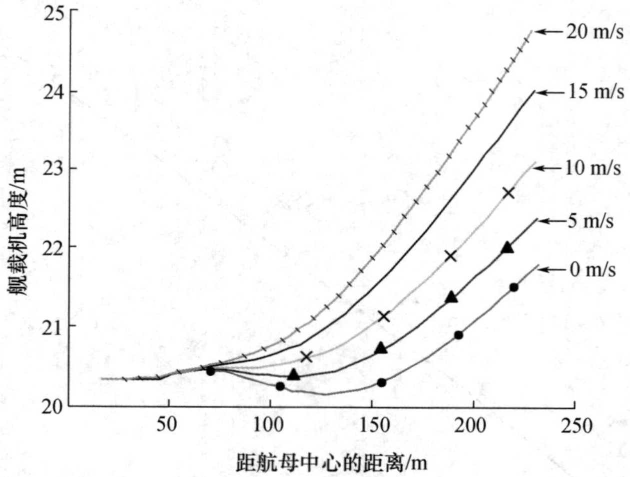

图 3.37 不同甲板风弹射起飞轨迹

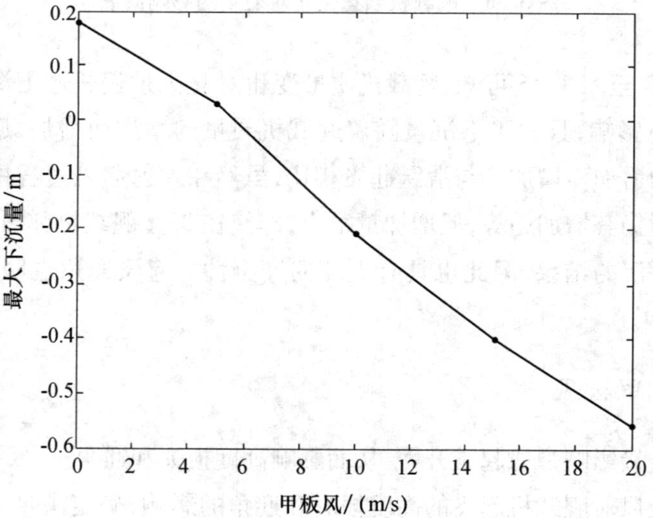

图 3.38 甲板风变化对下沉量的影响曲线

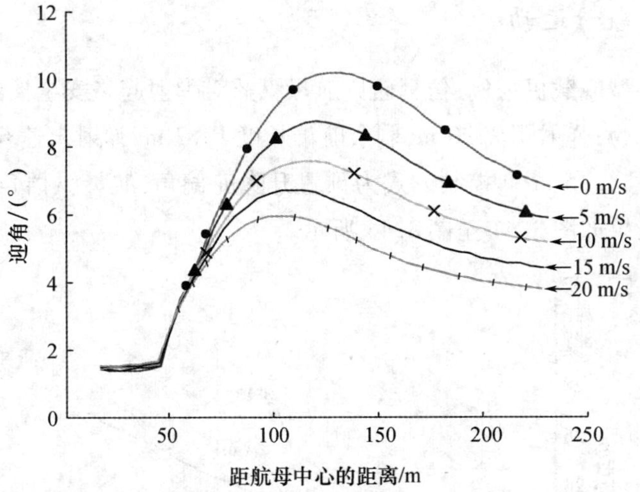

图 3.39　不同甲板风弹射起飞迎角曲线

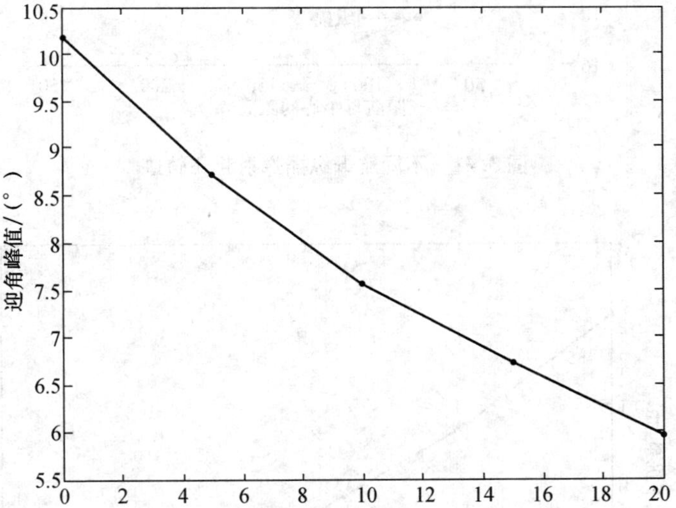

图 3.40　甲板风变化对迎角峰值的影响曲线

由图 3.37 至图 3.40 可知，甲板风变化对起飞过程轨迹下沉量及起飞迎角变化有明显影响，且起飞下沉量随着甲板风增加而减少，迎角峰值随着甲板风的增加而减少。甲板风对起飞下沉的影响比对滑跃起飞过程下沉量的影响小很多，即使在无甲板风时，下沉量也控制在 0.2 m 之内，当最大允许下沉量为 10 ft 时，各仿真工况均满足安全边界；迎角最大峰值在 10.5°以内。

3.2.4 航母运动

这里以某型舰载机为例,仿真研究航母纵摇对弹射起飞安全性的影响。

仿真工况为:弹射距离 90 m,剩余航母长度 13.7 m,弹射末速 67 m/s,起飞质量 30 t,甲板风 12.5 m/s,控制方式为预置升降舵偏角,航母纵摇角度在 -2° ~2°变化。仿真结果如图 3.41 至图 3.44 所示。

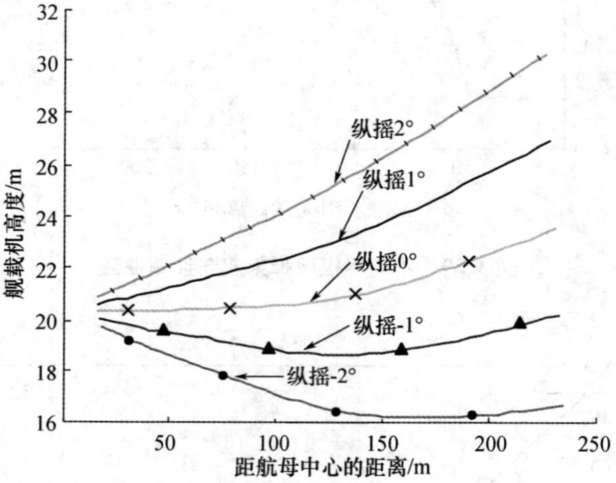

图 3.41 不同航母纵摇弹射起飞轨迹

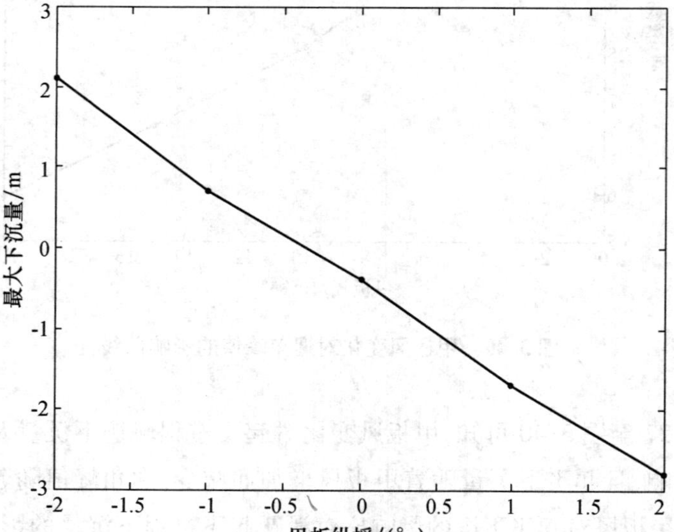

图 3.42 航母纵摇变化对下沉量的影响曲线

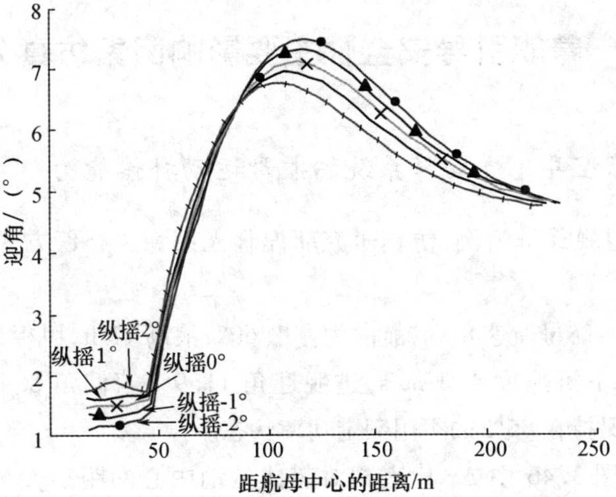

图3.43　不同航母纵摇弹射起飞迎角曲线

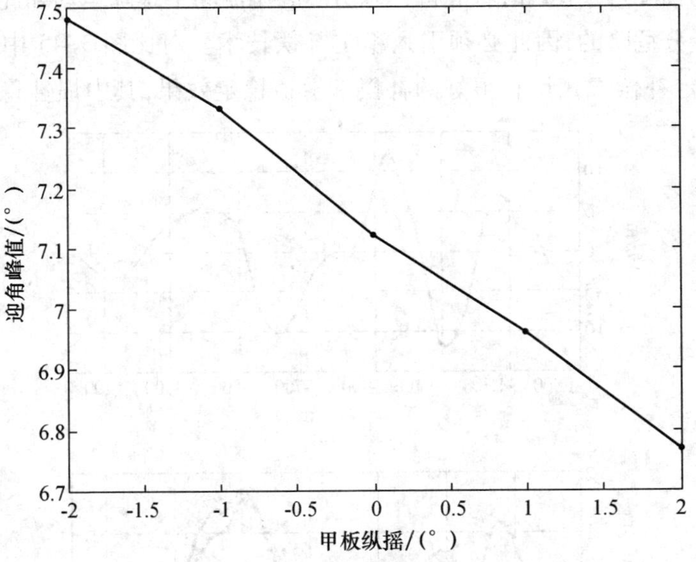

图3.44　航母纵摇变化对迎角峰值的影响曲线

由图3.41至图3.44可知，航母纵摇变化对起飞过程轨迹下沉量及起飞迎角有明显影响，且起飞下沉量随着航母纵摇增加而减小，迎角峰值随着航母纵摇增加而减小。与滑跃起飞相比，弹射起飞下沉量受航母运动更明显，但在最大允许下沉10 ft的边界约束下，各工况也均在安全范围之内，其中迎角峰值随航母运动影响有一定变化，但总体幅度较小，最大值在7.5°之内。

3.3 着舰引导安全性主要影响因素仿真分析

3.3.1 菲涅耳光学助降系统的航母运动补偿能力

这里以某型舰载机为例，仿真研究菲涅耳光束稳定补偿方式对引导过程的影响。

仿真工况为：航母航速 8 kn，航向为左舷 60°，浪高 17 ft，甲板风 12.8 m/s，着舰速度 69 m/s，下沉速度 4.2 m/s，进舰迎角 11.9°，俯仰角 8.4°，下滑航迹角 -3.5°，发动机保持在 85% 的军用额定功率状态。

图 3.45 和图 3.46 中 Δx 代表相对船体运动中心的距离，Δh_{B}，Δh_{Bp}，Δh_{Bl} 和 Δh_{Bs} 分别代表无补偿时、采用点稳定、线稳定以及惯性稳定补偿方式时补偿下滑道相对惯性空间的运动量。如图 3.45 中的 Δh_{B} 曲线所示，在无补偿情况下补偿下滑道的运动幅度可达 10 m，着舰机在恶劣的舰尾流场中跟踪运动如此剧烈的引导下滑道是十分危险的，因此必须引入稳定补偿技术。对比图 3.45 中的各曲线可知，各种稳定补偿方式均有很好的补偿下滑道稳定效果，其中惯性稳定方式基本

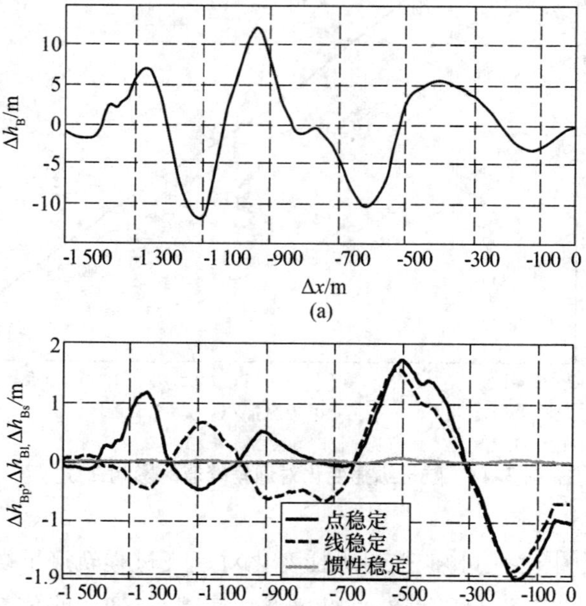

图 3.45　下滑道相对于惯性空间的运动曲线

(a)无稳定补偿下；(b)补偿下

上去除了船体扰动运动的影响，使补偿下滑道相对惯性空间几乎不动；与之相比，由于线稳定方式没有补偿船体的升沉，其补偿下滑道保留了一定的运动幅度，如图 3.46 所示线稳定补偿下滑道的运动量与船体的升沉运动基本一致，这说明线稳定补偿方式几乎完全去除了船体横摇、纵摇对补偿下滑道的影响；如图 3.45 所示点稳定补偿下滑道在稳定点附近点稳定补偿下滑道的运动幅度很小，而随着相对稳定点距离的增加点稳定补偿下滑道的运动幅度也越来越大，另外，与其他稳定补偿方式相比点稳定的补偿下滑道波动频率最大。

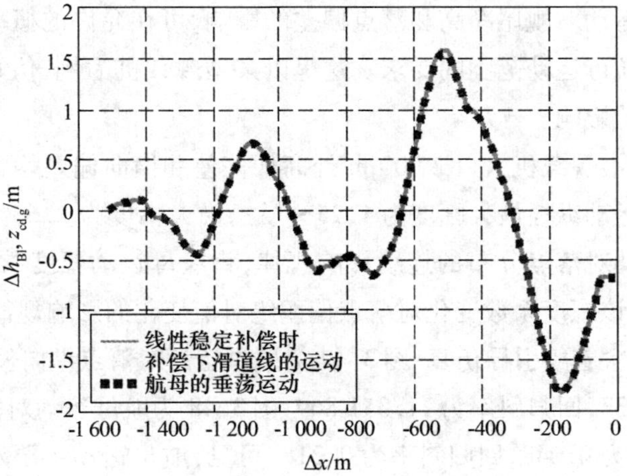

图 3.46　线稳定的补偿效果

不考虑着舰机的位置，统计补偿下滑道在着舰点处、舰尾处、航母运动中心后 762 m 处(稳定点处)和 1 524 m 处的运动情况，几种稳定补偿方式的效果对比见表 3.1。由表 3.1 可知三种补偿方式中惯性稳定的补偿下滑道运动幅度最小，其次是线稳定，而且距离航母越近二者的补偿下滑道越稳定。相比之下点稳定对应引导下滑道的稳定性最差，除了在稳定点处，点稳定的补偿下滑道运动幅度明显大于线稳定。

表 3.1　几种稳定补偿方式的效果对比

补偿指标 / 稳定方式	补偿下滑道在惯性空间运动的均方根/m				补偿下滑道与航母甲板夹角偏差的均方根/(°)
	着舰点	舰尾	航母运动中心后 762 m 处（稳定点处）	航母运动中心后 1 524 m 处	
点稳定	2.521 0	2.272 9	0.062 1	2.902 7	0.521 9
线稳定	1.876 3	1.885 7	1.895 4	1.973 5	0.544 0
惯性稳定	0.129 2	0.249 3	0.653 6	1.308 4	0.657 2

这里称补偿下滑道与航母夹角为补偿下滑角,表3.1中还列出了各种稳定方式下航母下滑角偏差的均方根。由表3.1可知,补偿下滑角偏差的大小与补偿下滑道的稳定性相反,按照点稳定、线稳定、惯性稳定的顺序补偿下滑角偏差,偏差的均方根依次增大。这正体现了稳定补偿技术与等角下滑技术的矛盾,因为补偿下滑角偏差越大就越不符合等角下滑的原则。

3.3.2 航母运动

分析航母运动对舰尾净高和落点偏差的影响,可在允许的概率分布范围内确定引导安全对航母运动范围的要求。这里以某型舰载机为例,仿真研究航母运动对引导安全性的影响。

仿真工况为:舰载机入口2 000 m处高低偏差和横向偏差均在20 m以内,随机设定。航母运动纵摇最大幅度为1.25°,横摇最大幅度为2.65°,升沉为±1 m,为统计航母运动对落点分布的连续影响规律,将航母运动幅度乘以0~1的归一化系数,并统计该幅度系数变化对落点偏差绝对值变化的影响规律。

共进行50次着舰引导仿真,图3.47为航母运动对落点纵向偏差的影响,相关系数为0.309 633,回归斜率为11.351 869;图3.48为航母运动对落点横向偏差的影响,相关系数为0.048,回归斜率为0.31。可见,航母运动主要对落点纵向偏差的影响相对较大,对落点横向偏差的影响相对较小。

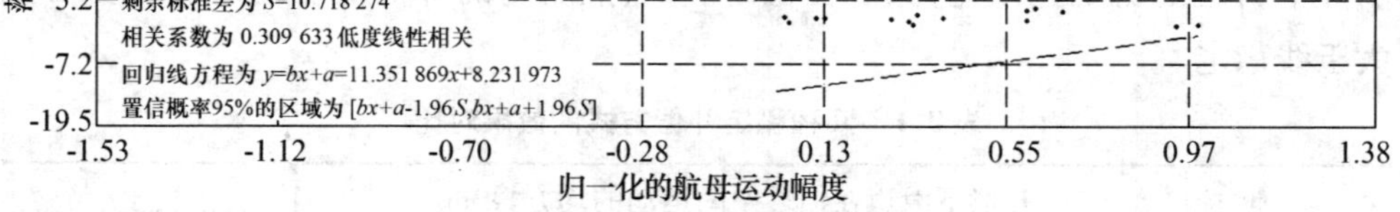

图3.47 航母运动对落点纵向偏差的影响

由图3.47和图3.48可知,航母运动主要影响落点纵向偏差,仿真结果中纵摇幅度每增加1°,落点纵向偏差变化约为11 m,如考虑最大纵摇幅度为1.25°时,落点偏差均值变化约13.75 m(约为阻拦索间距),前后仍剩余的安全余量约为阻拦索间距的距离,但此时要求相对于均值的落点离散误差必须在该安全余量之内,相对于理想工况着舰，安全余量减小为不足原来的一半。

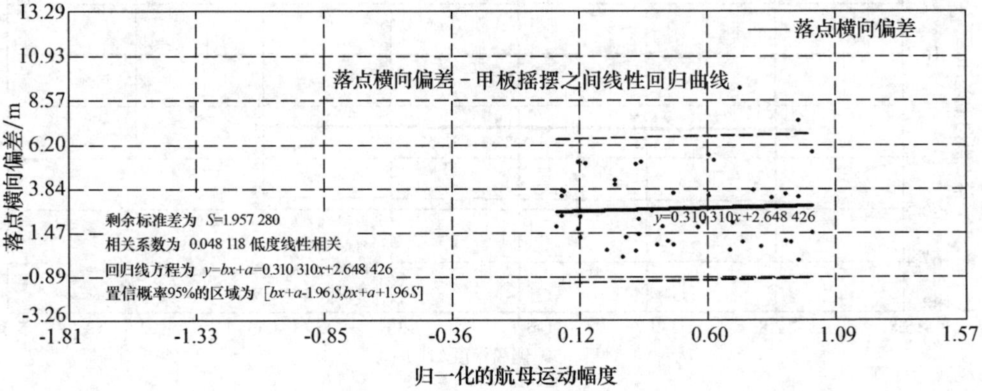

图3.48　航母运动对落点横向偏差的影响

3.3.3　甲板风

1.侧风对着舰引导安全性的影响

以某型舰载机为例，仿真研究侧风对着舰引导安全性的影响，在仿真过程中加上不同方向的侧风来模拟飞行员在斜角甲板着舰过程所承受的侧风影响。

仿真工况为：进行人在回路的着舰引导半实物仿真，航母斜角甲板角度7.1°，侧风角度在－14°～0°随机变化。为使仿真具有一般性，其他关键仿真条件也随机变化：下滑道入口处高度偏差在－7.5～7.5 m随机变化，入口处横向偏差在－5～5 m随机变化，航母摇摆系数在0～1随机变化（系数为1时，最大纵摇幅度为1.25°，最大横摇幅度为2.65°）。

共计进行60次仿真试验，航母侧风角度为0°时，相当于侧风完全补偿的情况，合成甲板风方向恰好沿着斜角甲板方向，角度为负时相当于甲板风偏向左方。侧风对着舰引导安全性的影响如图3.49所示。图3.49分别给出了落点纵向偏差、落点横向偏差、落点俯仰角、落点下沉速度、挂索偏心和挂索偏航角6个着舰引导安全指标受航母侧风影响的规律，图中均采用线性回归的方法得到6个着舰引导安全指标受航母侧风角度影响的相关系数依次为：0.035 6，0.311 8，－0.040 4，－0.008 6，0.270 4，－0.240 3，其中相关系数相对较高的着舰引导安全指标分别是落点横向偏差、挂索偏心和挂索偏航角，其中对落点横向偏差和挂索偏心的影响斜率分别为0.46和0.40，对挂索偏航角的影响斜率为－0.216。

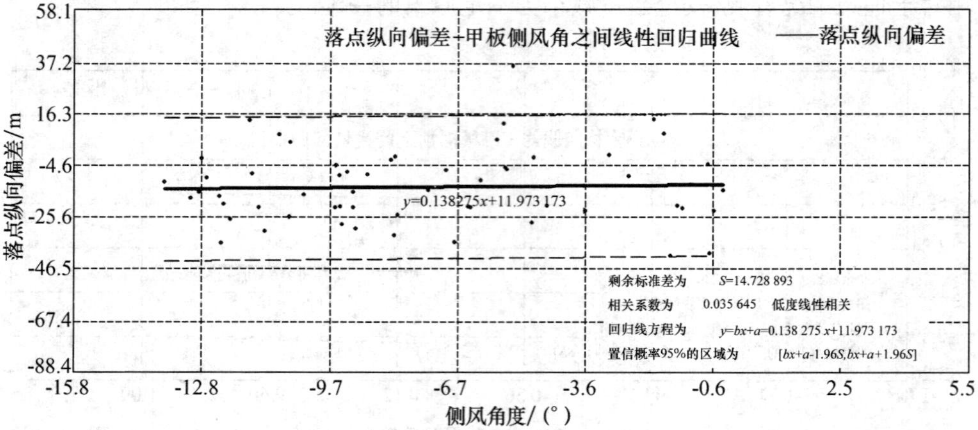
落点纵向偏差-甲板侧风角之间线性回归曲线
——落点纵向偏差
y=0.138275x+11.973 173
剩余标准差为 S=14.728 893
相关系数为 0.035 645 低度线性相关
回归线方程为 y=bx+a=0.138 275 x+11.973 173
置信概率95%的区域为 [bx+a-1.96S,bx+a+1.96S]
落点纵向偏差/m
侧风角度/(°)
58.1
37.2
16.3
-4.6
-25.6
-46.5
-67.4
-88.4
-15.8
-12.8
-9.7
-6.7
-3.6
-0.6
2.5
5.5
(a)

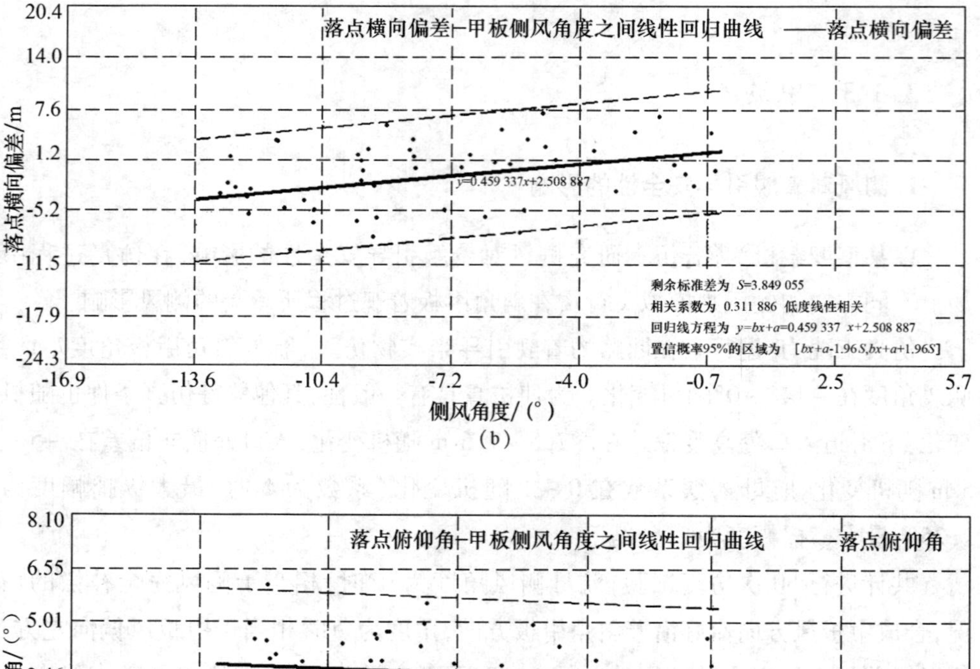
落点横向偏差-甲板侧风角度之间线性回归曲线
——落点横向偏差
y=0.459 337x+2.508 887
剩余标准差为 S=3.849 055
相关系数为 0.311 886 低度线性相关
回归线方程为 y=bx+a=0.459 337 x+2.508 887
置信概率95%的区域为 [bx+a-1.96S,bx+a+1.96S]
落点横向偏差/m
侧风角度/(°)
20.4
14.0
7.6
1.2
-5.2
-11.5
-17.9
-24.3
-16.9
-13.6
-10.4
-7.2
-4.0
-0.7
2.5
5.7
(b)

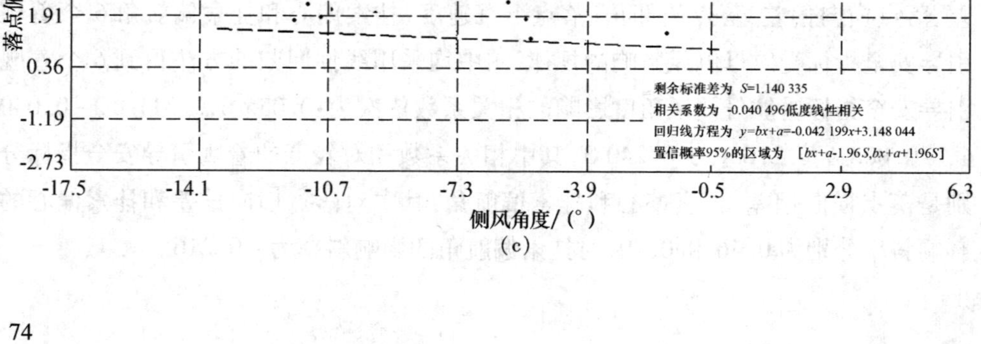
落点俯仰角-甲板侧风角度之间线性回归曲线
——落点俯仰角
y=0.421 99x+3.140 044
剩余标准差为 S=1.140 335
相关系数为 -0.040 496低度线性相关
回归线方程为 y=bx+a=-0.042 199x+3.148 044
置信概率95%的区域为 [bx+a-1.96S,bx+a+1.96S]
落点俯仰角/(°)
侧风角度/(°)
8.10
6.55
5.01
3.46
1.91
0.36
-1.19
-2.73
-17.5
-14.1
-10.7
-7.3
-3.9
-0.5
2.9
6.3
(c)

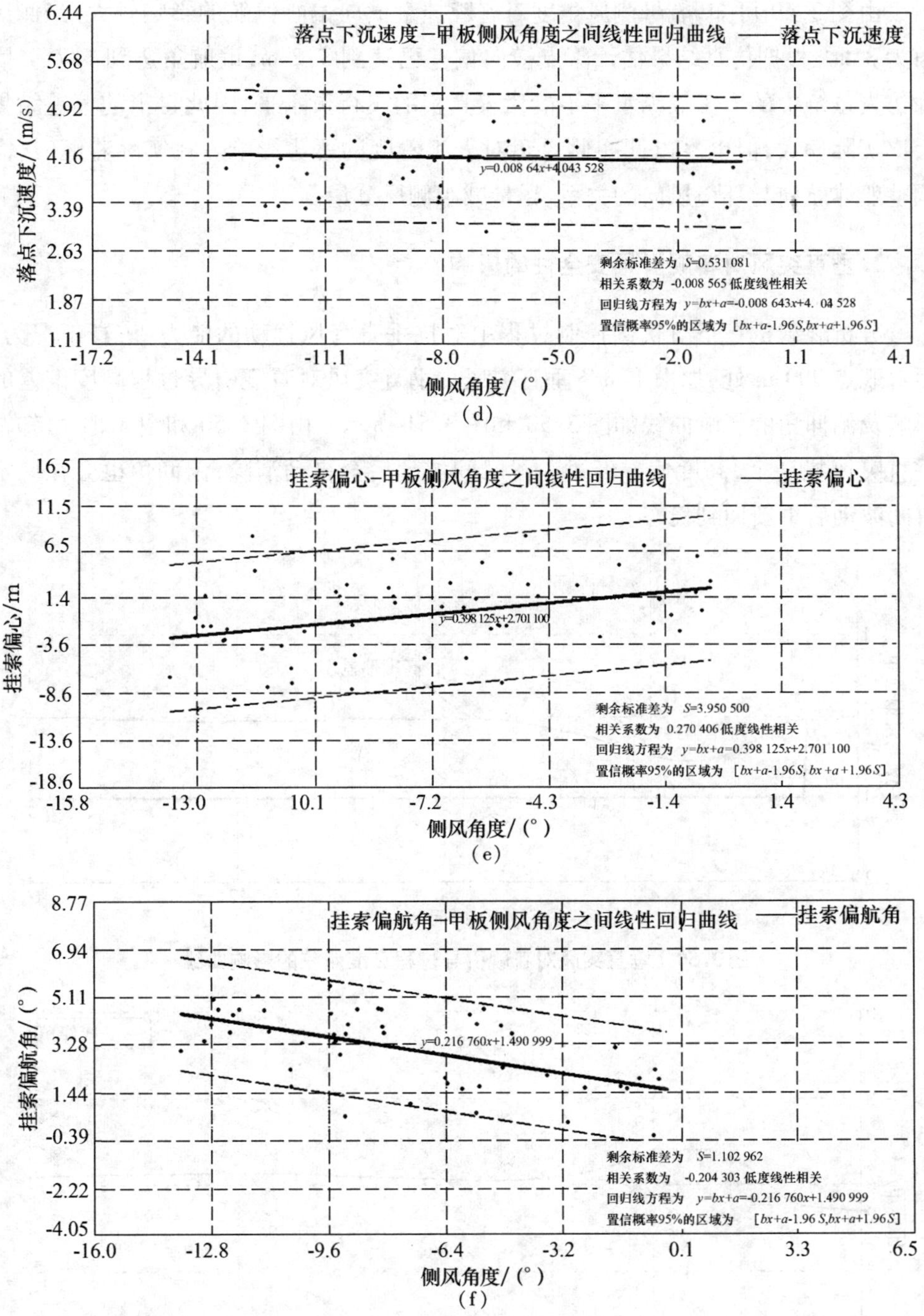

图 3.49　侧风对着舰引导安全性的影响

(a)航母侧风对落点纵向偏差影响分析;(b)航母侧风对落点横向偏差影响分析;
(c)航母侧风对落点俯仰角影响分析;(d)航母侧风对落点下沉速度影响分析;
(e)航母侧风对挂索偏心影响分析;(f)航母侧风对挂索偏航角影响分析

由图 3.49 可知,航母侧风角度对着舰挂索横向偏心偏航的影响较大,当侧风角为 8°时,根据仿真结果估计落点横向偏差已达到 3.2 m,偏航角达到 1.7°。因为仿真系统中的人工操纵水平不能代表真实的飞行员水平,因此得出的偏差结果会比实际偏大,但也足以证明侧风角对人工着舰的恶劣影响。在实际着舰时,需调整船体航向与环境风向的关系,尽量减小侧风分量。

2. 垂直突风对着舰引导安全性的影响

分析舰载机在下滑轨迹控制过程中对抗垂直突风扰动的能力,仿真工况为:距着舰点 900 m 处,加入 1 m/s 垂直突风。垂直突风对着舰引导过程高度偏差的影响及俯仰角的影响曲线如图 3.50 和图 3.51 所示。由图 3.50 和图 3.51 可知在垂直突风扰动下,高度偏差经过一段时间波动后会自动消除,俯仰角也会在一定时间波动后重新回到稳态。

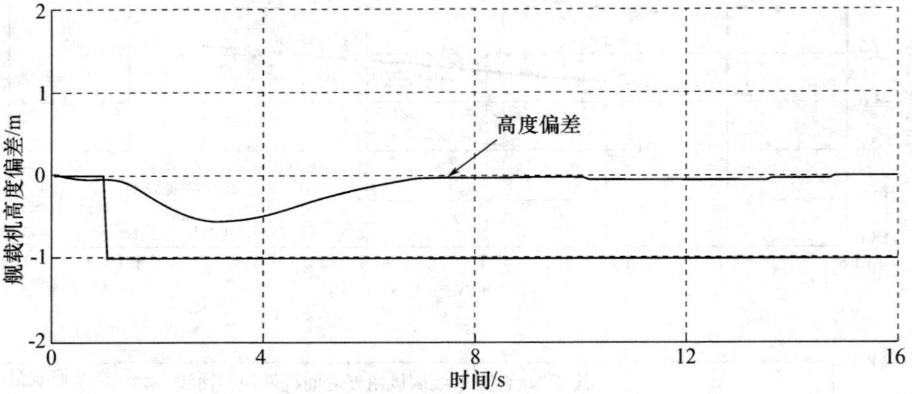

图 3.50　垂直突风对着舰引导过程高度偏差的影响曲线

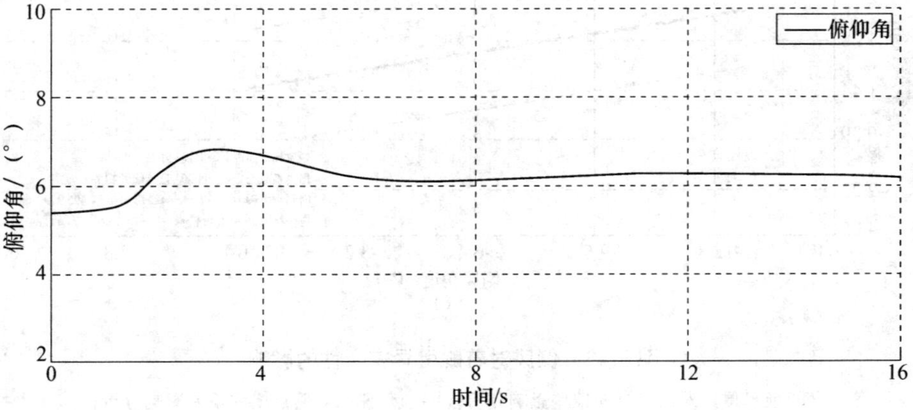

图 3.51　垂直突风对着舰引导过程俯仰角的影响曲线

3.3.4　飞行员技能水平

以某型舰载机为例,仿真研究飞行员技能水平对着舰引导安全性的影响。

仿真工况为:航母航速 24 kn,海况 3 级;舰载机距离舰尾 2 000 m,初始纵向偏差 −20 m,初始横向偏差 20 m;飞行员技能等级分别为 A 级、C 级。

分别针对 A 级飞行员和 C 级飞行员进行 50 次着舰仿真试验,不同飞行员技能水平下的着舰引导仿真曲线如图 3.52 所示,图 3.52 中分别给出了飞行员技能等级下的舰载机纵向偏差、横向偏差、速度偏差曲线及相应的飞行员操控曲线。仿真试验所得落点偏差和挂索编号统计如图 3.53 所示。

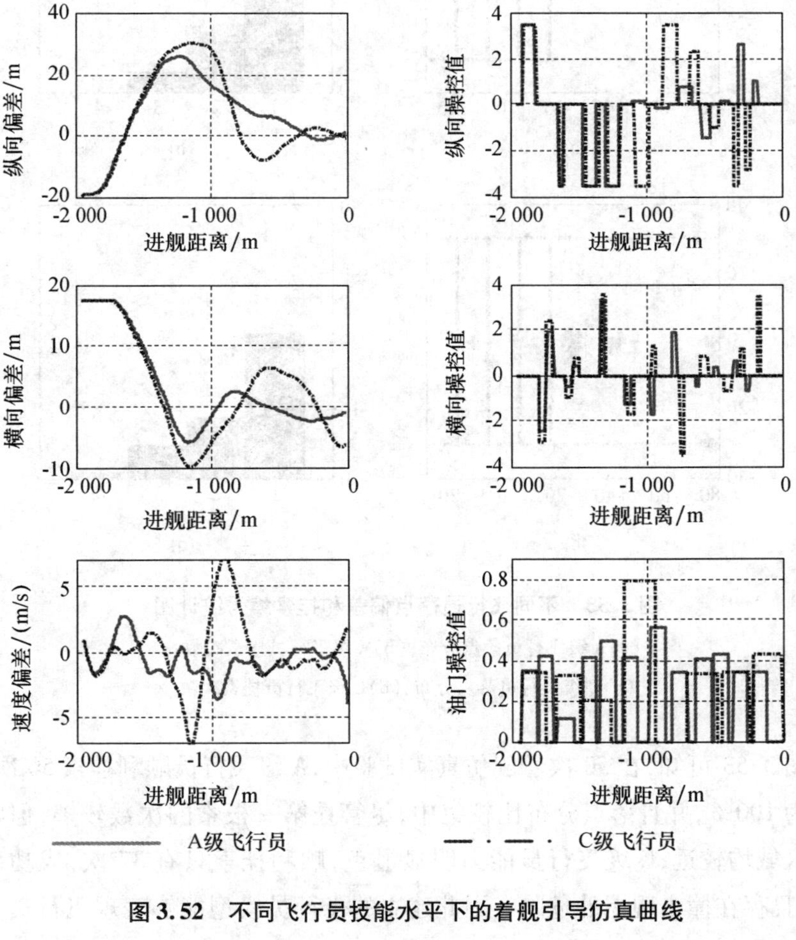

图 3.52　不同飞行员技能水平下的着舰引导仿真曲线

由图 3.52 可知,虽然 A 级飞行员和 C 级飞行员均完成了顺利着舰任务,但通过对比可以发现,A 级飞行员和 C 级飞行员对纵向偏差、横向偏差和速度偏差的调整能力不同，A 级飞行员对这三种偏差的调整能力较强，并且随着着舰距离的减小，各偏差逐渐减小。而 C 级飞行员对偏差的调整所产生的超调量较大，特别是对油门的实际控制量较大，导致对速度的控制效果较差。在横向偏差、纵向偏差控制上，A 级飞行员采用较少的脉冲式操控就可以达到较好的航迹偏差控制效果，而 C 级飞行员的动作频率较高，航迹偏差控制效果较差。

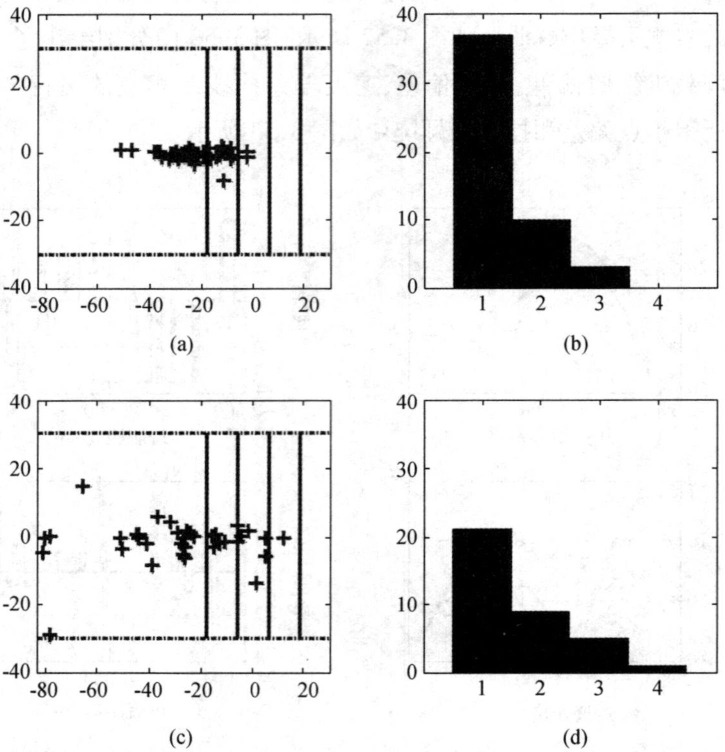

图 3.53　不同飞行员落点偏差和挂索编号统计图

(a)A 级飞行员落点分布；(b)A 级飞行员挂索次数；

(c)C 级飞行员落点分布；(d)C 级飞行员挂索次数

由图 3.53 可知，在 50 次着舰仿真实试验中，A 级飞行员顺利挂索 50 次，着舰成功率为 100%，并且落点分布比较集中，尽管挂第一根索的次数较多，但距离舰尾危险区域均较远；C 级飞行员能力明显逊色，顺利挂索只有 37 次，成功率仅为 74%，并且存在撞击舰尾的危险。因此建立的飞行员模型能够表现飞行员之间不同的着舰效果。

3.4　全自动着舰安全性主要影响因素仿真分析

3.4.1　舰尾流场

1. 大气紊流影响分析

以某型舰载机为例,仿真研究大气紊流对全自动着舰安全性的影响。

仿真工况为:甲板风 25 kn,航母航速 24 kn,在距着舰点 900 m 处叠加紊流,进行多次全自动着舰仿真试验,得到大气紊流对全自动着舰过程俯仰角和高度偏差的影响曲线如图 3.54 和图3.55所示。

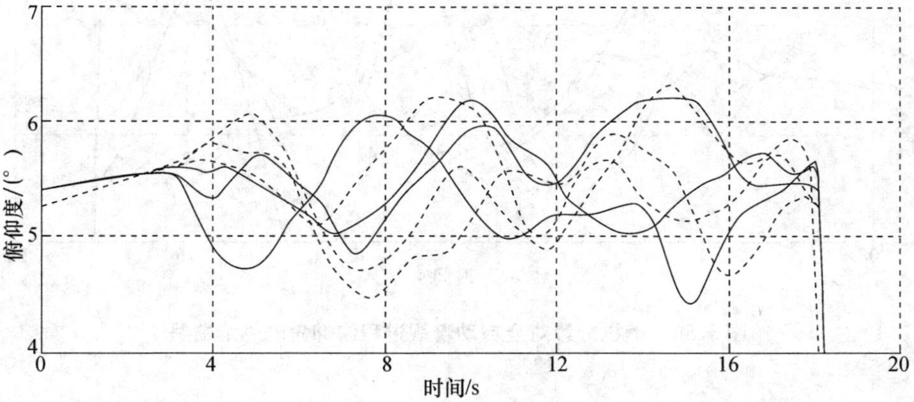

图 3.54　大气紊流对全自动着舰过程俯仰角的影响曲线

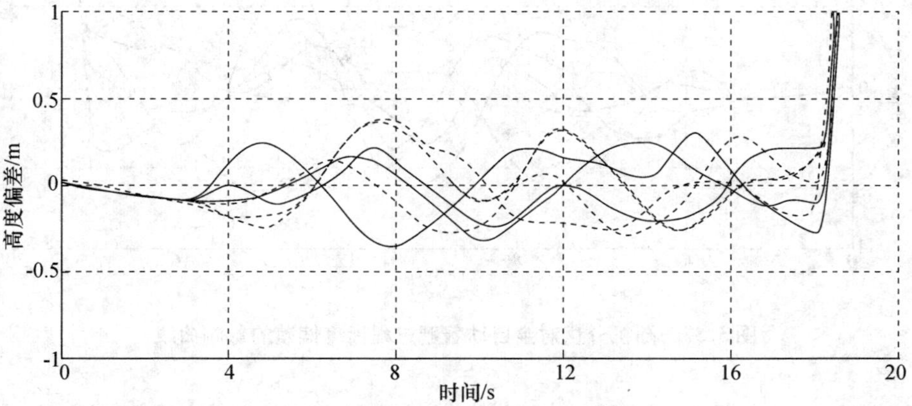

图 3.55　大气紊流对全自动着舰过程高度偏差的影响曲线

由图 3.54 和图 3.55 可知，在大气紊流作用下，舰载机的俯仰角和高度偏差均会出现随机波动，波动的幅度与流场扰动强度有关，由于大气紊流具有随机性，所以该波动无法避免，这也是造成全自动着舰过程落点偏差的主要影响因素之一。

2. 舰尾流随机分量影响

以某型舰载机为例，仿真研究舰尾流随机分量对全自动着舰安全性的影响。

仿真工况为：甲板风 25 kn，航母航速 24 kn，仅仅加入舰尾流随机分量影响进行多次仿真试验。图 3.56 为随机分量对全自动着舰过程俯仰角的影响曲线，图 3.57 为随机分量对全自动着舰过程高度偏差的影响曲线。

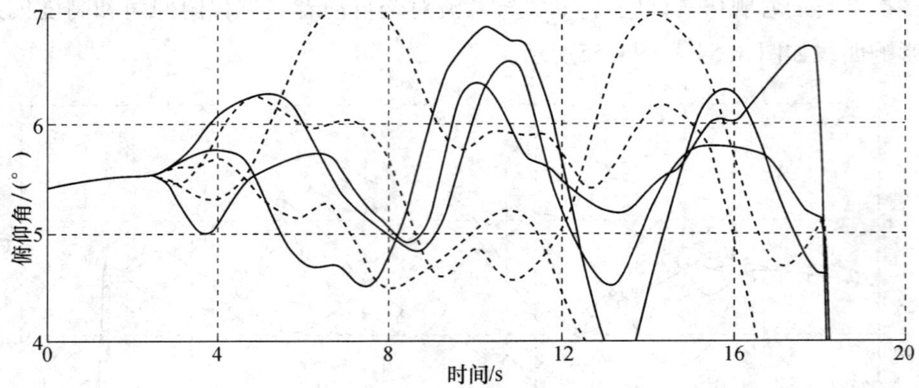

图 3.56　随机分量对全自动着舰过程俯仰角的影响曲线

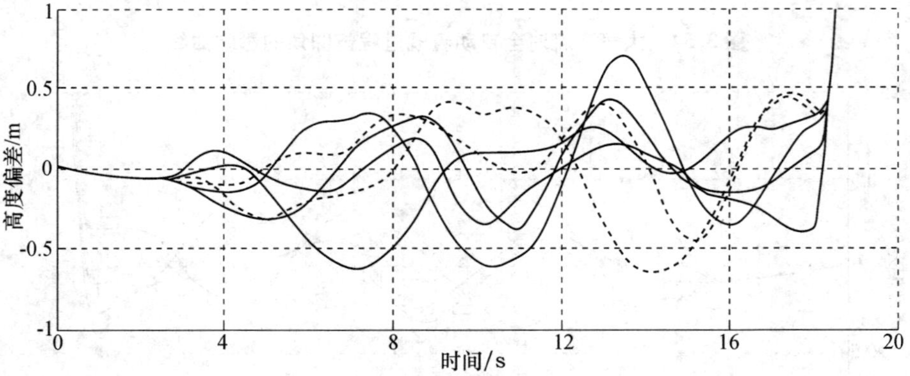

图 3.57　随机分量对全自动着舰过程高度偏差的影响曲线

由图 3.56 和图 3.57 可知，该舰尾流随机分量引起的着舰轨迹波动与大气紊流的影响规律类似，但俯仰角波动幅度更大、高度偏差波动幅度也相对较大。

3. 舰尾流周期分量影响

以某型舰载机为例，仿真研究舰尾流周期分量对全自动着舰安全性的影响。

仿真工况为：甲板风 25 kn，航母航速 24 kn，仅仅加入舰尾流周期分量影响进行多次仿真试验，得到周期分量对全自动着舰过程高度偏差曲线和俯仰角的影响曲线如图 3.58 和图 3.59 所示。

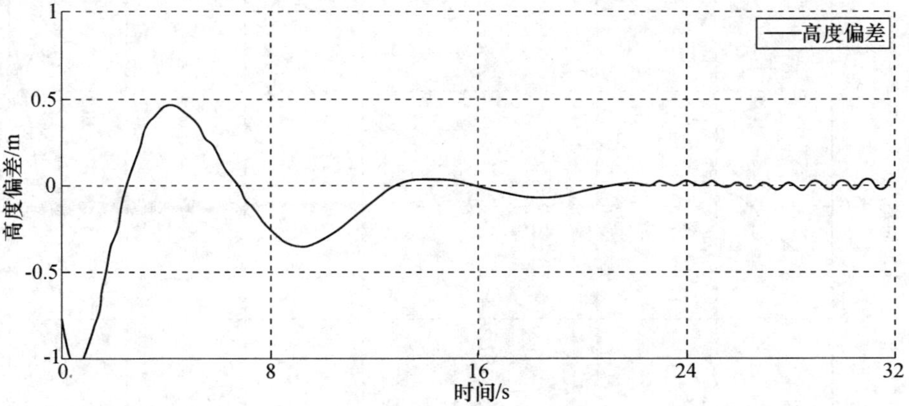

图 3.58　周期分量对全自动着舰过程高度偏差的影响曲线

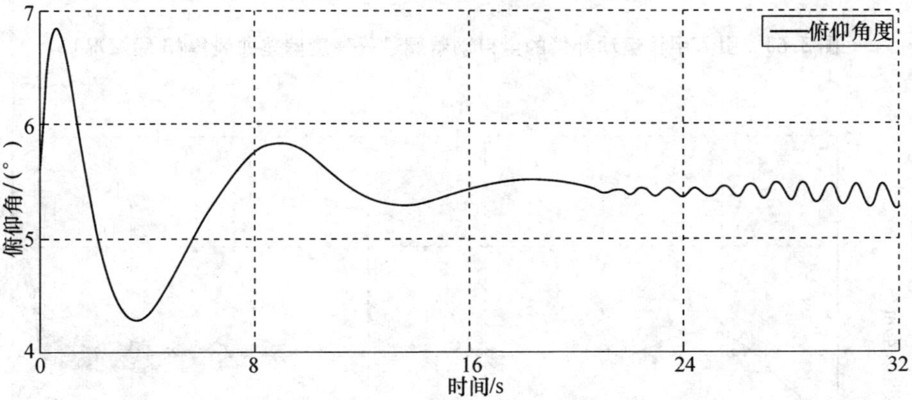

图 3.59　周期分量对全自动着舰过程俯仰角的影响曲线

由图 3.58 和图 3.59 可知周期分量对舰载机高度偏差变化及最终纵向落点偏差影响较小，但是会引起一定程度的俯仰姿态波动，尤其是当引导律算法设计不合理，纵向阻尼较小时舰载机俯仰波动加剧，对轨迹稳定性造成不利影响。

3.4.2　甲板运动补偿控制

以某型舰载机为例，仿真研究甲板运动补偿控制对全自动着舰安全性的影响。由于海上自然风、舰尾流场、航母的摇摆运动等环境因素都与海况相关,因此仿真条件中用海况级别表征自然风、舰尾流场、航母的摇摆运动等环境因素。

仿真工况 1 为:航母航速 24 kn,在着舰前 12 s 左右加入甲板运动补偿控制,无舰尾流,分别针对 3 级、4 级、5 级海况进行 100 次全自动着舰仿真试验,试验结果如图 3.60 至图 3.62 所示。

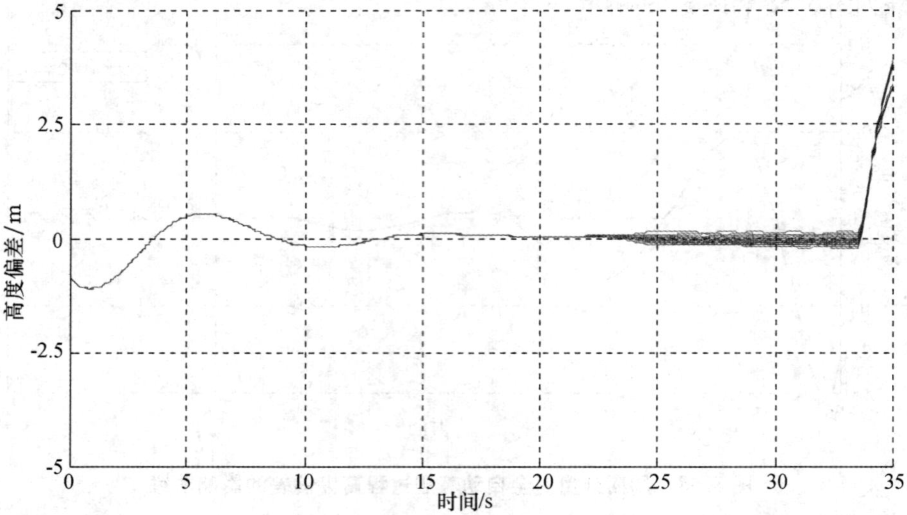

图 3.60　引入甲板运动补偿的全自动着舰过程高度偏差曲线集(3 级海况)

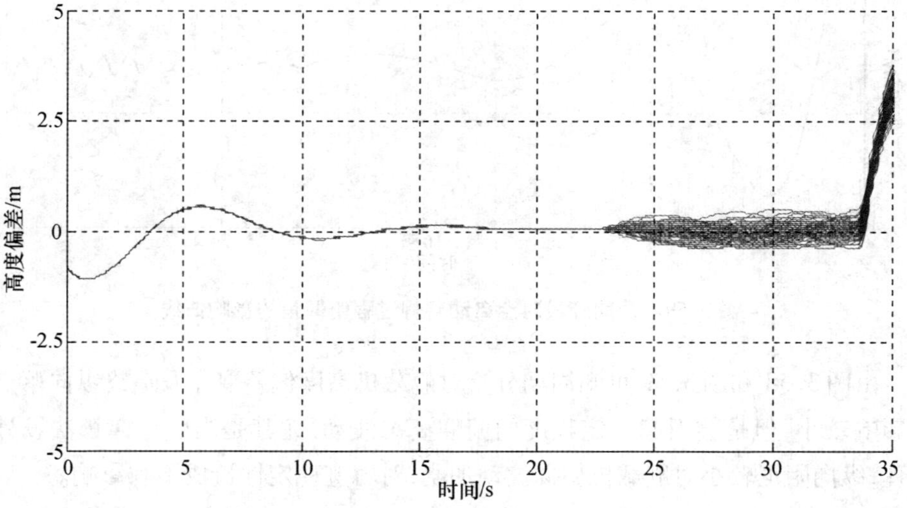

图 3.61　引入甲板运动补偿的全自动着舰过程高度偏差曲线集(4 级海况)

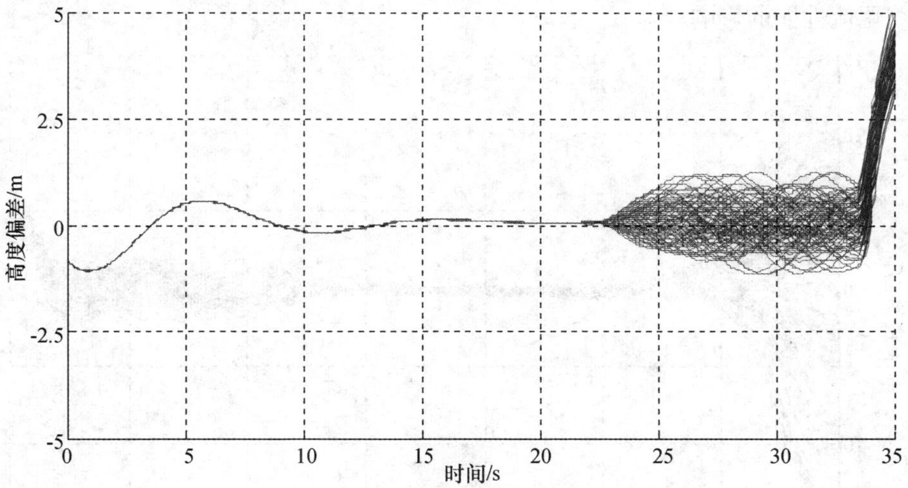

图 3.62　引入甲板运动补偿的全自动着舰过程高度偏差曲线集(5 级海况)

由图 3.60 至图 3.62 可知,舰载机初始高度偏差经过调整后被消除,后期下滑过程轨迹平稳,在甲板运动补偿信号接入后,轨迹开始出现波动,而且海况级别越高,波动的包络宽度越大。

仿真工况 2 为:航母航速 24 kn,在着舰前 12 s 左右加入甲板运动补偿控制,5 级海况,引入舰尾流扰动,此外为了说明全自动着舰系统对阶跃型偏差信号的快速消除能力,在 2 000 m 处叠加了 ±15 m 的随机高度偏差,而实际全自动着舰过程中舰载机在 5 ~6 km 处转入下滑,后面飞行过程中一直偏差较小,并不会出现图 6.30 至图 6.32 中初始段的大幅度高度调整。图 3.63 为 5 级海况下甲板运动及舰尾流综合影响仿真曲线。如图 3.63 舰载机在整个下滑过程中都会有轻量的高度波动,在接入甲板运动补偿信号后,舰尾流作用和甲板运动补偿信号二者作用叠加,会产生更强的波动包络幅值。

航迹波动的原因是舰载机在跟随理想着舰点升沉,不能简单地把波动曲线幅度作为全自动着舰纵向航迹控制的评判标准,为此,在甲板运动补偿信号接入之后,在高度偏差曲线中减除理想着舰点的升沉信息,仿真结果如图 3.64 所示。当综合考虑舰尾流影响和甲板运动影响时,系统的纵向航迹偏差就是以上两种效果的叠加,在多种影响因素中,甲板运动和舰尾流影响是造成纵向落点偏差的主要因素,因此,叠加后的综合曲线变化趋势,可作为考核系统性能的重要参考,而且图 3.64 给出的曲线前半段代表了全自动着舰系统的纵向航迹偏差调整性能的影响,图 3.64 的中间段代表了全自动着舰系统对抗舰尾流性能的影响,后半段为去除理想着舰点升沉耦合后的舰载机航迹高度偏差,可以作为甲板运动补偿性能对抗舰尾流性能的影响。

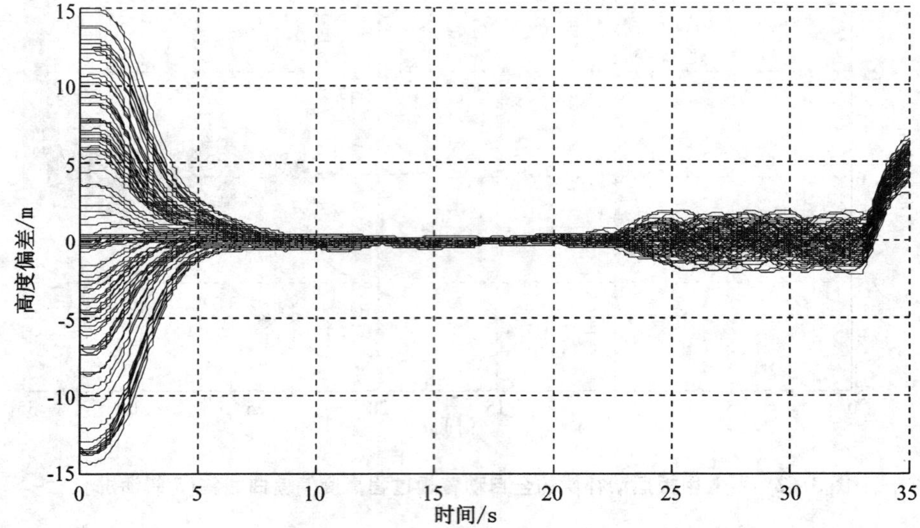

图 3.63　5 级海况下甲板运动及舰尾流综合影响仿真曲线集

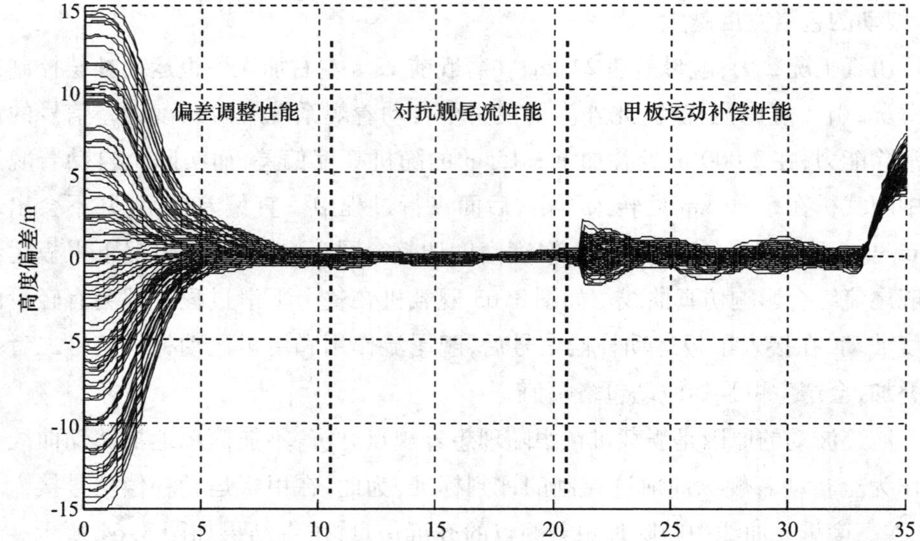

图 3.64　5 级海况下甲板运动及舰尾流综合影响(后半段去除理想着舰点升沉运动)

综合上述分析结果可得如下结论:

(1)全自动着舰引导过程中,舰载机在初始切入全自动着舰模式时,将在短时间内快速消除横、纵向偏差,后期将维持在下滑道上稳定飞行,当遇到环境突风或者舰尾流影响时,舰载机位置将偏离理想下滑道,产生偏差波动。ACLS 系统控制参数必须合理配置，保证系统整体具有较好的抑制扰动能力，在舰尾流等因素影响下，舰载机能够将偏差限制在一定范围内。

(2)舰载机在穿越舰尾流过程中，航迹纵向曲线的波动趋势很大程度上反映了纵向落点偏差的散布范围。在没有得到准确落点统计结果之前，可用穿越流场段的多次高度偏差曲线的均值或RMS值作为全自动着舰纵向航迹精度的重要考核指标。但仅依据航迹高度偏差波动无法确定落点偏差，舰载机俯仰姿态的改变会引起着舰几何关系的改变，从而对尾钩触舰位置和挂索编号造成一定影响。另外，迎角波动程度也影响了着舰安全性。所以应对舰载机着舰过程中的位置偏差、姿态偏差、迎角波动等进行综合考虑，全面评价。

(3)在高海况下，航母运动对落点偏差的影响也是非常大的，全自动着舰控制系统中必须加入合理的甲板运动预报和补偿算法。补偿算法在着舰前约12 s时接入，如从舰载机相对惯性空间下滑道的偏差来看，舰载机下滑偏差曲线在最后着舰段继续出现散布，海况越高曲线的散布也越大，但这并不是说舰载机落点偏差一定会很大，而是舰载机轨迹在跟踪离线着舰点变化。为了令偏差曲线能合理表示全自动着舰性能，可将高度偏差减去理想着舰点升沉，但这样又会导致未加入航母运动补偿信号前的错误评价。所以，一个可行的做法是在接入航母运动补偿信号之后，将高度偏差减掉离线着舰点升沉量，接入之前仍求取相对惯性下滑道的偏差。

3.4.3　着舰雷达测量性能

以某型舰载机为例，仿真研究着舰雷达测量性能对全自动着舰安全性的影响。

仿真工况为：海况5级，仿真过程中引入雷达噪声，为更明确地分析雷达影响，仿真过程取消舰尾流的影响，得到雷达噪声对舰载机航迹高度偏差的影响曲线如图3.65所示。

图3.65中对比了含有雷达噪声和不含雷达噪声的情况，加入雷达噪声后，航迹高度偏差存在小量波动，但波动幅度较小，变化频率较低，而且航迹高度偏差波动随着舰载机趋于着舰时刻逐渐收缩，最终着舰时刻的高度偏差已经很微弱。图3.66为雷达噪声对舰载机俯仰角的影响曲线。加入雷达噪声后，舰载机的俯仰角出现周期性的小幅波动，波动幅度的峰—峰值约为0.3°，频率为1~1.3 Hz，与噪声对下滑偏差的影响相比，其对俯仰角波动的影响更明显一些。也就是说带入雷达噪声后主要的影响是引起舰载机俯仰角的轻度波动，但对最终落点偏差精度影响较小，而且引起的俯仰角波动幅度不大，对着舰安全性无严重影响。

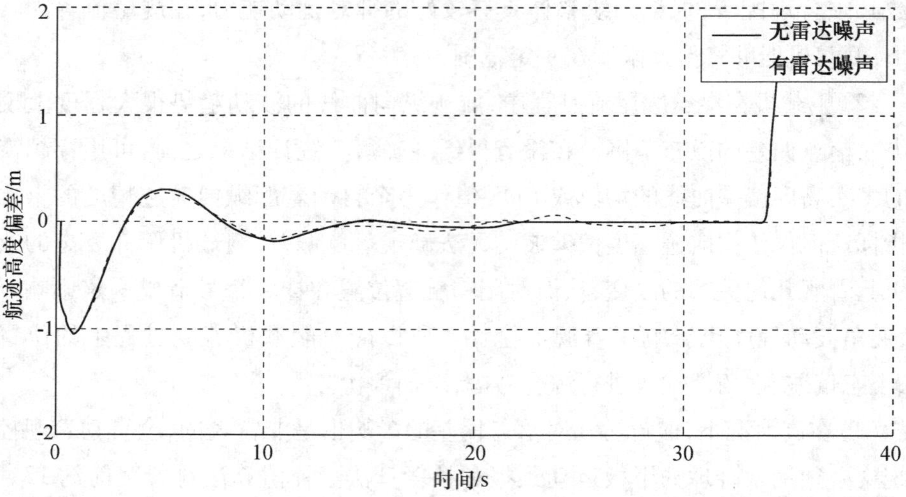

图 3.65 雷达噪声对舰载机航迹高度偏差的影响曲线

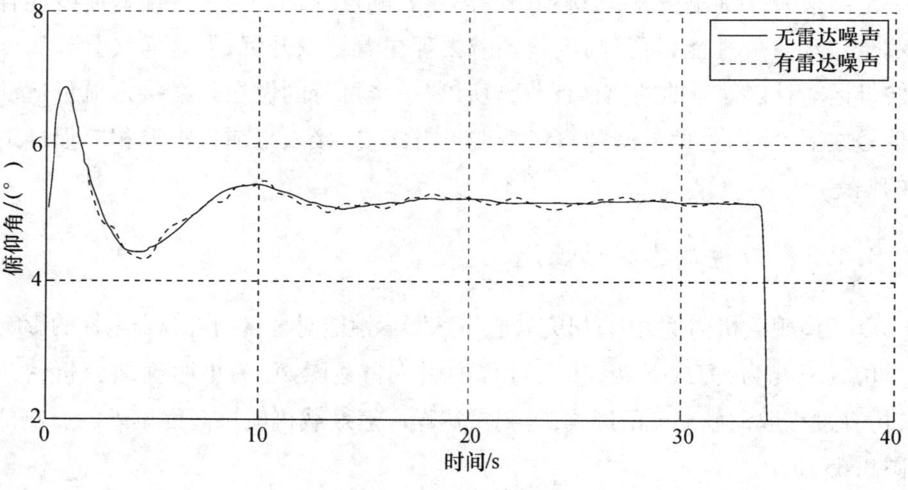

图 3.66 雷达噪声对舰载机俯仰角的影响曲线

3.5 阻拦安全性主要影响因素仿真分析

3.5.1 阻拦系统性能

以某型舰载机为例,仿真研究阻拦系统性能对阻拦安全性的影响。

仿真工况为:文献[40]中给出了 Mark7 Mod1 型阻拦系统在 K-5 型凸轮曲线控制作用下的真实实验曲线数据,本书选取真实数据中的关键点绘制如图 3.67 中曲线 1。图 3.68 中曲线 1 对应的主液压缸最大行程为 3 m，阻拦的舰载机质量为 16.7×10^3 kg，舰载机速度为 201.68 km/h。图 3.68 中曲线 2 与曲线 3 是 Mark7 Mod3 型阻拦系统的仿真曲线，曲线 2 与曲线 1 阻拦时舰载机的重量与速度相同，曲线 3 阻拦时的舰载机质量为 24.5×10^3 kg，舰载机速度为 229.63 km/h，曲线 3 与曲线 1 对应阻拦过程主液压缸的最大压强相同，曲线 2 与曲线 3 对应凸轮的最大行程为 4.6 m。

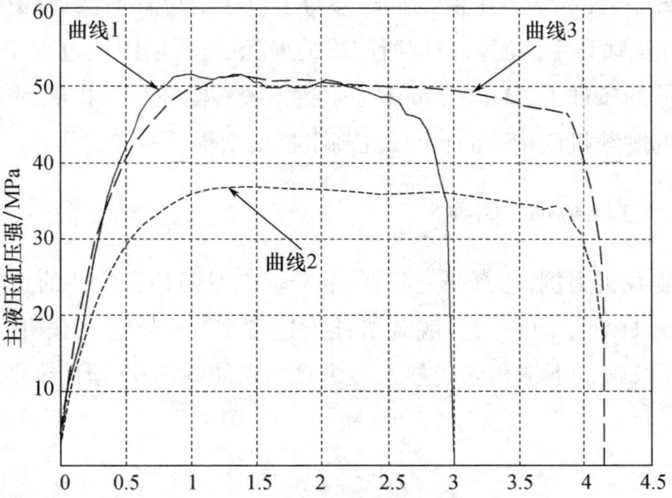

图 3.67　不同工作情况下压强对位移曲线

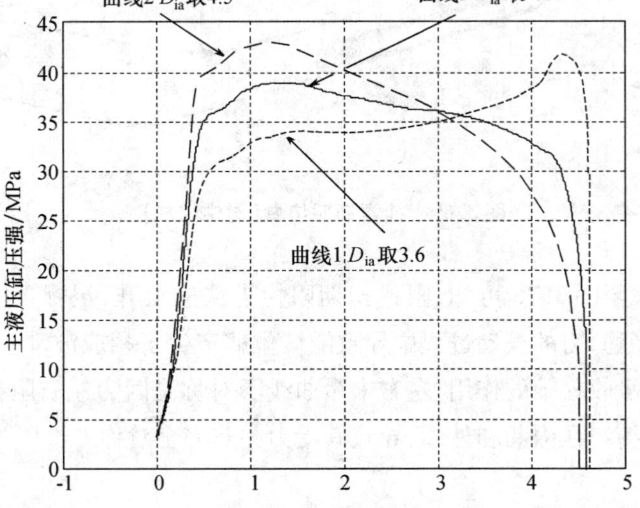

图 3.68　不同质量选择器情况下压强对位移曲线

如图3.68所示,主液压缸压强曲线与主液压缸位移曲线所围成的面积是阻拦系统中液压系统所做的功。虽然图3.68中曲线2对应的压强峰值明显要比曲线1对应的压强峰值小得多,但曲线1与曲线2所围成的面积相同,即曲线1与曲线2对应阻拦液压系统吸收的能量是相同的。这说明Mark7 Mod3型阻拦系统将凸轮的行程扩大到4.6 m,可以使阻拦系统中主液压缸对应压强的峰值降低,从而提高了阻拦安全性。对比分析图3.68中曲线3和曲线1可知,在主液压缸压强峰值相同的情况下,曲线3中主液压缸压强与主液压缸位移所围成的面积大于曲线1中主液压缸压强与主液压缸位移所围成的面积,这说明阻拦过程中,在同等主液压缸压强峰值的条件下,Mark7 Mod3型阻拦系统在凸轮行程扩展到4.6 m时不仅可增加阻拦的舰载机质量,而且可以提高阻拦安全性。

3.5.2 阻拦偏心、偏航

以某型舰载机为例,仿真研究阻拦偏心、偏航对阻拦安全性的影响。

仿真工况1(对中阻拦)为:舰载机挂索速度220 km/h,舰载机质量24.5t、俯仰角8.4°,并以3.5°下滑角着舰挂索。仿真结果如图3.69至图3.76所示。

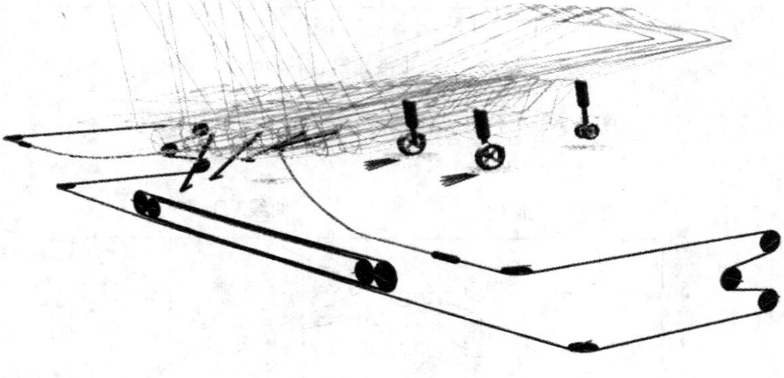

图3.69 挂索初期仿真(对中阻拦)

由图3.69至图3.76可知,阻拦初期阻拦力快速上升,至峰顶时产生较大波动,后期逐渐平稳,力的摆动过程中导致滑缓位移产生了相应波动,末端缓冲在阻拦前期起到了吸收松弛的作用,左右末缓曲线不对称是因为左右阻拦索在主缓冲滑轮组上分别缠绕在内圈和外圈,导致其受力并非完全对称。

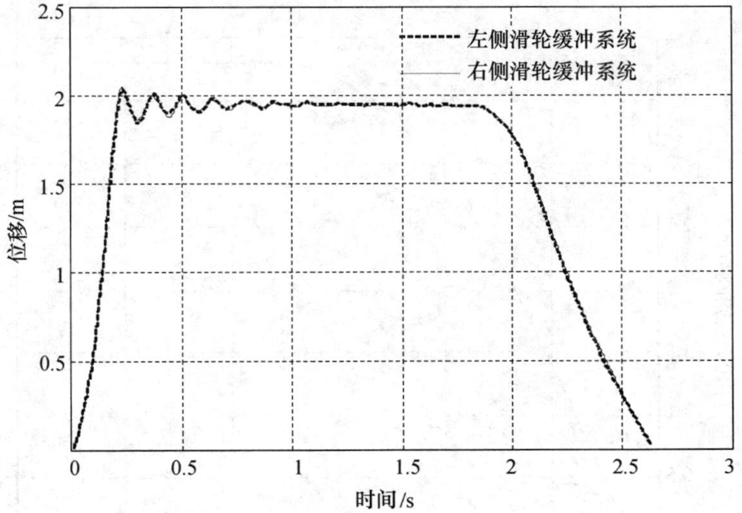

图 3.70　阻拦系统滑轮缓冲仿真曲线

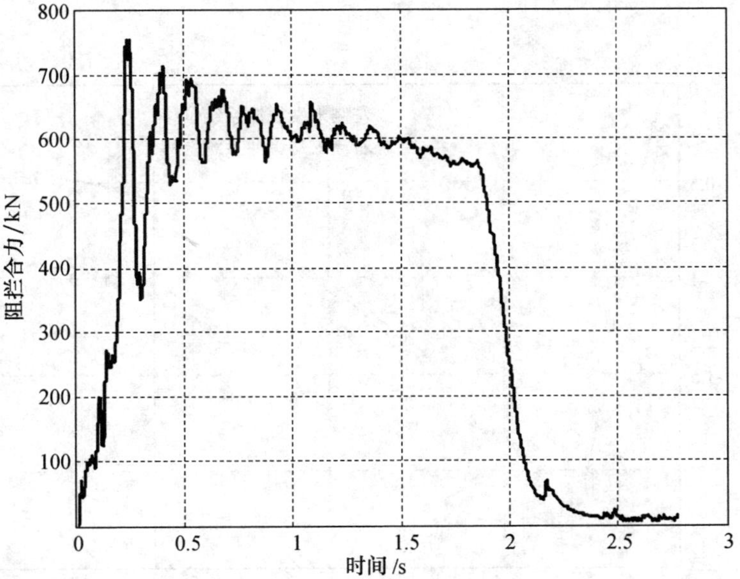

图 3.71　阻拦合力曲线

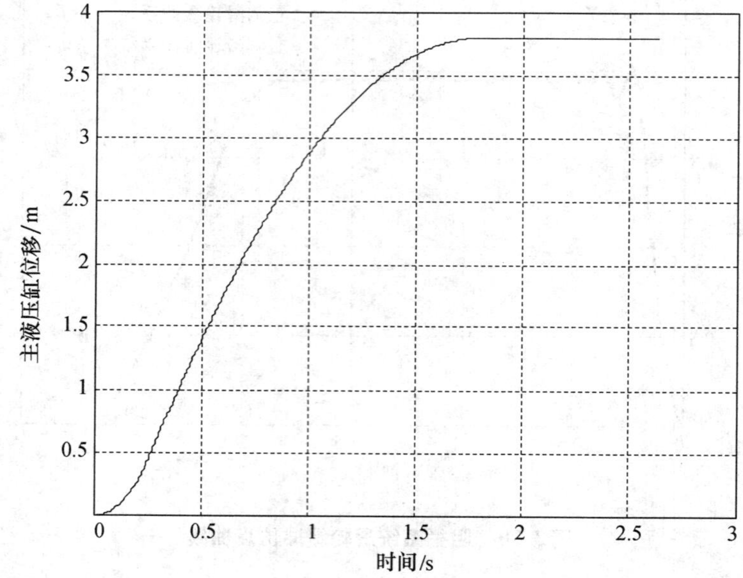

图 3.72 阻拦系统主液压缸位移曲线

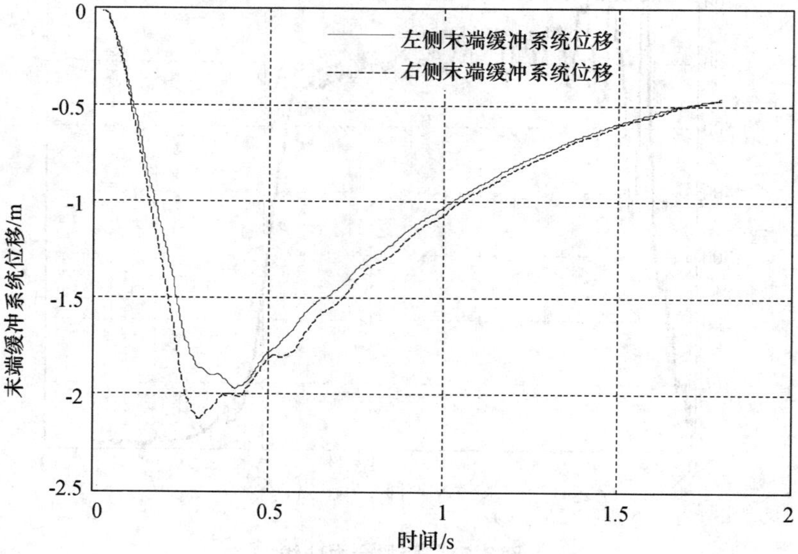

图 3.73 阻拦系统左右末端缓冲系统位移

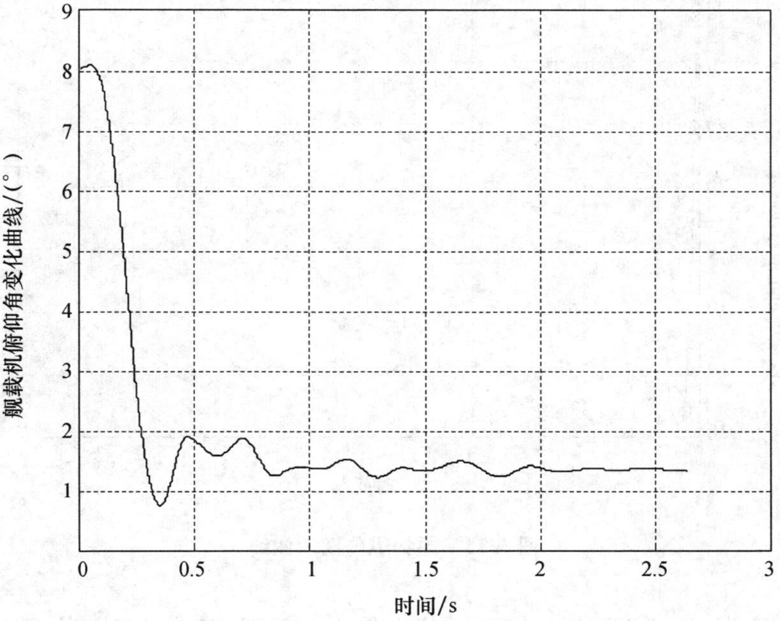

图 3.74　舰载机俯仰角曲线

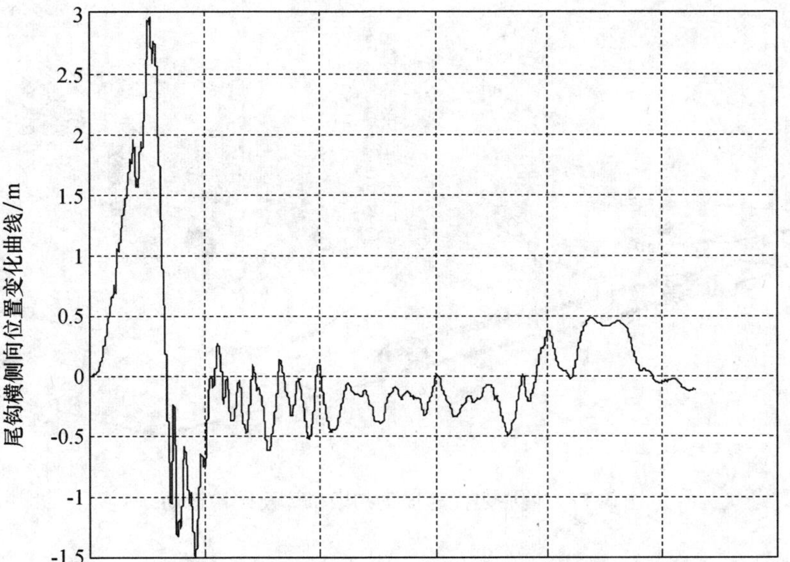

图 3.75　尾钩横向摆动曲线

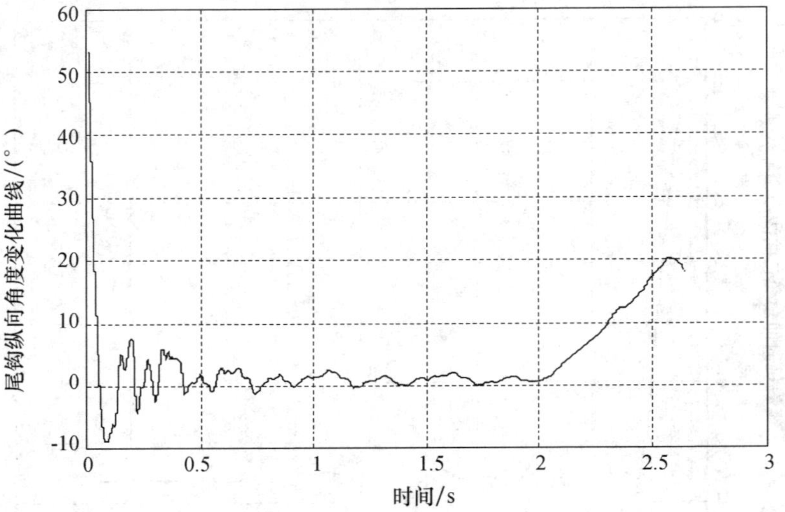

图 3.76 尾钩纵向摆动曲线

仿真工况 2(偏心阻拦)为:舰载机右偏 4 m 挂索,其他条件与仿真工况 1 相同。仿真结果如图 3.77 至图 3.87 所示。

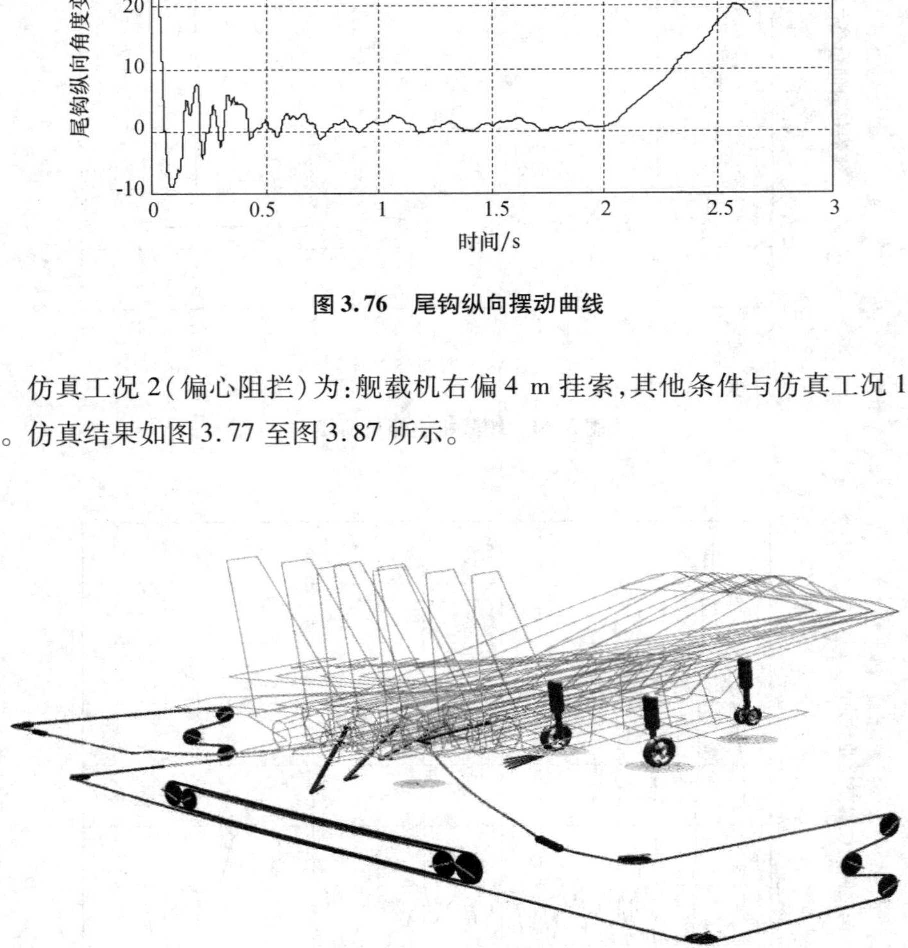

图 3.77 偏心阻拦时挂索初期机体及尾钩运动

由图 3.77 至图 3.87 仿真结果看出,偏心阻拦导致左右侧受力不均,左右滑缓运动产生差别,左右末缓运动出现较大差别,舰载机横向位置偏心继续向外侧增加,出现轻微的姿态横滚波动,尾钩出现复杂横向波动。

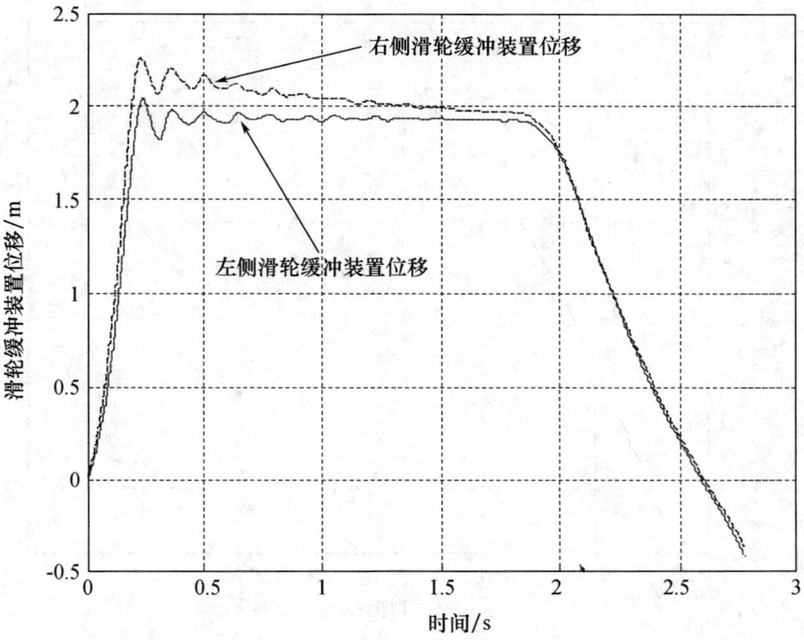

图 3.78　偏心阻拦时滑轮缓冲仿真曲线

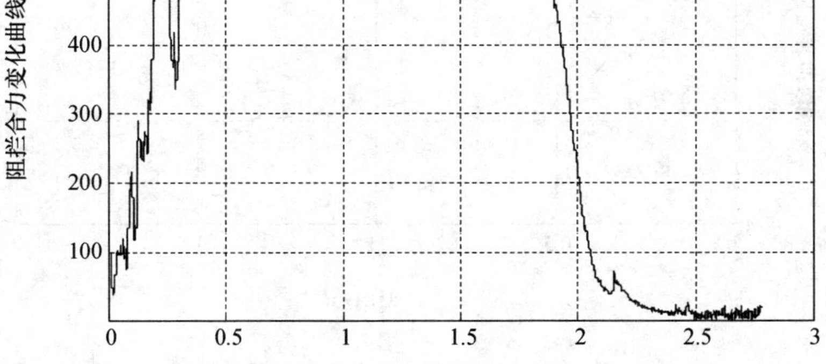

图 3.79　偏心阻拦时阻拦合力曲线

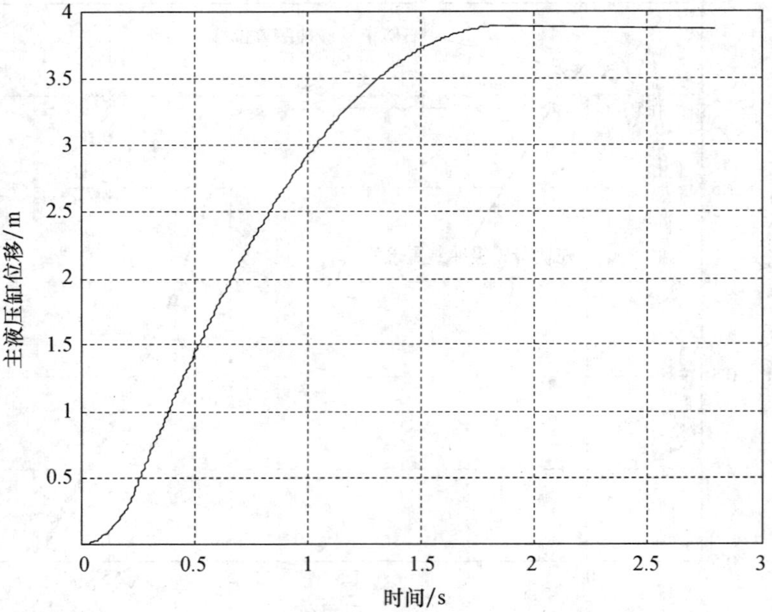

图 3.80　偏心阻拦时主液压缸位移曲线

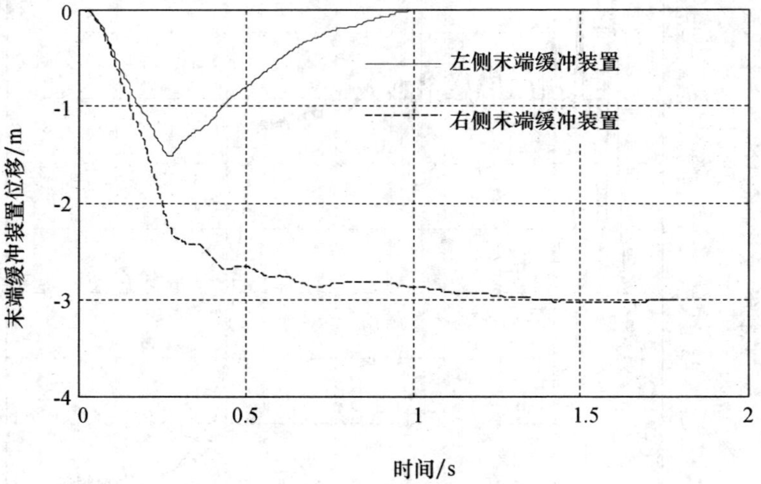

图 3.81　偏心阻拦时左右末端缓冲系统位移

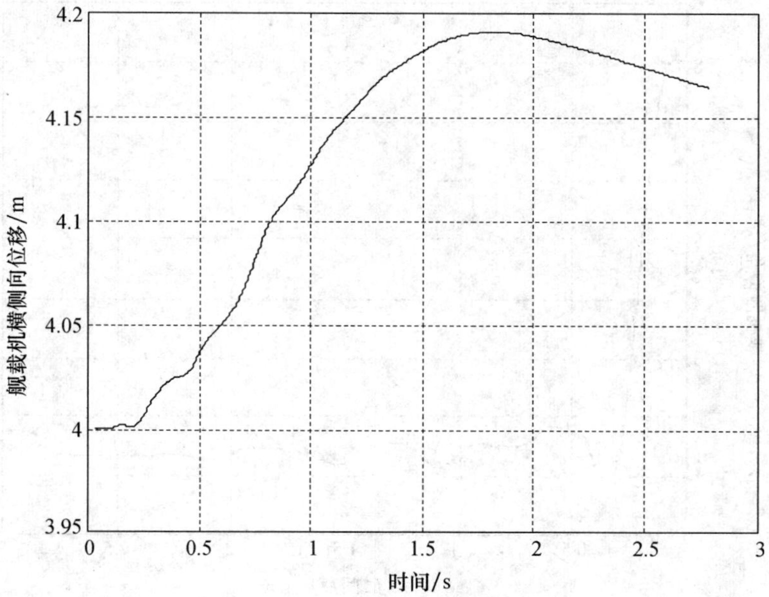

图 3.82　偏心阻拦时舰载机横向运动曲线

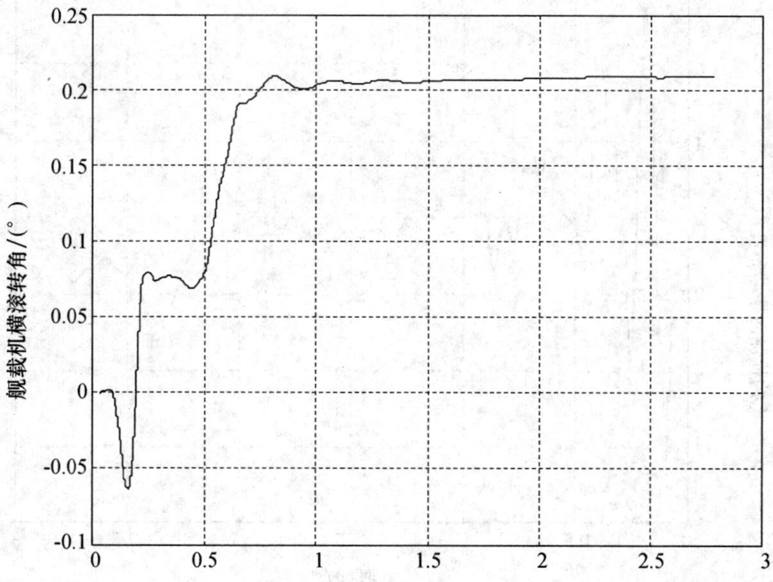

图 3.83　偏心阻拦时舰载机横滚角曲线

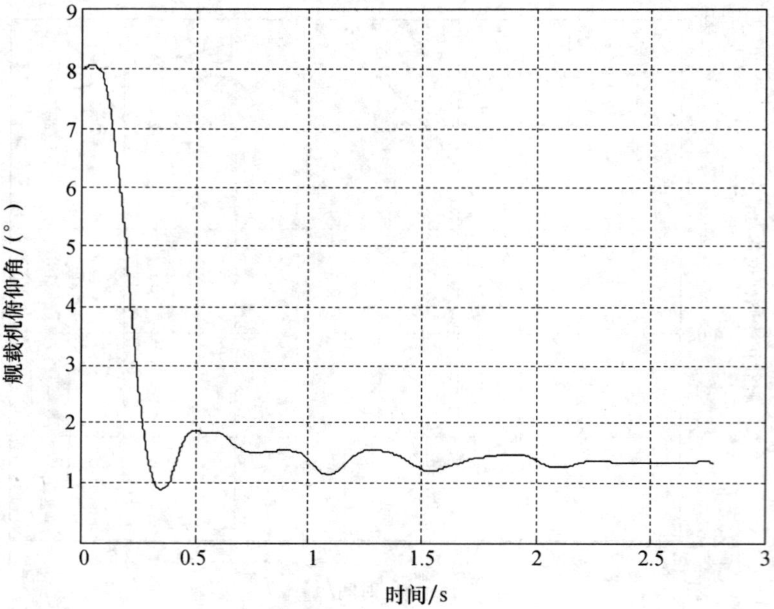

图 3.84　偏心阻拦时舰载机俯仰角曲线

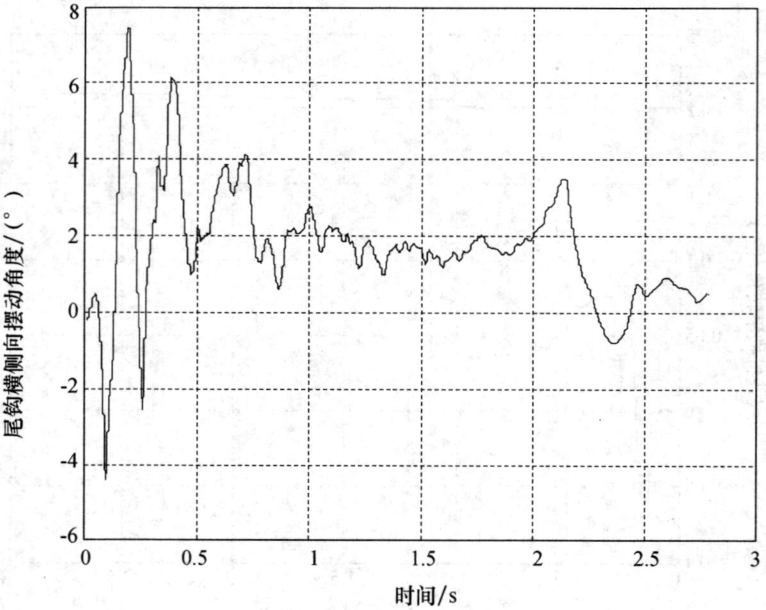

图 3.85　偏心阻拦时尾钩横向摆动角度曲线

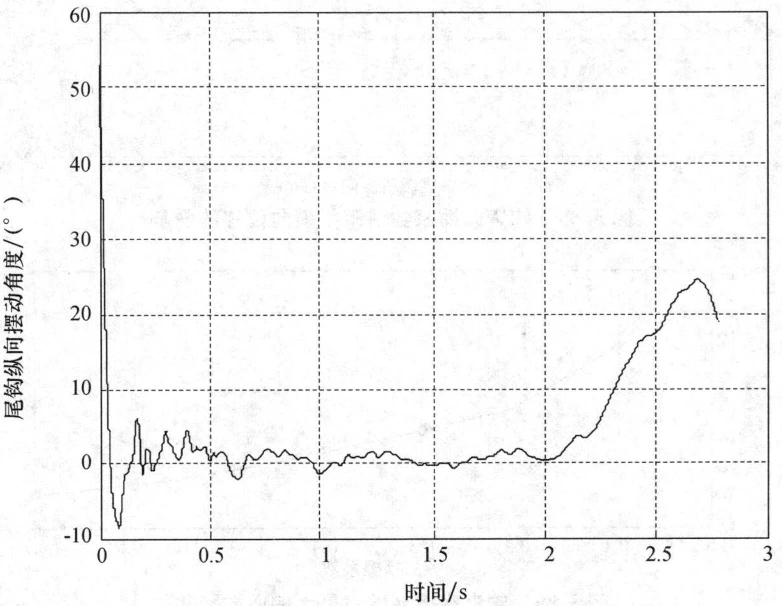

图 3.86　偏心阻拦时尾钩纵向摆动角度曲线

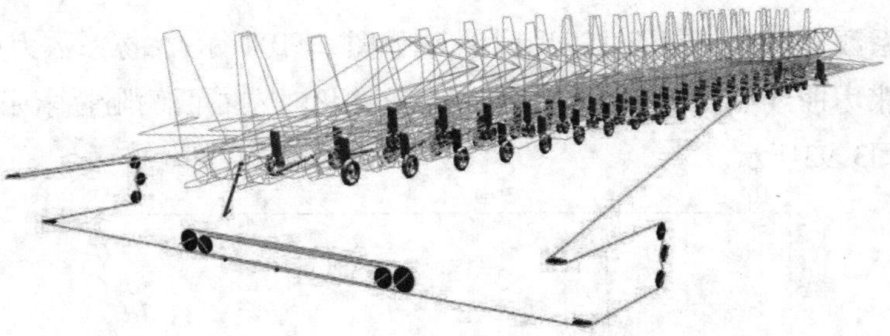

图 3.87　右偏 4 m 阻拦仿真全过程三维运动结果

3.5.3　尾钩运动及钩索摩擦

研究钩索摩擦对阻拦包络的影响规律,要在阻拦系统许可的最大偏心、偏航条件下研究最大横向位移对钩索摩擦的约束。利用阻拦仿真系统,进行各种钩索摩擦系数下仿真试验,分析钩索摩擦对阻拦过程的影响。

仿真工况为:舰载机质量 24.5 t,挂索速度 220 km/h,5 m 偏心阻拦。在不同钩索摩擦系数下进行多次阻拦过程仿真试验,所得钩索摩擦系数对阻拦横向位移的影响如图 3.88 所示,摩擦系数对最大偏心影响趋势如图 3.89 所示。

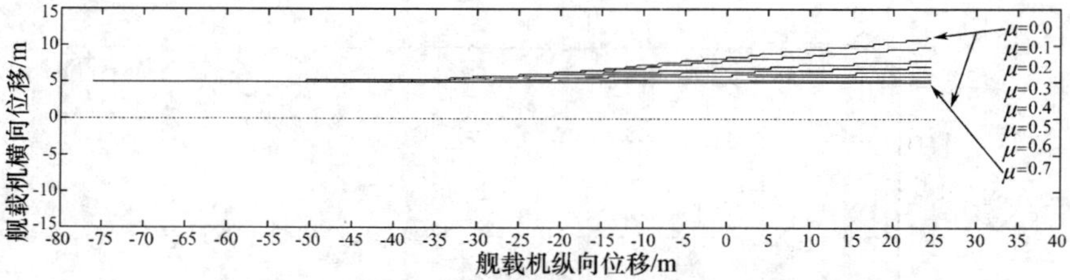

图 3.88　钩索摩擦系数对阻拦横向位移的影响

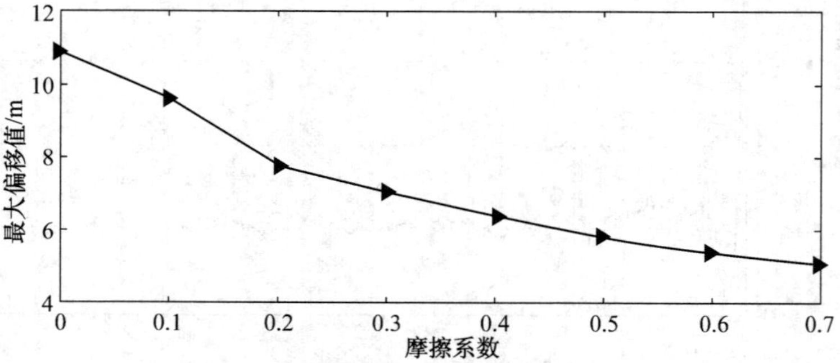

图 3.89　钩索摩擦系数对最大偏心的影响

由图3.88 和图3.89 可知，当摩擦系数越小时，舰载机阻拦过程继续偏心趋势越大。

摩擦系数为0 时，左右阻拦索张力曲线如图3.90 所示；摩擦系数为0.7 时，左右阻拦索张力曲线如图3.91 所示；摩擦系数变化对左右两侧阻拦索张力峰值比的影响如图3.92所示。

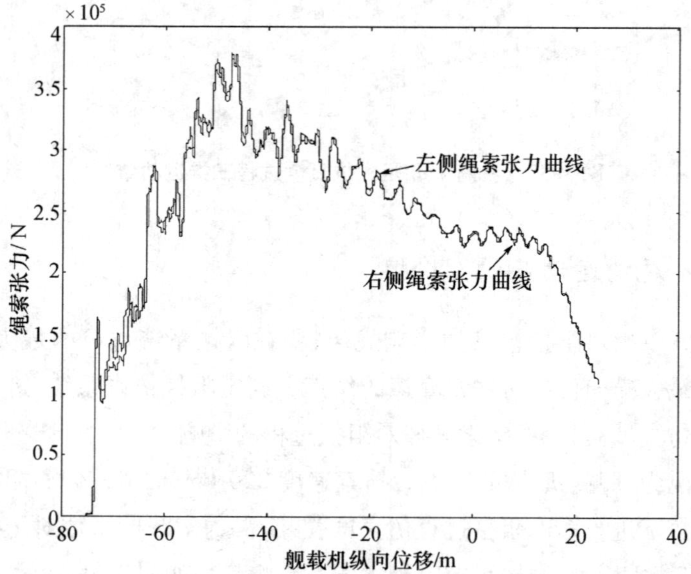

图 3.90　摩擦系数为 0 时左右阻拦索张力

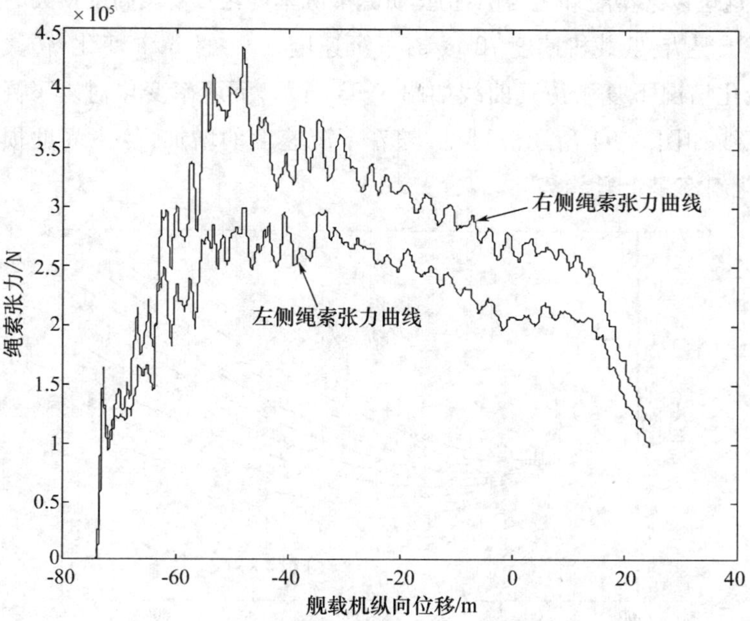

图3.91 摩擦系数为0.7时左右阻拦索张力

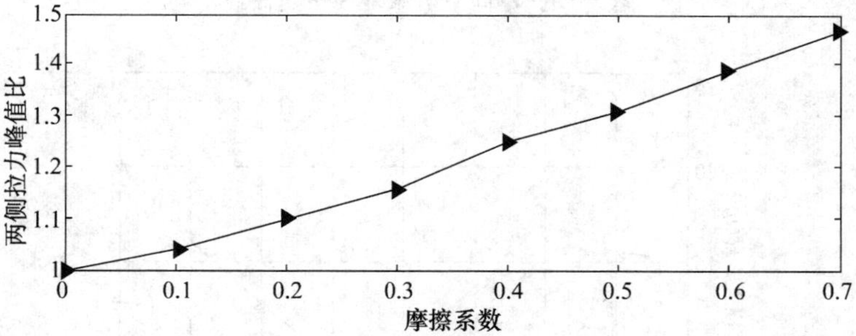

图3.92 摩擦系数变化对左右两侧阻拦索张力峰值比的影响

由图3.91和图3.92可知,摩擦系数过小,将导致偏心阻拦时舰载机轨迹失控;摩擦系数过大,将导致左右两侧拉力严重失衡。因此,需综合考虑各项安全约束,选择合理的钩索摩擦系数。

3.6 复飞安全性主要影响因素仿真分析

3.6.1 初始下沉率和迎角

分析初始下沉率和迎角对复飞的影响规律,确定安全复飞对初始下沉率和迎角的限制。这里以某型舰载机为例，仿真研究下沉率变化对复飞高度损失的影响。

仿真工况为：舰载机速度 70 m/s，下沉速度在 0 ~ 8 m/s 变化，仿真所得不同下沉率变化情况下复飞仿真曲线如图 3.93 所示，下沉率变化对复飞高度损失变化影响曲线如图 3.94 所示。可见，随着下沉速度的增加，复飞高度损失明显增加，且变化斜率呈上升趋势。

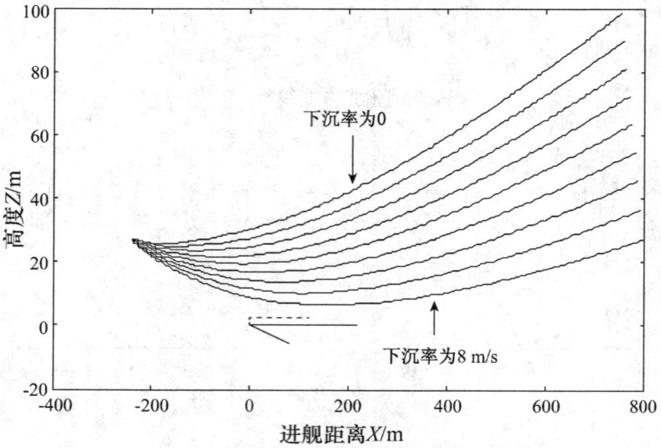

图 3.93　不同下沉率复飞仿真曲线

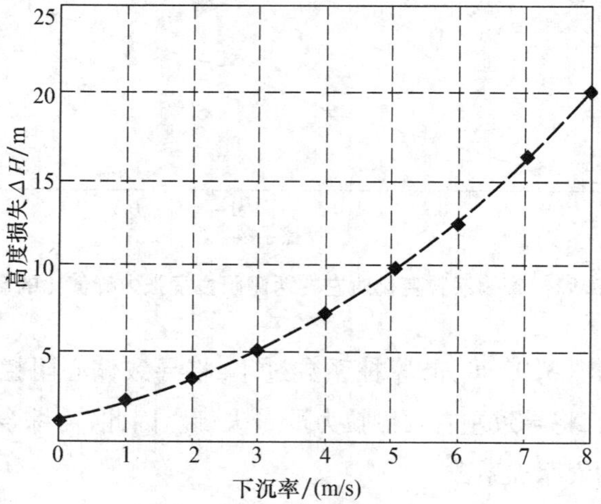

图 3.94　下沉率变化对复飞高度损失变化影响曲线

3.6.2　飞行员响应时间

分析飞行员响应时间对高度损失的影响规律，确定满足安全复飞条件的飞行员响应时间要求。仿真研究飞行员反应时间延迟对复飞高度损失影响。

仿真工况为：舰载机速度 70 m/s，飞行员响应时间在 0 ~ 1 s 变化，不同飞行员响应时间下复飞仿真曲线如图 3.95 所示，飞行员响应时间对复飞高度损失变化影响曲线如图 3.96 所示。可见，随着飞行员响应时间的增加，复飞高度损失明显增加，总体变化趋势明显小于下沉速度变化对复飞高度损失的影响。

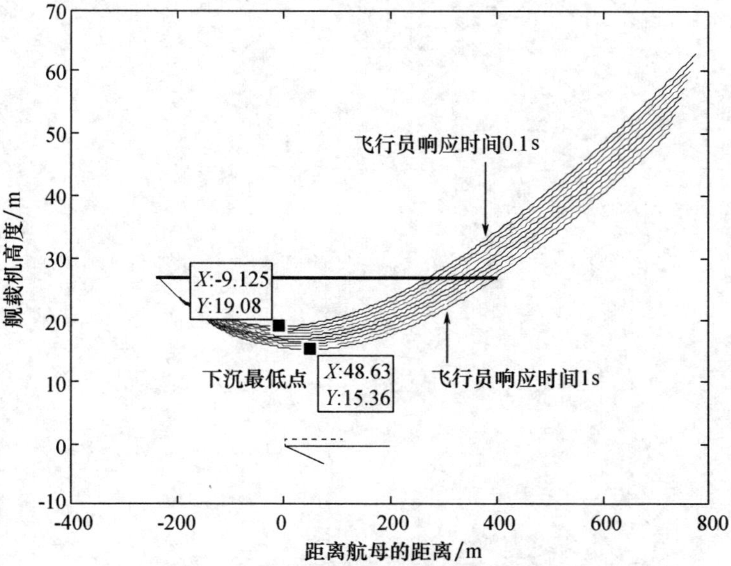

图 3.95　不同飞行员响应时间下复飞仿真曲线

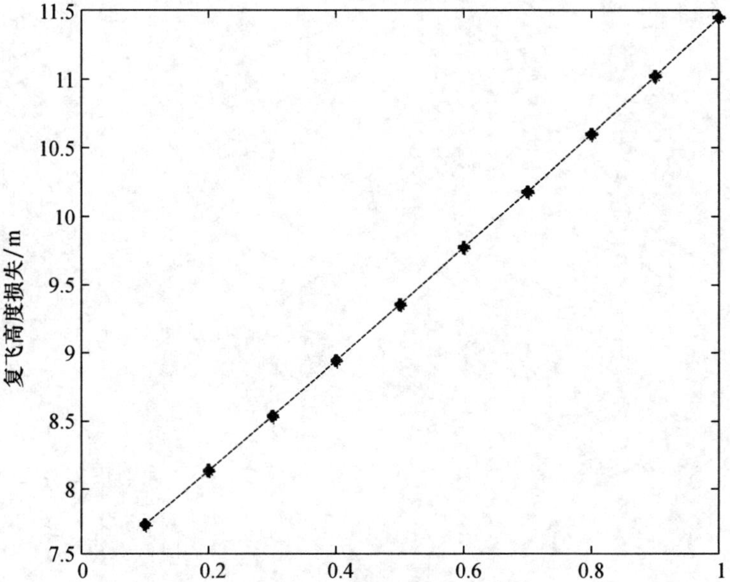

图 3.96　飞行员响应时间对复飞高度损失影响

第2篇 航母舰载机安全起飞、着舰评估方法

舰载机起降安全性评估按照评估对象可分为弹射起飞过程评估、滑跃起飞过程评估、着舰引导过程评估、全自动着舰过程评估、阻拦过程评估、复飞过程评估和逃逸过程评估，这些过程评估的目标相似、基本思路相近，不同的只是指标体系和安全指标边界条件，因此各过程的安全性评估可以采用相同的安全指标评估方法和综合评估方法。根据上述特点，本篇针对舰载机起降过程，研究统一的舰载机安全起飞、着舰评估方法，并以某一过程为例实施综合评估。

第4章　航母舰载机安全起飞、着舰结果评估方法

4.1　舰载机安全起飞、着舰评估指标的评估方法

航母舰载机安全起飞、着舰结果评估属于水平型多指标综合评价，根据多指标综合评价理论，舰载机安全起飞、着舰评估指标属于质量指标。质量指标是相对水平指标或平均水平指标，用于评价事物优劣的统计指标[41]。因此舰载机安全起飞、着舰评估指标评价的实质是确定各舰载机安全起飞、着舰评估指标的质量值，即确定各指标值与对应指标边界条件的相对值。

舰载机安全起飞、着舰评估指标边界条件是进行指标评价的关键，舰载机安全起飞、着舰评估指标边界条件是一组既定的规定或限制，进行安全性评估时，指标边界条件通常为已知条件，将舰载机安全起飞、着舰评估指标与相应的指标边界条件比较即可得到舰载机安全起飞、着舰评估指标评价的结果。舰载机安全起飞、着舰评估指标边界条件主要来源于对应用经验的总结、历史数据的统计分析和仿真分析。

4.2　基于效用函数的舰载机安全起飞、着舰结果评估方法

效用函数综合评价法既是一种基础的综合评价方法，也是一种非常实用、有效的综合评价方法，其评价效率或准确性绝不逊色于那些复杂的数学方法。效用函数综合评估法的基本思想是将每一个评估指标按照一定的方法量化，变成对评价问题测量的一个“量化值”，即效用函数值，然后再按一定的合成模型加权合成求得总评价值。

$$F = G[f_i(x_i), \omega_i] \quad (i = 1, 2, \cdots, p) \tag{4-1}$$

式(4－1)为效用函数综合评价法的一般化表达式。其中，x_i 为评估指标；ω_i 为 x_i 的权重；f_i 为 x_i 的评估函数；$f_i(x_i)$ 的取值 d_i 为无量纲化值也称同度量化值（$0 < d_i \leqslant 1$，d_i 越大越安全）；函数 G 为合成模型。效用函数综合评价法其实是关

于求取 f_i,ω_i 和 G 的方法。

4.2.1 无量纲化方法

一个评价体系的多个评估指标可能分属于不同类别并具有不同的取值范围,为了消除评估指标量纲对评价结果的影响,需要对评估指标进行无量纲化处理。

无量纲化又称同度量化,实现方法可分为广义指数法、广义线性功效系数法、非线性函数法和分段函数法。本书根据舰载机安全起飞、着舰评估指标边界条件的特点将评估指标分为不等式型和边界型两类(评估指标的具体分类详见附录),这两种指标无量纲化的方法有多种,各种方法的适用性需要经过大起降数据的验证。本书根据各评估指标的物理意义选用如表 4.1 所示的无量纲化方法,将所有评估指标值都标准化为 0 ~ 1 的数值。

表 4.1 舰载机安全起飞、着舰结果评估指标的无量纲化方法

指标类型		函数形式	函数图象
不等式型评估指标	正指标	$f_i(x_i)=\begin{cases}0 & x_i\leqslant a\\ 1-\mathrm{e}^{k(x_i-a)} & x_i>a\end{cases}$	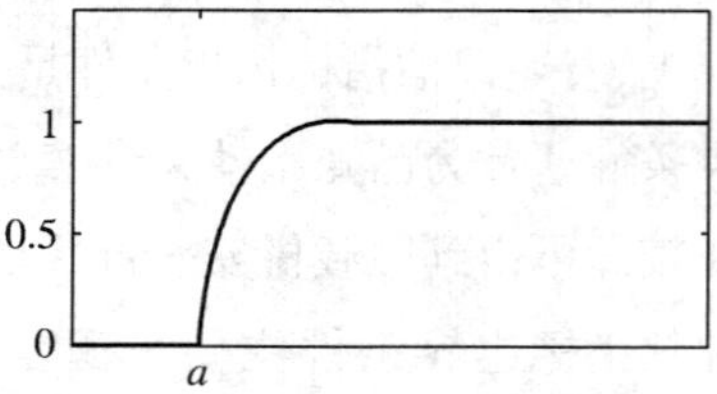
	逆指标	$f_i(x_i)=\begin{cases}1 & x_i\leqslant c\\ \mathrm{e}^{-\frac{x_i}{k}} & c<x_i<a\\ 0 & x_i\geqslant a\end{cases}$	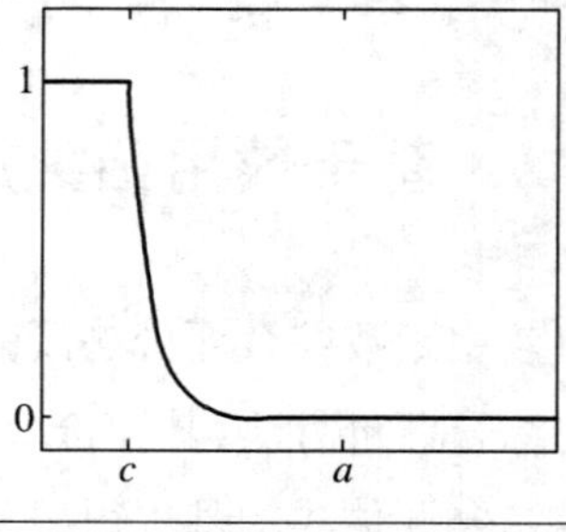
边界型评估指标		$f_i(x_i)=\mathrm{e}^{\frac{-(x_i-\mu)^2}{2\sigma^2}}$ $\mu=\frac{a+b}{2}$ $\sigma=\frac{a-b}{6}$	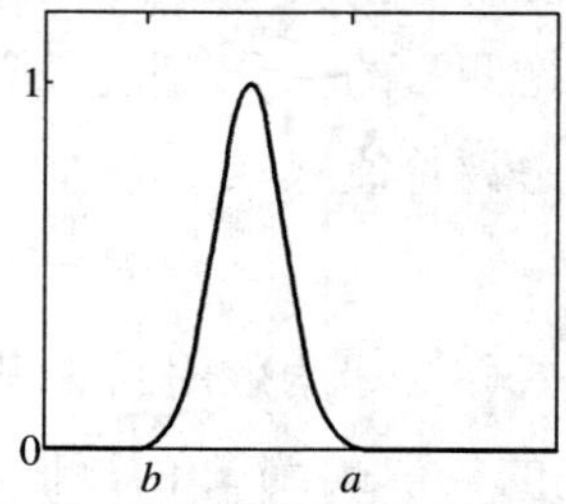

注:k 为调整参数;a,b 分别为边界条件;c 为理想值。

4.2.2　权值确定方法

权值不仅体现了评价者对指标体系中单项指标重要性的认识程度,也体现了评价指标体系中单项指标评价能力的大小。构造权值的方法可分为主观构权方法和客观构权方法,客观构权方法的权数来源于样本资料,因此难以保证权数符合总体情况;而主观构权方法能够体现评价者的评价原则,且权数更加容易理解,因此笔者倾向于主观构权方法。主观构权的具体方法详见文献[41]。

4.2.3　效用函数模型

效用函数模型是评价思想和评价原则的综合体现。由于在无量纲化过程中已经充分考虑了评估指标的物理意义,为使评估结果的物理意义与单项评价指标的物理意义统一,本书采用如下幂平均合成模型,即

$$G = \left(\frac{\sum f_i^n \omega_i}{\sum \omega_i} \right)^n \tag{4-2}$$

式中,n 为幂平均阶数。$n=1$ 时鼓励各项指标之间等量补偿;$-1<n<0$ 时惩罚落后指标、鼓励单项指标均衡方法,n 的取值越小惩罚力度越大。

4.3　基于多元统计分析的舰载机安全起飞、着舰结果评估方法

舰载机安全起飞、着舰结果评估属于多变量(多指标)的定量分析问题,多元统计分析是对多个变量进行统计的定量分析方法。近年来随着 SAS,SPSS,sysTAT 等商业化统计软件的推广应用,多元统计分析中的主成分分析法、因子分析法、判别分析法、聚类分析法、典型相关分析法、主坐标分析法等先后被应用于各类综合评价中。在众多多元统计分析方法中主成分分析法是应用最广、最有效的方法。本节将主成分分析法应用于舰载机起降安全综合评估。

主成分分析的核心数学思想就是“降维”,即借助一个正交变换将一组分量相关的随机变量转换成分量不相关的新变量。从几何角度讲是将原变量变换成新的正交系统,并选择数据信息最多的几个正交变量作为主成分变量,这样就在保留原数据绝大部分信息的前提下将原始变量降维为几个主成分变量。基于主成分分析法的评估就是将主成分作为评价指标,将主成分的方差贡献率作为权重,在此基础上利用效用函数模型进行综合评估的方法。

4.3.1 主成分分析法的基本原理

设 $\boldsymbol{X}$ 是 p 维随机变量，并假设 $\boldsymbol{\mu}=E(\boldsymbol{X})$，$\boldsymbol{\Sigma}=\mathrm{var}(\boldsymbol{X})$，进行如下线性变换，即

$$\begin{cases} \boldsymbol{Z}_1 = \boldsymbol{\alpha}_1^{\mathrm{T}}\boldsymbol{X} \\ \boldsymbol{Z}_2 = \boldsymbol{\alpha}_2^{\mathrm{T}}\boldsymbol{X} \\ \quad\vdots \\ \boldsymbol{Z}_{\mathrm{p}} = \boldsymbol{\alpha}_p^{\mathrm{T}}\boldsymbol{X} \end{cases} \tag{4-3}$$

其中

$$\mathrm{var}(\boldsymbol{Z}_i) = \boldsymbol{\alpha}_i^{\mathrm{T}}\boldsymbol{\Sigma}\,\boldsymbol{\alpha}_i \quad (i=1,2,\cdots,p) \tag{4-4}$$

$$\mathrm{cov}(\boldsymbol{Z}_i,\boldsymbol{Z}_j) = \boldsymbol{\alpha}_i^{T}\boldsymbol{\Sigma}\,\boldsymbol{\alpha}_j \quad (i,j=1,2,\cdots,p\,;i\neq j) \tag{4-5}$$

欲使$\boldsymbol{Z}_1$ 为最大的主成分，即使$\boldsymbol{Z}_1$ 方差最大，$\boldsymbol{\alpha}_1$ 是约束优化问题式(4-6)的解。

$$\begin{aligned} \max \quad & \boldsymbol{\alpha}^{\mathrm{T}}\boldsymbol{\Sigma}\boldsymbol{\alpha} \\ \mathrm{s.t.} \quad & \boldsymbol{\alpha}^{\mathrm{T}}\boldsymbol{\alpha} = 1 \end{aligned} \tag{4-6}$$

根据极大化引理[42]，$\boldsymbol{\alpha}_1$ 的解为 $\boldsymbol{\Sigma}$ 的最大特征值 λ_1 对应的特征向量。类似地，欲使$\boldsymbol{Z}_2$ 为第二主成分，即在$\boldsymbol{\alpha}_2$ 与$\boldsymbol{\alpha}_1$ 正交($\mathrm{cov}(\boldsymbol{Z}_1,\boldsymbol{Z}_2)=\boldsymbol{\alpha}_1^{\mathrm{T}}\boldsymbol{\Sigma}\,\boldsymbol{\alpha}_2=0$)的条件下使$\boldsymbol{Z}_2$ 的方差最大，α_2 的解是 $\boldsymbol{\Sigma}$ 的第二大特征值 λ_2 对应的特征向量，以此类推可得 $\boldsymbol{\Sigma}$ 的 p 个特征值 $\lambda_1 \geqslant \lambda_2 \geqslant \cdots \geqslant \lambda_p$，以及特征向量组成的正交矩阵 $\boldsymbol{Q}=[\boldsymbol{\alpha}_1,\boldsymbol{\alpha}_2,\cdots,\boldsymbol{\alpha}_p]$，它们之间满足：

$$\boldsymbol{Q}^{\mathrm{T}}\boldsymbol{\Sigma}\boldsymbol{Q} = \boldsymbol{\Lambda} = \begin{bmatrix} \lambda_1 & & & \\ & \lambda_2 & & \\ & & \ddots & \\ & & & \lambda_p \end{bmatrix} \tag{4-7}$$

式中，$\boldsymbol{Q}$ 为 $\boldsymbol{\Sigma}$ 的对角化变换矩阵($\boldsymbol{Q}$ 为正交矩阵，其逆阵等于其转置矩阵)，由 $\boldsymbol{\Sigma}$ 的特征向量组成。

用上述方法求得的$\boldsymbol{Z}_1,\boldsymbol{Z}_2,\cdots,\boldsymbol{Z}_p$ 即为降序排列的 $\boldsymbol{X}$ 主成分，$\boldsymbol{Z}_1,\boldsymbol{Z}_2,\cdots,\boldsymbol{Z}_p$ 之间相互独立，利用这些主成分作为指标进行综合评价，可消除相关指标评价反映的重复信息。在此基础上确定选作指标的主成分个数和评价权重，代入效用函数即可得基于主成分分析法的综合评估模型。

4.3.2 主成分的选择

为了简化综合评估过程，在利用主成分分析时，总希望取较少主成分作为评

估指标但同时损失较少的信息。主成分确定应满足如下原则[43]：

(1)数据变异最大原则,即要求主成分取数据方差的最大方向,使主成分所含的原始信息尽可能多。

(2)最小二乘原则,主成分分析的过程就是将原始数据在新的空间表示,同上一条一样,要使信息损失最小,从几何的观点来看,要使原样本点与新的空间中主超平面上投影的距离平方和达到最小。

(3)群点相似性改变最小原则,要使主成分分析信息损失最小,则使各数据间的相似性改变最小。对原变量系统最佳综合表现力原则,即要使主成分与原变量相似性最大,以减少信息数据。

确定主成分个数的方法主要有第一主成分法、$x\%$ 指标、特征根均值指标、斯格里指标(Screetest)和巴特莱特指标(Bartletttest)。下面介绍最常用的 $x\%$ 指标：

定义 $\dfrac{\lambda_k}{\sum\limits_{i=1}^{p}\lambda_i}$ 为第 k 个主成分的方差贡献率,定义 $\dfrac{\sum\limits_{i=1}^{k}\lambda_i}{\sum\limits_{i=1}^{p}\lambda_i}$ 为前 k 个主成分的累计方差贡献率。$x\%$ 指标就是要求所选主成分的累计方差贡献率大于等于 $x\%$。x 的取值主要从评价实践中得来。实际情况表明,确定 $x\%$ 为 80% ~85%[44],能够保证在信息较充分的情况下主成分的个数较少,使评价结果具有一定的稳定性。另外,当 $x\%$ 增大时,则在评价时需包含更多的主成分以保证反映足够的信息,而这必将给综合评价带来麻烦;相反,如果进一步减小 $x\%$,则所取主成分反映的信息量不充分。当然不同的问题需采取不同的 $x\%$,这都需要经过实践的检验。

4.3.3　权值的确定

主成分分析综合评价法可从原始数据所给定的信息直接确定权值,各主成分的方差贡献率代表了主成分中包含的信息量。由于某个主成分在综合评价时所能反映的信息越多,相应的权值也就越大,因此主成分的方差贡献率即为对应权值。评估所需信息都来源于原始数据,是主成分分析法最主要的优点之一。

4.3.4　基于主成分分析法的舰载机安全着舰结果评估

以着舰引导过程为例,给出基于主成分分析法的结果评估方法。根据2.5.1节选择落点纵向偏差 D_1、落点横向偏差 D_2、落点偏航角度 ψ、落点垂向速度 V_c、舰机相对俯仰角 θ_r、舰机相对横滚角 φ_r 和舰尾净高 H 这8个变量为着舰引导过程结果评估指标。上述指标之间存在一定的相关性,直接将其用于结果评估必然引起

评估信息重复,不能如实反应客观情况。应用主成分分析法可解决这一问题,具体评估过程如下:

(1)按照4.2.1节给出的方法对待评估指标进行无量纲化处理,以消除评估指标取值范围对评价结果的影响。

(2)随机选取100组不同航次的结果评估指标 $\boldsymbol{X}=[D_1,D_2,\psi,V_c,\theta_r,\varphi_r,H]^T$,用100组样本变量估算 $\boldsymbol{X}$ 的协方差 $\boldsymbol{\Sigma}$,然后求取 $\boldsymbol{\Sigma}$ 的特征值和特征向量。

(3)对 Σ 的特征值进行排序,依次计算各特征值对应主成分的累计方差贡献率和方差贡献率,选取累计方差贡献率≥85%的前 l 个主成分作为最后保留的主成分。

(4)将 $\boldsymbol{\Sigma}$ 的特征向量代入式(4-3)中求取各主成分。

(5)将(4)计算得到的前 l 个主成分作为结果评估指标,将主成分的方差贡献率作为权值,利用效用函数计算最终的评估结果。

第5章 航母舰载机安全起飞、着舰过程和结果综合评估方法

舰载机安全起飞、着舰包含满足起飞/着舰安全性指标和安全、平稳地完成起飞/着舰任务两层含义。因此舰载机安全起飞、着舰评估应当是舰载机起飞/着舰结果评估和过程评估的综合结果。本章首先基于基线法给出舰载机安全起飞、着舰过程指标评估方法,然后基于多属性决策给出舰载机安全起飞、着舰过程评估方法,最后基于层次分析法给出舰载机安全起飞、着舰结果和过程综合评估方法。

5.1 基于基线法舰载机安全起飞、着舰过程指标评估方法

5.1.1 基线比较领先指标分析方法

领先指标分析是一种经常用于商业和金融领域的评估决策方法,目前领先指标分析方法已经推广应用于航空安全领域,如飞机的系统或组件的诊断和状态检修、客观评价飞行表现、预测风险避免事故、改善和提高操作实践、评估训练方法和鉴定表现不佳(或优秀)的飞行员或飞机等。

领先指标分析方法分为规则比较领先指标(Rule Comparative Leading Indicator,RCLI)分析方法和基线比较领先指标(Baseline Comparative Leading Indicator,BCLI)分析方法两种[45,46]。其中,RCLI分析方法本质上就是与规则进行比较,而且这里的规则是固有的、已知的。在航空安全领域,RCLI分析的规则通常为某种飞行规定、标准操作规程或操作边界,4.1节中的指标评估方法实质上就是RCLI分析方法。相比之下,BCLI分析法更加复杂,可以揭示其他看不见的实践或性能缺陷。BCLI分析方法的本质是与“基线”进行比较,其中基线是历史数据的指示或代表,它可以是未知的。BCLI分析法更适合用于在基线未知的系统中识别异常行为,或在基线已知的系统中识别不足。对于基线未知的系统,BCLI分析方法将有效历史数据转化为基线,然后将当前数据与基线进行对比,通过比较分析寻找异常的值。此外,BCLI分析法还具有如下特性:

(1)基线应该描述一个相对平滑的统计分布。如果基线倾斜或偏向一侧或其

他“非正常”的分布,应转变为正态分布来有效地使用。基线表征应当是正常状态的足够的程度,来显示当前的数据与基准代表的历史数据比较的正确性。

(2)基线可以随着飞行航次的增多而不断进行更新,但当统计数据量达到足够多时,基线通常是稳定的。

(3)随着统计数据量的增加,基线的本质特征(分布)不应该改变,除非有行为上的改变。

(4)在评价某过程时,如果某次表现不在基准(通常为中值的1.5~2个标准差)的正常范围内时,则认为是出现了异常,因此它是潜在领先指标。

(5)BCLI分析法是几乎可以评估任何系统性能的强大工具。不过需要谨慎,当进行分析临界系统或安全相关性能评估时需确保基线统计的准确性。

(6)BCLI分析法可以为分析师发出警报提示存在的异常行为,但不能提供引起异常的原因或解决方案。

在航空安全领域,基线是建立在标准操作情况下的飞机典型状态描述,经常为一系列飞行数据的包络线,这些包络线可以是时间的函数,因此BCLI分析法非常适用于飞行过程评估。利用常规方法进行舰载机安全起飞、着舰过程指标评估时存在两大难点:①评估指标边界难于界定;②过程数据随时间变化,难于评价。而BCLI分析法无须求取评估指标边界,且能够建立时空域内的评估标准,因此本书采用BCLI分析法进行舰载机安全起飞、着舰过程指标评估。

5.1.2 基于BCLI分析方法的舰载机安全着舰过程指标评估

本节以舰载机着舰引导过程为例,给出应用BCLI分析方法实现舰载机安全起飞、着舰过程指标评估的方法。

1.基线的建立

建立基线的第一步是建立数据集。为了保证基线代表典型的操作性能,数据集不应包含极端的异常着舰过程数据,但非标准和不完全符合规程的着舰数据应该保留在数据集内。

(1)获取样本曲线集合

描述安全着舰过程的过程评估指标包括舰载机的飞行高度、横向偏差、下沉率、迎角、俯仰角、滚转角、偏航角等,在着舰过程中这些指标都是随时间变化的,因此过程指标的数据是曲线。样本曲线的容量必须能够描述常规状态。本书选取了50次成功全自动着舰仿真数据进行统计,这些数据集的选择包括了典型的、

“黄金标准”的和不完美的着舰过程数据。图5.1以飞行高度为例给出着舰过程的仿真曲线集,对飞行高度数据曲线在每个时间点上的统计分布规律得到如图5.2所示的分布密度,由图5.2可知飞行高度数据曲线在每个时间点上都符合正态分布,经过验证其他着舰过程指标亦然。

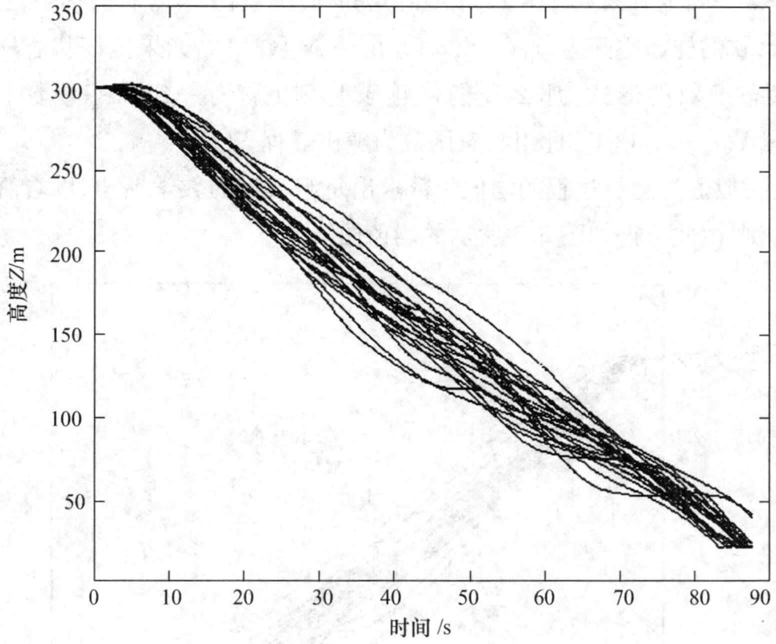

图5.1　着舰过程高度仿真曲线集

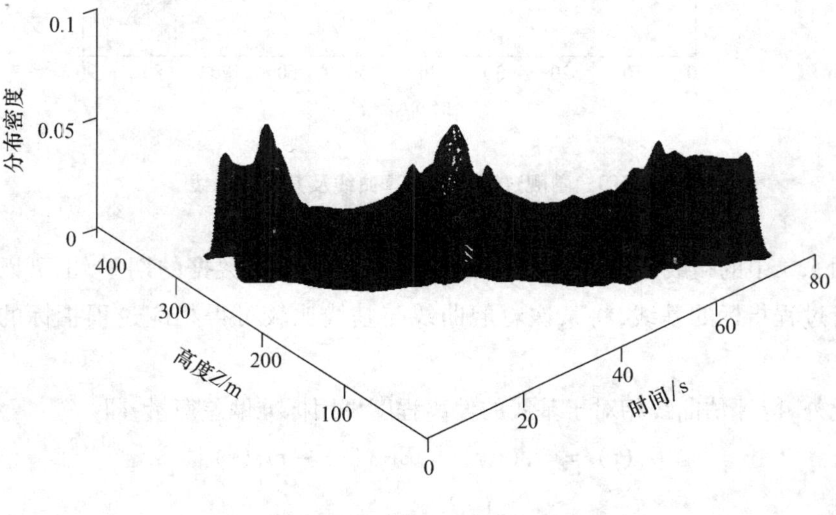

图5.2　着舰过程高度仿真曲线的分布密度

(2)基线的创立过程

可以将数据曲线看作随机过程,设随机试验的样本空间 $S=\{x_i\}$,对于空间的每一个样本 $x_i \in S$,总有一个时间函数 $x_i(t)$ 与之对应,而对于空间的所有样本 $x \in S$,可有一组时间函数$\{x_i(t)\}$与其对应。

对于某一固定时刻 $t=t_1 \in T$,若 $X(t_1)$ 为时间函数在 $t=t_1$ 时的状态,它是一个随机变量,它的样本空间为$\{x_1(t_1),x_2(t_1),\cdots,x_n(t_1)\}$。如果把该状态样本空间描述为状态函数的形式,那么我们依赖于时刻 t 就有一组状态函数$\{X(t_1),X(t_2),\cdots,X(t_m)\}$,我们称此组状态函数为随机过程 $X(t)$。

因此可以通过随机过程的均值函数求出每组数据的数学期望,以着舰过程高度指标为例,由此可得如图 5.3 所示的均值曲线。

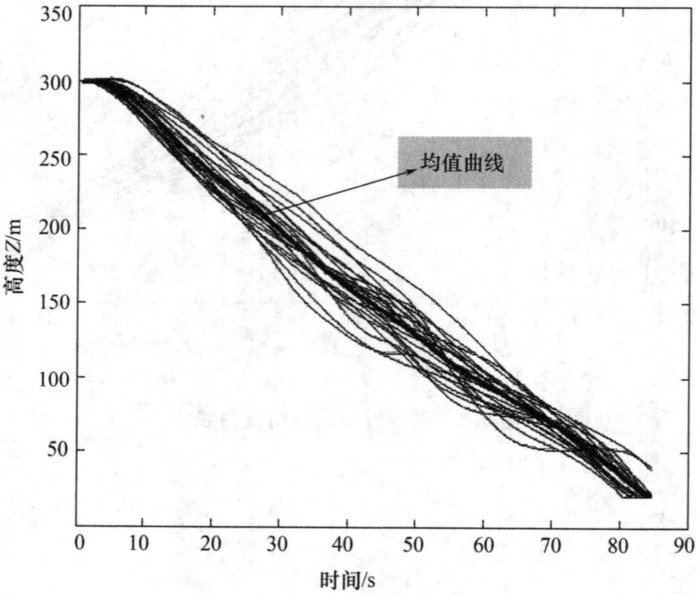

图 5.3　着舰过程高度仿真曲线及其均值曲线

图 5.3 中的粗线是密度分布的峰值曲线,代表了各数据的期望,也可以定义为飞行过程指标的基线,将某次着舰曲线与基线比较可得相应过程指标的评估结果。

此外,待评估曲线相对于基线的偏离程度可用标准偏差衡量,即

$$D_X(t) = B_X(t,t) = E[X(s) - m_X(s)]^2 = \lim_{N\to\infty}\frac{1}{N}\sum_{i=1}^{N}[x_i(s) - m_X(s)]^2 \tag{5-1}$$

式中，$D_X(t)$为数据曲线集的方差。$D_X(t)$的算术根为随机过程的标准差$\sigma_X(t)$，即

$$\sigma_X(t) = \sqrt{D_X(t)} \tag{5-2}$$

由此可得如图 5.4 所示的着舰过程高度仿真曲线基线和标准差条带显示，图 5.4 中深灰条带表示距基线小于σ_X的区域，浅灰条带表示距基线大于σ_X小于$2\sigma_X$的区域，黑色条带表示距基线大于$2\sigma_X$的区域。同样的方法可以得到其他过程指标的基线和标准差条带。

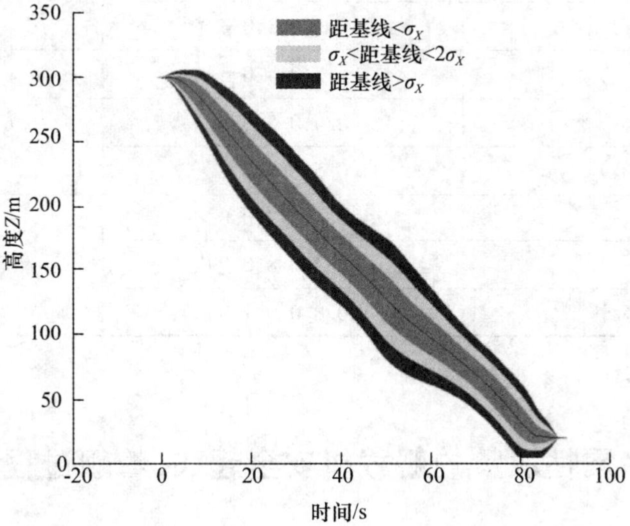

图 5.4　着舰过程高度仿真曲线的基线和标准差条带

确定基线及其标准差条带图后，将待评估的过程数据曲线覆盖在图上，评估结果就一目了然了：如果待评估着舰过程数据曲线分布在深灰条带中，那么该着舰过程数据曲线较为理想；如果待评估着舰过程数据曲线分布在黑色条带中，那么该过程数据曲线不理想，此时着舰风险较高。

2. 基于 BCLI 分析的评估方法

根据基线和标准差条带图获得过程指标评价的方法有多种，这里以三角模糊数法为例给出量化评价结果。

首先对待评估过程指标进行语言描述：如果着舰过程指标分布在深灰条带内，根据距基线的远近程度待评估过程指标可依次评估为好、很好或极好；如果着舰过程指标分布在浅灰条带内，根据距基线的远近程度待评估过程指标可依次评估为稍好、一般或稍差；如果着舰过程指标分布在黑色条带内，根据距基线的远近

程度待评估过程指标可依次评估为差、很差或极差。然后将描述语言转化为三角模糊数量化表示(表5.1),最后在此基础上进行多指标综合评估。

表5.1 语言描述对应的三角模糊数

语言描述	三角模糊数	
极差(s_1)	[0.0,0.1,0.2]	红色区域
很差(s_2)	[0.1,0.2,0.3]	
差(s_3)	[0.2,0.3,0.4]	
稍差(s_4)	[0.3,0.4,0.5]	黄色区域
一般(s_5)	[0.4,0.5,0.6]	
稍好(s_6)	[0.5,0.6,0.7]	
好(s_7)	[0.6,0.7,0.8]	绿色区域
很好(s_8)	[0.7,0.8,0.9]	
极好(s_9)	[0.8,0.9,1.0]	

5.2 基于多属性决策的舰载机安全起飞、着舰过程评估方法

舰载机的安全起飞、着舰评估涉及起降多个过程阶段的评估结果,全过程综合评估的实质就是同时考虑各方面的评估结果给出全面、客观的评估结论。多属性群决策技术是解决多属性情况下多方案排序决策和评估问题的方法,若将舰载机的安全起飞、着舰的各方面评估泛化为决策者,则舰载机的安全起飞、着舰综合评估可以转化为多属性群决策问题去处理。

多属性决策(Multiple Attribute Decision Making, MADM)是现代决策科学的一个重要组成部分,一般表现为针对一组有限的备选方案,利用属性评估信息和属性权重,对方案进行排序和择优。由于客观事物的复杂性和不确定性,以及人类思维的模糊性,决策信息通常用语言变量或区间值来表达,近些年来,基于语言信息的多属性决策问题已经成为决策领域的研究热点,在工程设计、经济、管理和军事等诸多领域中有着广泛的理论与实际应用背景,并取得了丰硕成果[47,48]。本节以舰载机着舰引导过程为例,给出基于多属性静态群决策和多属性动态群决策综合评估方法。

5.2.1　问题描述

如图 5.5 所示，舰载机着舰引导过程可分为开始(X)、中间(IM)、接近(IC)、舰尾(AR)四个阶段。若将舰载机安全着舰综合评估转化为多属性群决策问题去处理，则上述四个阶段的评估可视为四个决策者，那么各阶段的评估指标为不同决策者的评估指标，待评估的着舰航次为评估方案，具体描述见表 5.2。

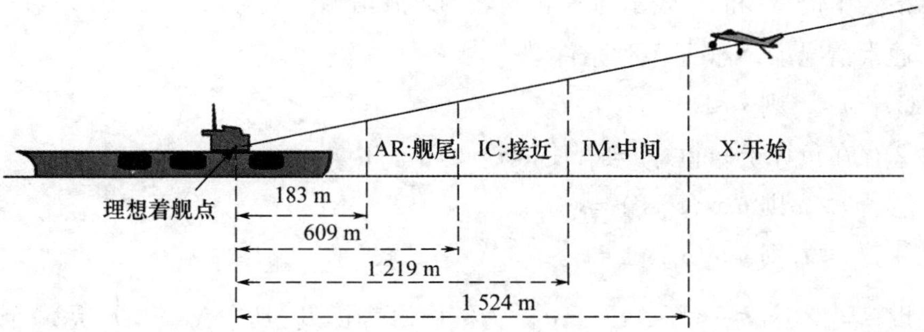

图 5.5　舰载机着舰引导过程阶段划分

表 5.2　着舰评估各阶段 d^k (决策者)的决策信息

	p_1^k	p_2^k	…	p_m^k
航次 1	s_{11}^k	s_{12}^k	…	s_{1m}^k
航次 2	s_{21}^k	s_{22}^k	…	s_{2m}^k
⋮	⋮	⋮		⋮
航次 n	s_{n1}^k	s_{n2}^k	…	s_{nm}^k

表 5.2 中，$p_j^k(j=1,2,\cdots,m)$ 为着舰评估各阶段 d^k 处的评估指标；$s_{ij}^k(i=1,2,\cdots,n;j=1,2,\cdots,m)$ 为评估航次 i 在 d^k 处 p_j^k 的取值。

由于着舰过程评估通常为定性评估，具有非线性、复杂性和模糊性等特点，因此实际决策过程中评价信息 s_{ij}^k 可以利用模糊语言变量表示。

5.2.2　基于多属性静态群决策的舰载机安全起飞、着舰过程评估方法

1. 多属性静态群决策方法

(1)正态模糊语言变量

模糊语言变量选取过程中，正态模糊语言在接近人类思维模式、刻画人类主

观信息方面具有良好的效果,但由于正态模糊数运算规则复杂,很多借由简单模糊数(如区间数等)计算的排序向量方法很难应用其上,目前在多属性决策研究中涉及较少;为了合理描述舰载机着舰效能,本书提出一种基于正态模糊变量的排序向量计算方法,实现基于正态模糊语言变量的多属性群决策[49]。首先介绍正态模糊语言变量相关概念。

定义 5.1 设 $S=\{s_i=[x_i,\sigma_i] \mid i=1,2,\cdots,t\}$ 为一种广义语言术语集,其中 s_i 表示语言术语,x_i 和 σ_i 表示与 s_i 相关联的隶属信息。

通常情况下,S 满足下列条件[50-54]:

①若 $i<j$,则 $s_i \leqslant s_j$;

②存在负算子 $\mathrm{neg}(s_i)=s_j$,使得 $i=t+1-j$;

③若 $i \geqslant j$,则 $\max(s_i,s_j)=s_i$;

④若 $i \leqslant j$,则 $\min(s_i,s_j)=s_i$。

设 $\hat{S}=\{s_i \mid s_1 \leqslant s_t \leqslant s_q, i \in [1,q]\}$ 为拓展语言标度,其中,$q(q>t)$ 是一个足够大的自然数,若 $s_i \in S$,则称 s_i 为本原术语,否则,称 s_i 为虚拟术语。决策方案利用本原术语描述后,通过加权算子集结得到的评估结果多以虚拟术语表示。

定义 5.2 设 $\hat{s}_\theta=[x_\theta,\sigma_\theta]$ 为正态模糊语言变量,如图 5.6 所示,其隶属度函数 $\mu_{\hat{s}_\theta}(x):\mathbf{R}\to[0,1]$ 表示如下[55-57]:

$$\mu_{\hat{s}_\theta}(x)=\mathrm{e}^{-\left(\frac{x-x_\theta}{\sigma_\theta}\right)} \quad (\sigma_\theta>0) \tag{5-3}$$

其中,$\hat{s}_\theta \in \hat{S}$;$x_\theta$ 和 σ_θ 分别表示正态模糊语言变量的期望和方差。

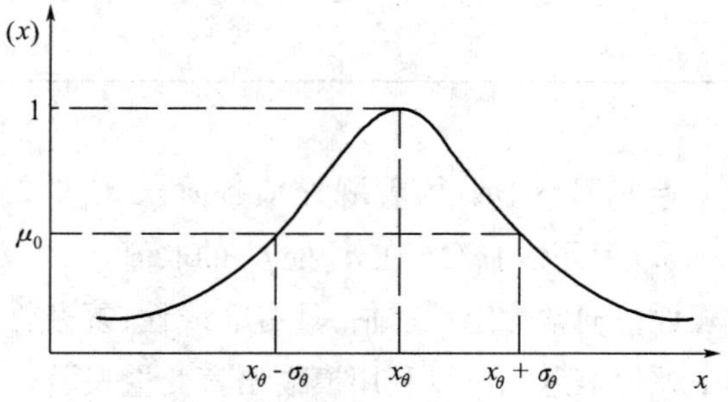

图 5.6 正态模糊语言变量

设 $\hat{s}_1=[x_{\theta_1},\sigma_{\theta_1}]$ 和 $\hat{s}_2=[x_{\theta_2},\sigma_{\theta_2}]$ 分别为两个正态模糊语言变量,且 $\lambda \in [0,1]$,则有下述性质成立:

(1)$\lambda\hat{s}_1=\lambda[x_{\theta_1},\sigma_{\theta_1}]=[\lambda x_{\theta_1},\lambda\sigma_{\theta_1}]$;

(2)$\hat{s}_1+\hat{s}_2=[x_{\theta_1},\sigma_{\theta_1}]+[x_{\theta_2},\sigma_{\theta_2}]=[x_{\theta_1}+x_{\theta_2},\sigma_{\theta_1}+\sigma_{\theta_2}]$。

定义 5.3 设 $f:\hat{s}^n \to \hat{s}$，若 $f(\hat{s}_1, \hat{s}_2, \cdots, \hat{s}_n) = \omega_1\hat{s}_1 \oplus \omega_2\hat{s}_2 \oplus \cdots \oplus \omega_n\hat{s}_n$，其中 $\boldsymbol{\omega} = (\omega_1, \omega_2, \cdots, \omega_n)^{\mathrm{T}}$ 是与 f 相关联的加权向量，$\omega_j \in [0,1]$，$\sum_{j=1}^{n}\omega_j = 1$，则称函数 f 是 n 维正态模糊语言加权平均(Normal Fuzzy Lingusitic Weighted Averaging, NFLWA)算子。根据 NFLWA 算子定义可知，运算结果仍为正态模糊语言变量。

$$\begin{aligned}\mathrm{NFLWA}_{\boldsymbol{\omega}}(\hat{s}_1, \hat{s}_2, \cdots, \hat{s}_n) &= \omega_1\hat{s}_1 \oplus \omega_2\hat{s}_2 \oplus \cdots \oplus \omega_n\hat{s}_n \\ &= \left[\sum_{j=1}^{n}\omega_j x_{\theta_j}, \sum_{j=1}^{n}\omega_j \sigma_{\theta_j}\right]\end{aligned} \tag{5-4}$$

(2)正态模糊决策方法

多属性决策过程通常是依据属性评估信息和属性权重，利用相应算子集结后，采用某种方法求取排序向量，依据排序向量分量实现对应的备选方案优劣排序。因此我们要实现基于正态模糊语言变量的多属性群决策，首先要完成正态模糊排序向量计算方法的设计，本书借助模糊可能度计算排序向量。

定义 5.4[58] 设 $a = [a^-, a^+]$，$b = [b^-, b^+]$ 为两个区间数，记 $l_a = a^+ - a^-$，$l_b = b^+ - b^-$，则称

$$p(a \geqslant b) = \max\left\{1 - \max\left\{\frac{b^+ - a^-}{l_a + l_b}, 0\right\}, 0\right\} \tag{5-5}$$

为 $a \geqslant b$ 的可能度。

根据上述定义，我们可以看出这种模糊数可能度的计算方法是合理的，利用一种确定性的比较关系表达模糊的判定思想，模糊区间数通过可能度计算得到精确的比较数值。特别地，当 $\tilde{a}$，$\tilde{b}$ 为实数时，通过上述公式计算得到 $\tilde{a} \geqslant \tilde{b}$ 的可能度为

$$p(\tilde{a} \geqslant \tilde{b}) = \begin{cases} 1 & \tilde{a} \geqslant \tilde{b} \\ 0 & \tilde{a} < \tilde{b} \end{cases} \tag{5-6}$$

正态分布的统计学特点表明其具有良好的分布特性，我们称其为 3σ 法则，即

$$f(\mu - 3\sigma \leqslant X \leqslant \mu + 3\sigma) = 99.7\% \tag{5-7}$$

该准则可以保证正态分布在 $[\mu - 3\sigma, \mu + 3\sigma]$ 以外取值概率不到 0.3% 的情况几乎不可能发生，因此可以利用 3σ 法则将正态变量 99.7% 的数值解转换为区间数的表示形式。基于此，定义正态模糊语言变量可能度计算公式。

定义 5.5 设 $\hat{s}_1 = [x_{\theta_1}, \sigma_{\theta_1}]$，$\hat{s}_2 = [x_{\theta_2}, \sigma_{\theta_2}]$，依据 3σ 法则定义正态模糊语言变量 $\hat{s}_1 \geqslant \hat{s}_2$ 的可能度 $p(\hat{s}_1 \geqslant \hat{s}_2)$ 为

$$p(\hat{s}_1 \geqslant \hat{s}_2) = \max\left\{1 - \max\left\{\frac{\hat{s}_2^+ - \hat{s}_1^-}{l_2 + l_1}, 0\right\}, 0\right\} \tag{5-8}$$

其中

$$\begin{cases}\hat{s}_i^+ = x_{\theta_i} + 2.58\sigma_{\theta_i} \\ \hat{s}_i^- = x_{\theta_i} - 2.58\sigma_{\theta_i} \quad (i=1,2) \\ l_i = \hat{s}_i^+ - \hat{s}_i^-\end{cases}$$

通过定义,易知可能度 p 具有如下运算性质:

① $0 \leqslant p(\hat{s}_1 \geqslant \hat{s}_2) \leqslant 1, 0 \leqslant p(\hat{s}_2 \geqslant \hat{s}_1) \leqslant 1$;

② $p(\hat{s}_1 \geqslant \hat{s}_2) + p(\hat{s}_2 \geqslant \hat{s}_1) = 1$,特别地,当 $\hat{s}_1 = \hat{s}_2$ 时,$p(\hat{s}_1 \geqslant \hat{s}_2) = p(\hat{s}_2 \geqslant \hat{s}_1) = 1/2$;

③ 设 $p(\hat{s}_1 \geqslant \hat{s}_2) \geqslant 1/2$ 且 $p(\hat{s}_2 \geqslant \hat{s}_3) \geqslant 1/2$,则 $p(\hat{s}_1 \geqslant \hat{s}_3) \geqslant 1/2$;

④ 设 $p(\hat{s}_1 \geqslant \hat{s}_2) \geqslant 1/2$ 且 $p(\hat{s}_2 \geqslant \hat{s}_3) \geqslant 1/2$,则 $p(\hat{s}_1 \geqslant \hat{s}_2) + p(\hat{s}_2 \geqslant \hat{s}_3) \geqslant p(\hat{s}_1 \geqslant \hat{s}_3)$。

正态模糊语言变量可能度计算公式本质上与区间数是相同的,是一种依据隶属函数自变量分布距离得到的一阶作用函数,我们将这种依赖隶属度自变量距离关系的可能度计算方法称为一维可能度计算方法。在得到正态模糊语言变量可能度之后,我们实现排序向量的求取。

定义 5.6 设判断矩阵 $\boldsymbol{A} = (a_{ij})_{n \times n}$,如果满足 $0 \leqslant a_{ij} \leqslant 1$,且有 $a_{ij} + a_{ji} = 1$, $a_{ii} = 0.5$,则称矩阵 $\boldsymbol{A}$ 为模糊互补判断矩阵。

根据可能度运算性质可知,如果给定一组正态模糊语言变量 $\hat{s}_i = [x_{\theta_i}, \sigma_{\theta_i}]$, $i \in \mathbf{N}$,通过可能度计算公式得到比较结果 $p_{ij} = p(\hat{s}_i \geqslant \hat{s}_j)$,依据 p_{ij} 作为元素建立的可能度矩阵 $\boldsymbol{P} = (p_{ij})_{n \times n}$ 为模糊互补判断矩阵。

定理 5.1 设模糊互补判断矩阵 $\boldsymbol{P} = (p_{ij})_{n \times n}$,则由矩阵 $\boldsymbol{P}$ 求得的排序向量 $\boldsymbol{\omega} = (\omega_1, \omega_2, \cdots, \omega_n)^{\mathrm{T}}$,其分量满足[59]:

$$\omega_i = \frac{\sum_{j=1}^{n} p_{ij} + \frac{n}{2} - 1}{n(n-1)} \quad (i \in \mathbf{N}) \tag{5-9}$$

证明 按行求和 $r_i = \sum_{j=1}^{n} p_{ij}\ (i \in \mathbf{N})$,同时令 $r_{ij} = \frac{r_i - r_j}{2(n-1)} + 0.5$,则

$$\omega_i = \frac{\sum_{j=1}^{n} r_{ij}}{\sum_{i=1}^{n}\sum_{j=1}^{n} r_{ij}} = \frac{\sum_{j=1}^{n} r_{ij}}{\sum_{1 \leqslant i < j \leqslant n}^{n} (r_{ij} + r_{ji}) + \frac{n}{2}} = \frac{\sum_{j=1}^{n} r_{ij}}{\frac{n(n-1)}{2} + \frac{n}{2}}$$

$$= \frac{\sum_{j=1}^{n}\left[\frac{r_i - r_j}{2(n-1)} + \frac{1}{2}\right]}{\frac{n^2}{2}} = \frac{r_i + \frac{n}{2} - 1}{n(n-1)} = \frac{\sum_{j=1}^{n} p_{ij} + \frac{n}{2} - 1}{n(n-1)}$$

证毕。

2. 基于多属性静态群决策的舰载机安全着舰过程评估方法

(1)决策参数的选取

①评估指标

将舰载机着舰效能评估问题转化为模糊多属性群决策问题,首先设定 $\boldsymbol{X}=\{x_1,x_2,\cdots,x_m\}$ 为 m 个着舰航次作为备选方案集,$\boldsymbol{U}=\{u_1,u_2,\cdots,u_n\}$ 为对应的评估指标属性集合,$\boldsymbol{D}=\{d_1,d_2,d_3,d_4\}$ 为决策者集,针对不同阶段 $d_k\in\boldsymbol{D}$ 给出当前航次 $x_i\in\boldsymbol{X}$ 在评估指标 $u_j\in\boldsymbol{U}$ 下的正态模糊操控能力描述 $r_{ij}^{(k)}\in\hat{S}$,构建评估矩阵 $\boldsymbol{R}_k$,其中 $\hat{S}=\{s_1=$ 极差,$s_2=$ 很差,$s_3=$ 差,$s_4=$ 稍差,$s_5=$ 一般,$s_6=$ 稍好,$s_7=$ 好,$s_8=$ 很好,$s_9=$ 极好$\}$ 为正态模糊语言标度,具体表达形式为

$$s_1=[0.1,0.04],s_2=[0.2,0.04],s_3=[0.3,0.04]$$
$$s_4=[0.4,0.05],s_5=[0.5,0.05],s_6=[0.6,0.05]$$
$$s_7=[0.7,0.04],s_8=[0.8,0.04],s_9=[0.9,0.04]$$

②相对属性权重

在确定评估矩阵 $\boldsymbol{R}_k$ 后,决策的关键就是确定单一决策者 d_k,给出决策方案 x_i 的属性评估 $r_i^{(k)}$ 的属性权重向量 $\boldsymbol{\omega}^{(k)}$,以及决策方案 x_i 的群体综合属性评估 r_i 的属性权重向量 $\boldsymbol{\omega}$。

$\boldsymbol{\omega}^{(k)}=\{\omega_1^{(k)},\omega_2^{(k)},\cdots,\omega_n^{(k)}\}^{\mathrm{T}}$ 为评估指标相对属性权重,$\omega_i^{(k)}$ 可以由下式确定,即

$$\begin{cases}\omega_i^{(k)}=\dfrac{1-\lambda}{n}+\dfrac{\lambda}{n-1} & i\neq n\\[2ex] \omega_i^{(k)}=\dfrac{1-\lambda}{n} & i=n\end{cases}\tag{5-10}$$

舰载机着舰过程的评估指标主要包括下滑位置、姿态(速度)和下沉率,其中下滑位置和姿态属于主要飞行状态,下沉率属于次要飞行状态,因此式(5-10)中状态参数设置为 $\lambda=0.2,n=3$。

$\boldsymbol{\omega}=\{\omega_1,\omega_2,\cdots,\omega_t\}^{\mathrm{T}}$ 为不同阶段的相对属性权重,目前尚无有效的定义方法,但由着舰特殊性可知,不同阶段的相对权重是不同的,借助仿真可确定 $\boldsymbol{\omega}$。由仿真可知,随着距舰距离减小,舰载机安全飞行区域也随之减小,着舰风险提高,因此下滑基准位置相对权重关系应为

$$\omega_{\mathrm{AR}}>\omega_{\mathrm{IC}}>\omega_{\mathrm{IM}}>\omega_{\mathrm{X}}\tag{5-11}$$

利用相对权重进行量化：

$$\omega_i = \frac{1}{z_{p_i}^{\text{up}} - z_{p_i}^{\text{down}}},(i = \text{X},\text{IM},\text{IC},\text{AR}) \tag{5-12}$$

归一化得到不同下滑位置相对属性权重为 $\omega_{\text{X}} = 0.040\ 3$，$\omega_{\text{IM}} = 0.063\ 8$，$\omega_{\text{IC}} = 0.123\ 1$，$\omega_{\text{AR}} = 0.772\ 8$。

(2)决策方法描述

在确定相关决策参数的基础上，提出基于正态模糊语言变量的着舰效能多属性群决策步骤如下：

步骤 1 对于舰载机着舰过程评估问题，设 X，U 和 D 分别为方案(着舰航次)集、属性(评估指标)集和决策者(各阶段)集。决策者 $d_k \in D$ 给出方案 $x_i \in X$ 在属性 $u_j \in U$ 下的模糊语言描述 $r_{ij}^{(k)} \in S$，构建决策矩阵 $\boldsymbol{R}_k = (r_{ij}^{(k)})_{m \times n}$。

$$\boldsymbol{R}_k = \begin{array}{c} \begin{matrix} u_1 & u_2 & \cdots & u_n \end{matrix} \\ \begin{bmatrix} r_{11}^{(k)} & r_{12}^{(k)} & \cdots & r_{1n}^{(k)} \\ r_{21}^{(k)} & r_{22}^{(k)} & \cdots & r_{2n}^{(k)} \\ \vdots & \vdots & & \vdots \\ r_{m1}^{(k)} & r_{m2}^{(k)} & \cdots & r_{mn}^{(k)} \end{bmatrix} \begin{matrix} x_1 \\ x_2 \\ \vdots \\ x_m \end{matrix} \end{array} \tag{5-13}$$

步骤 2 利用 NFLWA 算子对决策矩阵 $\boldsymbol{R}_k$ 中第 $i(i \in M)$ 行的模糊语言评估信息进行集结，得到决策者 d_k 关于决策方案 x_i 的综合属性评价结果，即

$$\begin{aligned} r_i^{(k)} &= \text{NFLWA}_{\boldsymbol{\omega}^{(k)}}(r_{i1}^{(k)},r_{i2}^{(k)}\cdots,,r_{in}^{(k)}) \\ &= \omega_1^{(k)} r_{i1}^{(k)} + \omega_2^{(k)} r_{i2}^{(k)} + \cdots + \omega_n^{(k)} r_{in}^{(k)} \quad (i \in M;k = 1,2,3,4) \end{aligned} \tag{5-14}$$

这里计算得到的是某一阶段的多指标综合决策结果。

步骤 3 对不同决策者给出的方案 x_i 的综合属性评估结果 $r_i^{(k)}(i \in M;k = 1,2,3,4)$ 进行集结，得到方案 x_i 的群体综合属性评价结果：

$$r_i = \text{NFLWA}_{\boldsymbol{\omega}}(r_i^{(1)},\cdots,r_i^{(4)}) = \omega_1 r_i^{(1)} + \omega_2 r_i^{(2)} + \cdots + \omega_4 r_i^{(4)} \quad (i \in M) \tag{5-15}$$

这里计算得到的是舰载机着舰的多阶段多评估指标的群体综合评价结果。

步骤 4 依据式(5-8)，对群体综合评价结果 $r_i(i \in M)$ 进行两两比较，记 $p_{ij} = p(r_i > r_j)$，建立可能度矩阵 $\boldsymbol{P} = (p_{ij})_{m \times m}$。

步骤 5 依据定理 5.1，求取模糊互补判断矩阵 $\boldsymbol{P}$ 的排序向量分量，得到矩阵 $\boldsymbol{P}$ 的排序向量 $\boldsymbol{\omega}^{\boldsymbol{P}} = (\omega_1^P,\omega_2^P,\cdots,\omega_m^P)^{\text{T}}$。

步骤 6 利用 $\omega_i^P(i \in M)$ 对群体综合属性评估结果 r_i 进行排序，实现不同航次 x_i 的优劣比对。

(3)评估实例

舰载机着舰各阶段的评估指标选择为下滑位置 u_1,速度 u_2,下沉率 u_3。设有 5 组着舰航次 $x_i(i=1,2,3,4,5)$参与评价,现由 4 位广义决策者 $d_k(k=1,2,3,4)$对每次着舰的各项飞行指标进行评估,得到 4 个阶段不同航次飞行评估结果,分别建立评估矩阵 $\boldsymbol{R}_k(k=1,2,3,4)$,见表 5.3 至表 5.6；正态模糊标度与相应指标关系见表 5.7,其中下滑位置指标依据下滑偏差角表征,速度指标依据速度偏差表征,下沉率指标依据下沉偏差表征。试确定着舰效能排序。

表 5.3　决策者 d_1(X 位置)决策表

航次/飞行状态	u_1	u_2	u_3
x_1	[0.2,0.04]	[0.2,0.04]	[0.2,0.04]
x_2	[0.5,0.05]	[0.3,0.04]	[0.3,0.04]
x_3	[0.6,0.05]	[0.5,0.05]	[0.6,0.05]
x_4	[0.4,0.05]	[0.1,0.04]	[0.3,0.04]
x_5	[0.1,0.04]	[0.1,0.04]	[0.2,0.04]

$$\boldsymbol{R}_1=\begin{bmatrix}[0.2,0.04] & [0.2,0.04] & [0.2,0.04]\\ [0.5,0.05] & [0.3,0.04] & [0.3,0.04]\\ [0.6,0.05] & [0.5,0.05] & [0.6,0.05]\\ [0.4,0.05] & [0.1,0.04] & [0.3,0.04]\\ [0.1,0.04] & [0.1,0.04] & [0.2,0.04]\end{bmatrix} \tag{5-16}$$

表 5.4　决策者 d_2(IM 位置)决策表

航次/飞行状态	u_1	u_2	u_3
x_1	[0.4,0.05]	[0.2,0.04]	[0.4,0.05]
x_2	[0.6,0.05]	[0.5,0.05]	[0.6,0.05]
x_3	[0.7,0.04]	[0.6,0.05]	[0.7,0.04]
x_4	[0.5,0.05]	[0.3,0.04]	[0.3,0.04]
x_5	[0.2,0.04]	[0.5,0.05]	[0.2,0.04]

$$R_2 = \begin{bmatrix} [0.4,0.05] & [0.2,0.04] & [0.4,0.05] \\ [0.6,0.05] & [0.5,0.05] & [0.6,0.05] \\ [0.7,0.04] & [0.6,0.05] & [0.7,0.04] \\ [0.5,0.05] & [0.3,0.04] & [0.3,0.04] \\ [0.2,0.04] & [0.5,0.05] & [0.2,0.04] \end{bmatrix} \tag{5-17}$$

表 5.5 决策者 d_3(IC 位置)决策表

航次/飞行状态	u_1	u_2	u_3
x_1	[0.5,0.05]	[0.4,0.05]	[0.6,0.05]
x_2	[0.7,0.05]	[0.6,0.05]	[0.7,0.04]
x_3	[0.8,0.04]	[0.7,0.04]	[0.8,0.04]
x_4	[0.6,0.05]	[0.5,0.05]	[0.5,0.05]
x_5	[0.3,0.04]	[0.4,0.05]	[0.4,0.05]

$$R_3 = \begin{bmatrix} [0.5,0.05] & [0.4,0.05] & [0.6,0.05] \\ [0.7,0.05] & [0.6,0.05] & [0.7,0.04] \\ [0.8,0.04] & [0.7,0.04] & [0.8,0.04] \\ [0.6,0.05] & [0.5,0.05] & [0.5,0.05] \\ [0.3,0.04] & [0.4,0.05] & [0.4,0.05] \end{bmatrix} \tag{5-18}$$

表 5.6 决策者 d_4(AR 位置)决策表

航次/飞行状态	u_1	u_2	u_3
x_1	[0.7,0.04]	[0.6,0.05]	[0.7,0.04]
x_2	[0.8,0.04]	[0.7,0.04]	[0.8,0.04]
x_3	[0.9,0.04]	[0.8,0.04]	[0.9,0.04]
x_4	[0.7,0.04]	[0.7,0.04]	[0.6,0.05]
x_5	[0.6,0.05]	[0.6,0.05]	[0.5,0.05]

$$
\boldsymbol{R}_4 = \begin{bmatrix} [0.7,0.04] & [0.6,0.05] & [0.7,0.04] \\ [0.8,0.04] & [0.7,0.04] & [0.8,0.04] \\ [0.9,0.04] & [0.8,0.04] & [0.9,0.04] \\ [0.7,0.04] & [0.7,0.04] & [0.6,0.05] \\ [0.6,0.05] & [0.6,0.05] & [0.5,0.05] \end{bmatrix} \tag{5-19}
$$

表5.7　正态模糊标度与各指标关系

s_i	$u_1(\lvert\Delta Z\rvert/°)$	$u_2[\lvert\Delta V\rvert/(\mathrm{m/s})]$	$u_3[\lvert\Delta ROD\rvert/(\mathrm{m/s^2})]$
s_1	>1.5	>15	>4.5
s_2	(1.3,1.5]	(8,15]	(4,4.5]
s_3	(0.8,1.3]	(5,8]	(3,4]
s_4	(0.6,0.8]	(3,5]	(1.5,3]
s_5	(0.5,0.6]	(2,3]	(0.5,1.5]
s_6	(0.3,0.5]	(1.5,2]	(0.4,0.5]
s_7	(0.2,0.3]	(1,1.5]	(0.3,0.4]
s_8	(0.1,0.2]	(0.5,1]	(0.2,0.3]
s_9	(0,0.1]	(0,0.5]	(0,0.2]

决策步骤如下：

步骤1　飞行状态属性权重向量 $\boldsymbol{\omega}=(0.4,0.4,0.2)^{\mathrm{T}}$，对评估矩阵 $\boldsymbol{R}_k$ 中第 i 行的模糊语言评估信息进行集结，得到决策者 d_k 给出的决策方案 x_i 综合属性评估 $r_i^{(k)}(i=1,2,3;k=1,2,3,4)$：

$$
\begin{aligned}
r_1^{(1)} &= \mathrm{NFLWA}_{\boldsymbol{\omega}}(r_{11}^{(1)},r_{12}^{(1)},r_{13}^{(1)}) = \sum_{j=1}^{3}\omega_j r_{1j}^{(1)} \\
&= 0.4\times[0.2,0.04]+0.4\times[0.2,0.04]+0.2\times[0.2,0.04] \\
&= [0.2,0.04]
\end{aligned}
$$

类似地，可得

$$
r_2^{(1)} = [0.38,0.044],\ r_3^{(1)} = [0.56,0.05]
$$

$$
r_4^{(1)} = [0.26,0.044],\ r_5^{(1)} = [0.12,0.04]
$$

综合得到

$$
\begin{aligned}
d_1(\mathrm{X}):r^{(1)} &= [r_1^{(1)},r_2^{(1)},r_3^{(1)},r_4^{(1)},r_5^{(1)}] \\
&= [[0.2,0.04],[0.38,0.044],[0.56,0.05], \\
&\quad [0.26,0.044],[0.12,0.04]]
\end{aligned}
$$

对于 d_2,d_3,d_4,同理可得

$$d_2(\mathrm{IM}):r^{(2)}=[[0.32,0.046],[0.56,0.05],[0.66,0.044],[0.38,0.044],[0.32,0.044]]$$

$$d_3(\mathrm{IC}):r^{(3)}=[[0.48,0.05],[0.66,0.048],[0.76,0.04],[0.54,0.05],[0.36,0.046]]$$

$$d_4(\mathrm{AR}):r^{(4)}=[[0.66,0.044],[0.76,0.04],[0.86,0.04],[0.68,0.042],[0.58,0.05]]$$

步骤 2 各阶段相对属性权重:$\boldsymbol{\omega}^D=(0.040\,3,0.063\,8,0.123\,1,0.772\,8)^{\mathrm{T}}$,对 4 个决策者所获得方案 x_i 的综合属性评估 $r_i^{(k)}(k=1,2,3,4)$进行集结,得到决策方案 x_i 的群体综合属性评估 $r_i(i=1,2,3,4,5)$

$$\begin{aligned}r_1 &= \mathrm{NFLWA}_{\boldsymbol{\omega}^D}(r_1^{(1)},r_1^{(2)},r_1^{(3)},r_1^{(4)}) = \sum_{j=1}^{4}\omega_j^D r_1^{(j)}\\&=0.040\,3\times[0.2,0.04]+0.063\,8\times[0.32,0.046]+0.123\,1\times[0.48,0.05]+\\&\quad 0.7728\times[0.66,0.044]\\&=[0.59\,76,0.044\,7]\end{aligned}$$

同理可得

$$r_2=[0.719\,6,0.041\,8],r_3=[0.822\,8,0.040\,7]$$

$$r_4=[0.626\,7,0.043\,2],r_5=[0.517\,8,0.048\,7]$$

步骤 3 对 $r_i(i=1,2,3,4,5)$进行两两比较,建立可能度互补判断矩阵 $\boldsymbol{P}=(p_{ij})_{m\times m}$。

$$\boldsymbol{P}=\begin{bmatrix}0.5 & 0.226\,7 & 0 & 0.435\,8 & 0.665\,6\\0.773\,3 & 0.5 & 0.257\,6 & 0.711\,8 & 0.932\,1\\1 & 0.742\,4 & 0.5 & 0.953\,0 & 1\\0.564\,2 & 0.288\,2 & 0.047\,0 & 0.5 & 0.729\,6\\0.334\,4 & 0.067\,9 & 0 & 0.270\,4 & 0.5\end{bmatrix}$$

步骤 4 求取矩阵 $\boldsymbol{P}$ 的排序向量。

$$\boldsymbol{\omega}^P=(0.166\,405,0.233\,74,0.284\,77,0.181\,45,0.133\,635)^{\mathrm{T}}$$

步骤 5 利用排序向量$\boldsymbol{\omega}^P$对正态模糊语言变量 $r_i(i=1,2,3,4,5)$进行排序为

$$r_3>r_2>r_4>r_1>r_5$$

因此,多航次舰载机着舰过程效能从高到低优劣排序为

航次 3 > 航次 2 > 航次 4 > 航次 1 > 航次 5

经过多属性静态群决策,评估结果为第 3 次着舰过程效果最好,第 3 次着舰最终尾钩落点位于 2,3 根阻拦索之间,最接近理想着舰点;而其他航次随决策风险

增大最终落点分布远离理想着舰点，落点分布同时从一个侧面说明决策方法的实用性。

5.2.3　基于多属性动态群决策的舰载机安全起飞、着舰过程评估方法

基于模糊多属性群决策方法是一种静态决策方法，并行集成着舰各阶段的评估结果，虽然有效地整合了全进舰过程信息，但由于决策者相对权重固定，彼此之间无明显关联，决策相关性较低；然而舰载机着舰过程是一个动态过程，各阶段之间必然存在一定联系，这从飞行状态的逻辑连续性可以看出。因此完全分离各阶段的决策方法具有一定局限性，不能真正反映着舰评估的特异性，因此我们考虑能否针对着舰过程的动态特性，将动态决策方法引入舰载机着舰效能评估中。

多属性决策（MADM）结果往往仅依赖于某一时刻信息，而现实生活中，很多决策的制定（如医疗诊断、个人能力评价、武器系统效能评估等[60-80]）需要综合多个决策时刻信息才能够得到准确全面的结果。近年来，动态多属性决策（Dynamic Muti－Attribute Decision Making，DMADM）开始受到国内外学者们的广泛关注[80-90]，其中几个标志性的研究成果包括 Xu 定义了动态加权平均算子，制定了评估信息为实数和区间数的动态决策方法；Lin 等提出了基于 Minkowski 距离函数的 TOPSIS 方法处理灰色模糊评价信息的 DMADM 模型，实现不同决策时刻灰色评估信息的集结；Xu 和 Yager 定义了两种直觉模糊加权算子，致力于解决基于直觉模糊信息的 DMADM 问题；Wei 提出了两种动态直觉模糊加权几何算子，解决了决策信息为直觉模糊数和直觉区间模糊数的 DMADM 问题。

传统动态决策的研究基础是将不同离散决策时间点作为群决策者的另一种扩展形式，仅简单地对其赋予相对权重，依据动态集结算子完成多时间点的综合；但实际决策过程中决策时间点的意义有别于决策者，最大的不同之处就是决策者信息可以是离散的，决策时间点信息在一定程度上是连续的，存在显著的时间递阶性。人们对于某项事物的评估决策不是一蹴而就的瞬时感觉，而是一个全面系统的动态过程，应具备长期性和逻辑连续性，例如，对个人能力的评判过程中，相同决策者在不同决策时间点对于同一决策对象的评价结果具有保有性，即前述评价优秀的个人在后续的评价过程中仍占有较大优势，因此对于动态决策问题的处理过程不应是平面和并列的结构，而应该存在一个连续的、递进的过程。

本节首先系统定义动态决策相关概念，明确其时间连续性特点，在此基础上引入优势保有度（Advantage Retention Degree，ARD）的概念，用以表示相邻两决策结果的影响关系，实现真正意义上的多决策点连续决策过程。

1. 多属性动态群决策的基本理论

(1)动态决策

定义 5.7 设离散决策时间集 $T=\{t_1,t_2,\cdots,t_n\}$,称决策者 d 对于决策方案集 X 在决策时刻 $t_i\in T$ 制定的决策结果 V^{t_i} 为 t_i 时刻的动态决策结果。

特别地,当 $t_i=t_n$ 时,称 V^{t_n} 为最终决策结果。

定义 5.8 称决策者 d 对于决策方案 $x_i\in X$ 的决策过程为动态决策(Dynamic Decision Making),要求 d 对于 x_i 在每一决策时刻 $t_i\in T$ 给出相应的动态决策结果 V^{t_i},并依据所有时刻 V^{t_i} 进行综合,得到最终决策结果 V^{t_n}。

特别地,当决策方案 x_i 具有多属性 $u_j\in U$ 时,称上述决策过程为动态多属性决策(DMADM)。

定义 5.9 称决策者 d 在决策时刻 $t_i\in T$ 对于决策方案集 X 在属性集 U 下的动态多属性决策结果 V^{t_i} 具有保有性,即

$$V^{t_i}=f(V_0^{t_i},V_{\text{retain}}^{t_1},V_{\text{retain}}^{t_2},\cdots,V_{\text{retain}}^{t_{i-1}})\quad(t_i\in T)\tag{5-20}$$

式中,$V_0^{t_i}$,0 是 t_i 时刻单点静态决策项,仅与 t_i 时刻评估状态有关;$V_{\text{retain}}^{t_j}(j=1,2,\cdots,i-1)$ 是 t_j 时刻的动态保有决策项,是 t_j 时刻的动态决策结果 V^{t_j} 对 t_i 时刻决策的影响因子。

根据保有性定义可知,具有保有性的决策结果不仅与当前时刻决策信息有关,同时还受控于时间上连续的早期结果,从广义的角度来说,具有保有性的动态决策具有逻辑连续性,决策结果更符合真实情况。

(2)三角模糊语言变量

多属性群决策过程中为合理刻画人为描述,采用正态模糊语言变量作为决策指标,依据 3σ 准则将其等效为区间数,进而提出一维可能度计算方法,虽然等效过程中存在一定的近似误差,但由于各决策点分立,平行加权后执行静态决策,精度上可以满足要求。这一节我们拟采用动态决策方法实现驾驶员着舰效能评估,依据定义 5.9 可知基于保有性的动态决策过程是逻辑连续的,相邻决策时刻制定结果之间存在较大的相关度,此时如果继续采用正态模糊语言变量可能度计算方法,当前决策时刻结果将会引入前述决策时刻的计算累积误差,导致最终评测结果精确度大大降低。从保证动态决策精准性和合理描述人为模糊性两个方面综合考虑,本节选取三角模糊语言变量作为 LSO 决策指标,设计依据隶属函数自变量分布距离的二阶作用函数,即二维可能度计算公式,从而实现决策过程。

定义 5.10[71] 设 $a=[a^L,a^M,a^U]$ 为三角模糊语言变量,其中 $0<a^L\leqslant a^M\leqslant$

a^U,如图 5.7 所示。

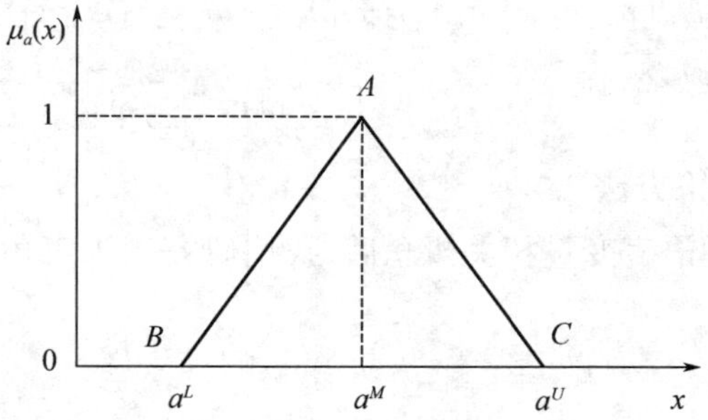

图 5.7　三角模糊语言变量

隶属度函数 $\mu_a(x):\mathbf{R}\to[0,1]$ 表示如下[72]:

$$\mu_a(x)=\begin{cases}0 & x<a^L\\ \dfrac{x-a^L}{a^M-a^L} & a^L\leqslant x<a^M\\ 1 & x=a^M\\ \dfrac{x-a^U}{a^M-a^U} & a^M<x\leqslant a^U\\ 0 & x>a^U\end{cases}\tag{5-21}$$

三角模糊数相关运算如下:

设 $a_1=[a_1^L,a_1^M,a_1^U]$ 和 $a_2=[a_2^L,a_2^M,a_2^U]$ 分别为两个三角模糊数,$\lambda\in[0,1]$,r 为实数,则有:

① $a_1+a_2=[a_1^L,a_1^M,a_1^U]+[a_2^L,a_2^M,a_2^U]=[a_1^L+a_2^L,a_1^M+a_2^M,a_1^U+a_2^U]$;

② $a_1\times a_2=[a_1^L,a_1^M,a_1^U]\times[a_2^L,a_2^M,a_2^U]=[a_1^La_2^L,a_1^Ma_2^M,a_1^Ua_2^U]$;

③ $\dfrac{1}{a_1}=\left[\dfrac{1}{a_1^L},\dfrac{1}{a_1^M},\dfrac{1}{a_1^U}\right]$;

④ $\lambda a_1=[\lambda a_1^L,\lambda a_1^M,\lambda a_1^U]$;

⑤ $r+\dfrac{1}{a_1}=\left[r+\dfrac{1}{a_1^L},r+\dfrac{1}{a_1^M},r+\dfrac{1}{a_1^U}\right]=\left[\dfrac{ra_1^L+1}{a_1^L},\dfrac{ra_1^M+1}{a_1^M},\dfrac{ra_1^U+1}{a_1^U}\right]$。

定义 5.11　设 $f:a^n\to a$,若 $f(a_1,a_2,\cdots,a_n)=\omega_1a_1\oplus\omega_2a_2\oplus\cdots\oplus\omega_na_n$,其中 a 为三角模糊数,$\boldsymbol{\omega}=(\omega_1,\omega_2,\cdots,\omega_n)^{\mathrm{T}}$ 是与 f 相关联的加权向量,$\omega_j\in[0,1]$,$\sum\limits_{j=1}^{n}\omega_j=1$,则称函数 f 是 n 维三角模糊语言加权平均(Triangular Fuzzy Lingusitic

Weighted Averaging, TFLWA)算子[60]。

$$\begin{aligned}\mathrm{TFLWA}_{\omega}(a_1,a_2,\cdots a_n) &= \omega_1 a_1 \oplus \omega_2 a_2 \oplus \cdots \oplus \omega_n a_n \\ &= \left[\sum_{j=1}^{n}\omega_j a_j^L,\sum_{j=1}^{n}\omega_j a_j^M,\sum_{j=1}^{n}\omega_j a_j^U\right]\end{aligned} \tag{5-22}$$

(3)三角模糊决策方法

在明确三角模糊语言变量相关概念后,我们研究基于三角模糊数的可能度计算方法。

①参数法

文献[73]首次提出三角模糊数的可能度计算方法,这种计算方法本质上是将三角模糊数依据隶属区域划分为两个区间数,通过定义参数 λ 实现不同区间的风险测评。

定义 5.12 设 $a_1=[a_1^L,a_1^M,a_1^U]$ 和 $a_2=[a_2^L,a_2^M,a_2^U]$ 为两三角模糊数,则称

$$\begin{aligned}p(a_1 \geqslant a_2) = {}&\lambda \max\left\{1-\max\left\{\frac{a_2^M-a_1^L}{a_1^M-a_1^L+a_2^M-a_2^L},0\right\},0\right\}+ \\ &(1-\lambda)\max\left\{1-\max\left\{\frac{a_2^U-a_1^M}{a_1^U-a_1^M+a_2^U-a_2^M},0\right\},0\right\}\end{aligned} \tag{5-23}$$

为 $a_1 \geqslant a_2$ 的可能度,其中 $\lambda \in [0,1]$。

λ 大小取决于决策者的风险态度,当 $\lambda > 0.5$ 时,称决策者是追求风险的;当 $\lambda = 0.5$ 时,称决策者是风险中立的;当 $\lambda < 0.5$,称决策者是厌恶风险的。特别地,当 $\lambda = 1$ 时,称 $p(a_1 \geqslant a_2)$ 为 $a_1 \geqslant a_2$ 的悲观可能度;当 $\lambda = 0$ 时,称 $p(a_1 \geqslant a_2)$ 为 $a_1 \geqslant a_2$ 的乐观可能度。

以下三种定义是上述定义的等价形式。

$$p(a_1 \geqslant a_2) = \lambda \min\left\{1-\max\left\{\begin{matrix}\dfrac{a_1^M-a_2^L}{a_1^M-a_1^L+a_2^M-a_2^L},0),0\}+ \\ (1-\lambda)\min\{1-\max(\dfrac{a_1^U-a_2^M}{a_1^U-a_1^M+a_2^U-a_2^M},0)\end{matrix}\right\},0\right\} \tag{5-24}$$

$$\begin{aligned}p(a_1 \geqslant a_2) = {}&\lambda\frac{\max\{0,a_1^M-a_1^L+a_2^M-a_2^L-\max\{a_2^M-a_1^L,0\}\}}{a_1^M-a_1^L+a_2^M-a_2^L}+ \\ &(1-\lambda)\frac{\max\{0,a_1^U-a_1^M+a_2^U-a_2^M-\max\{a_2^U-a_1^M,0\}\}}{a_1^U-a_1^M+a_2^U-a_2^M}\end{aligned} \tag{5-25}$$

$$p(a_1 \geqslant a_2) = \lambda\frac{\min\{0,a_1^M-a_1^L+a_2^M-a_2^L-\max\{a_1^M-a_2^L,0\}\}}{a_1^M-a_1^L+a_2^M-a_2^L}+$$

$$(1-\lambda)\frac{\max\{0,a_1^U-a_1^M+a_2^U-a_2^M-\max\{a_1^U-a_2^M,0\}\}}{a_1^U-a_1^M+a_2^U-a_2^M} \tag{5-26}$$

依据定义 5.12，我们可以看出参数法设计三角模糊数可能度计算公式本质上仍是一维计算，精度有限；同时应用参数法计算可能度，如何合理选取参数 λ 值是决策成功与否的关键，而确定决策者的风险态度往往需要针对不同决策者进行分析判断，制定过程需要依赖决策者的实际经验，同样由于主观选择的不定性导致计算精度降低。

②面积比例法

一维可能度计算方法针对的是模糊隶属度自变量的一维量值，通过线段长度完成可能度比对，这对于区间数之类的模糊变量是很适用的，而针对三角模糊数，我们可以通过模糊隶属度自变量的面积比例实现可能度比对，我们称这种依赖于模糊隶属度自变量二阶量值的设计方法为二维可能度计算方法。

定义 5.13　设 $a_1=[a_1^L,a_1^M,a_1^U]$ 和 $a_2=[a_2^L,a_2^M,a_2^U]$ 为不存在双包含和全包含状态（图 5.8 和图 5.9）的两三角模糊数，此时基于面积比例的三角模糊数可能度计算公式定义为

$$p(a_1\geqslant a_2)=\begin{cases}1 & a_1^L\geqslant a_2^U\\ \dfrac{(\min(a_1^U,a_2^U)-\max(a_1^L,a_2^L))^2}{(l_{21}+l_{12})(l_{11}+l_{22}+l_{21}+l_{12})} & a_1^L<a_2^L<a_1^U<a_2^U\\ 1-\dfrac{(\min(a_1^U,a_2^U)-\max(a_1^L,a_2^L))^2}{(l_{21}+l_{12})(l_{11}+l_{22}+l_{21}+l_{12})} & a_2^L<a_1^L<a_2^U<a_1^U\\ 0 & a_1^U\leqslant a_2^L\end{cases} \tag{5-27}$$

式中，$l_{i1}=a_i^M-a_i^L$；$l_{i2}=a_i^U-a_i^M(i=1,2)$。

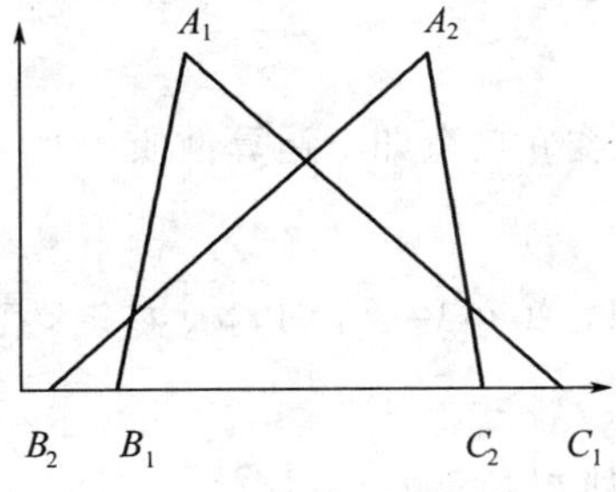

图 5.8　三角模糊数双包含

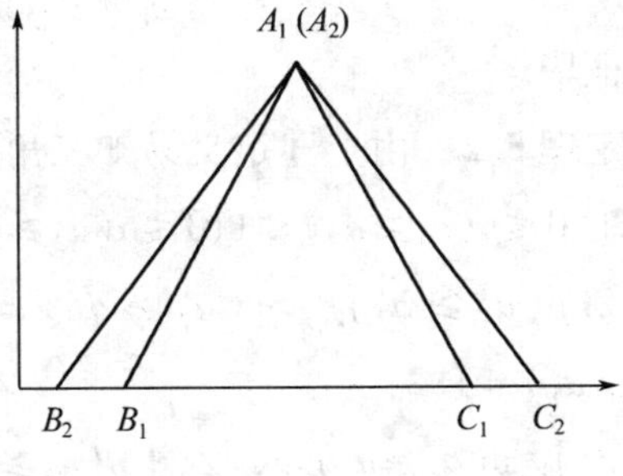

图 5.9　三角模糊数全包含

证明 设$A_1(a_1^L,0)$,$B_1(a_1^M,1)$,$C_1(a_1^U,0)$,$A_2(a_2^L,0)$,$B_2(a_2^M,1)$,$C_2(a_2^U,0)$。

a. $a_2^L < a_2^U \leqslant a_1^L < a_1^U$,易证$p(a_1 \geqslant a_2)=1$。

b. $a_1^L < a_1^U \leqslant a_2^L < a_2^U$,易证$p(a_1 \geqslant a_2)=0$。

c. $a_1^L < a_2^L < a_1^U < a_2^U$。

如图 5.10 所示,$P(a,b)$为直线B_1C_1和A_2B_2的交点,则有

$$p(a_1 \geqslant a_2)=\frac{S_{\Delta A_2PC_1}}{S_{\Delta A_1B_1C_1}+S_{\Delta A_2B_2C_2}}=\frac{\frac{1}{2}(a_1^U-a_2^L)b}{\frac{1}{2}(a_1^U-a_1^L)+\frac{1}{2}(a_2^U-a_2^L)}$$

$$=\frac{(a_1^U-a_2^L)^2}{[(a_1^U-a_1^M)+(a_2^M-a_2^L)][(a_1^U-a_1^L)+(a_2^U-a_2^L)]}$$

$$=\frac{(a_1^U-a_2^L)^2}{(l_{21}+l_{12})(l_{11}+l_{22}+l_{21}+l_{12})}$$

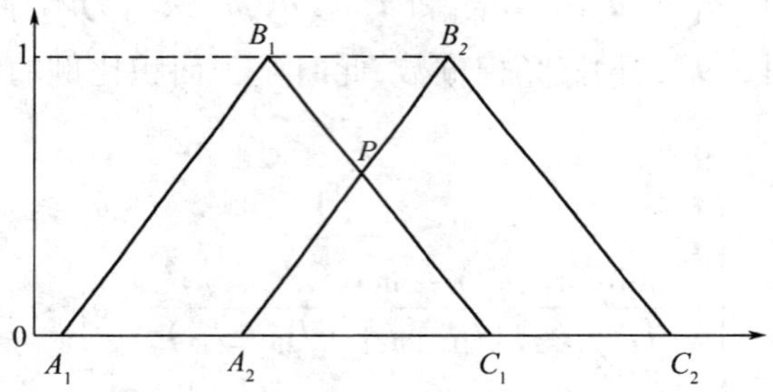

图 5.10 三角模糊数可能度计算图例

d. $a_2^L < a_1^L < a_2^U < a_1^U$。

$Q(c,d)$为直线B_2C_2和A_1B_1的交点,则有

$$p(a_1 \geqslant a_2)=1-\frac{S_{\Delta A_1QC_2}}{S_{\Delta A_1B_1C_1}+S_{\Delta A_2B_2C_2}}=1-\frac{(a_2^U-a_1^L)^2}{(l_{21}+l_{12})(l_{11}+l_{22}+l_{21}+l_{12})}$$

证毕。

定理 5.2 由上述定义易知三角模糊数可能度p具有如下运算性质:

① $0 \leqslant p(a_1 \geqslant a_2) \leqslant 1$,$0 \leqslant p(a_2 \geqslant a_1) \leqslant 1$;

② $p(a_1 \geqslant a_2)+p(a_2 \geqslant a_1)=1$,特别地,当$a_1=a_2$时,$p(a_1 \geqslant a_2)=p(a_2 \geqslant a_1)=1/2$;

③ 设$p(a_1 \geqslant a_2) \geqslant 1/2$且$p(a_2 \geqslant a_3) \geqslant 1/2$,则$p(a_1 \geqslant a_3) \geqslant 1/2$;

④ 设$p(a_1 \geqslant a_2) \geqslant 1/2$且$p(a_2 \geqslant a_3) \geqslant 1/2$,则$p(a_1 \geqslant a_2)+p(a_2 \geqslant a_3) \geqslant p(a_1 \geqslant a_3)$。

如果给定一组三角模糊语言变量 $a_i=[a^L,a^M,a^U]$，$i\in\mathbf{N}$，通过定义 5.13 所示的可能度计算公式得到比较结果 $p_{ij}=p(a_i\geqslant a_j)$，以此作为元素建立可能度矩阵 $\boldsymbol{P}=(p_{ij})_{n\times n}$，通过定理 5.1，即可得到变量元素的排序向量，实现决策。

特别地，若 $\boldsymbol{P}$ 为动态决策过程中 $t_i\in T$ 时刻计算得到的判断矩阵，则此时 $\boldsymbol{P}$ 的排序向量称为 t_i 时刻动态排序向量，记作 $\boldsymbol{\omega}_{\boldsymbol{P}}^{t_i}=(\omega_1^{t_i},\omega_2^{t_i},\cdots,\omega_n^{t_i})^{\mathrm{T}}$。

定义 5.14　设 $\boldsymbol{\omega}_{\boldsymbol{P}}^{t_i}=(\omega_1^{t_i},\omega_2^{t_i},\cdots,\omega_n^{t_i})^{\mathrm{T}}$ 为 $t_i\in T$ 时刻矩阵 $\boldsymbol{P}$ 的动态排序向量，称 $ard_j^{t_i}$ 为 $\omega_j^{t_i}\in\boldsymbol{\omega}_{\boldsymbol{P}}^{t_i}$ 在 t_i 时刻的优势保有度：

$$ard_j^{t_i}=\frac{\omega_j^{t_i}}{\sum\limits_{j=1}^{n}\omega_j^{t_i}}\times 100 \tag{5-28}$$

得到基于优势保有度的动态排序向量 $\boldsymbol{\omega}_{ard}^{t_i}=(\omega_{ard1}^{t_i},\omega_{ard2}^{t_i},\cdots,\omega_{ardn}^{t_i})^{\mathrm{T}}$，其中 $\omega_{ard_j}^{t_i}(j=1,2,\cdots,n)$ 表达式为

$$\omega_{ard_j}^{t_i}=\omega_j^{t_i}\times ard_j^{t_{i-1}}=\frac{1}{n(n-1)}\left(\sum_{j=1}^{n}p_{ij}+\frac{n}{2}-1\right)\times\frac{\omega_{ard_j}^{t_{i-1}}}{\sum_{j=1}^{n}\omega_{ard_j}^{t_{i-1}}}\times 100 \tag{5-29}$$

2. 基于优势保有度的的舰载机安全着舰过程评估方法

(1)基于优势保有度的舰载机着舰动态多属性决策步骤

步骤 1　设 $X=\{x_1,x_2,\cdots x_m\}$ 为 m 个舰载机着舰航次作为备选方案集，$U=\{u_1,u_2,\cdots u_n\}$ 为相应的评估指标集合，$T=\{t_1,t_2,\cdots,t_l\}$ 为着舰过程各阶段作为动态决策时刻集，针对不同决策时刻 $t_k\in T$ 给出着舰航次 $x_i\in X$ 在状态属性 $u_j\in U$ 下的飞行效果模糊语言描述 $r_{ij}^{(k)}\in\hat{S}$，得到 t_k 时刻评估矩阵 $\boldsymbol{R}_k=(r_{ij}^{(k)})_{m\times n}$。其中飞行效果三角模糊描述 $\hat{\boldsymbol{S}}=\{s_1=$ 极差，$s_2=$ 很差，$s_3=$ 差，$s_4=$ 稍差，$s_5=$ 一般，$s_6=$ 稍好，$s_7=$ 好，$s_8=$ 很好，$s_9=$ 极好$\}$ 为三角模糊语言标度，与该标度相对应的模糊数表达形式为

$$s_1=[0,0.1,0.2],\ s_2=[0.1,0.2,0.3],\ s_3=[0.2,0.3,0.4]$$
$$s_4=[0.3,0.4,0.5],\ s_5=[0.4,0.5,0.6],\ s_6=[0.5,0.6,0.7]$$
$$s_7=[0.6,0.7,0.8],\ s_8=[0.7,0.8,0.9],\ s_9=[0.8,0.9,1]$$

步骤 2　决策方案 x_i 的属性权重向量 $\boldsymbol{\omega}=(\omega_1,\omega_2,\cdots,\omega_n)^{\mathrm{T}}$ 为评估指标相对属性权重，依据多属性动态群决策的基本理论中介绍的方法确定：

$$\boldsymbol{\omega}=(\text{下滑位置},\text{姿态},\text{下沉率})=(0.4,\ 0.4,\ 0.2) \tag{5-30}$$

步骤 3　利用 TFLWA 算子对矩阵 $\boldsymbol{R}_1$ 中第 $i(i\in M)$ 行模糊语言评估信息进行

集结,得到 t_1 时刻 x_i 综合属性评估:

$$r_i^{(1)} = \text{TFLWA}_{\boldsymbol{\omega}}(r_{i1}^{(1)}, r_{i2}^{(1)}, \cdots, r_{in}^{(1)}) = \omega_1 r_{i1}^{(1)} + \omega_2 r_{i2}^{(1)} + \cdots + \omega_n r_{in}^{(1)} \tag{5-31}$$

步骤 4 依据式(5-27),对 $r_i^{(1)}(i \in M)$ 进行两两比较,记 $p_{ij}^{(1)} = p(r_i^{(1)} > r_j^{(1)})$,建立可能度矩阵$\boldsymbol{P}^{(1)} = (p_{ij}^{(1)})_{m \times m}$。

步骤 5 依据式(5-9),计算 t_1 时刻模糊互补判断矩阵$\boldsymbol{P}^{(1)}$的静态排序向量 $\boldsymbol{\omega}^{(1)} = (\omega_1^{(1)}, \omega_2^{(1)}, \cdots, \omega_m^{(1)})^{\mathrm{T}}$,并确定 $\omega_i^{(1)}$ 在 t_1 时刻的优势保有度 $ard_i^{(1)}$。

步骤 6 重复步骤 3 和步骤 4,计算 $t_k(k \in T, k > 1)$ 决策时刻 x_i 综合属性评估,并建立可能度矩阵$\boldsymbol{P}^{(k)} = (p_{ij}^{(k)})_{m \times m}$。

步骤 7 依据式(5-28)和式(5-29),计算 t_k 时刻基于优势保有度的动态排序向量$\boldsymbol{\omega}_{ard}^{(k)} = (\omega_{ard_1}^{(k)}, \omega_{ard_2}^{(k)}, \cdots, \omega_{ard_n}^{(k)})^{\mathrm{T}} = (\omega_1^{(k)} \times ard_1^{(k-1)}, \omega_2^{(k)} \times ard_2^{(k-1)}, \cdots, \omega_n^{(k)} \times ard_n^{(k-1)})$,直至计算到最后决策时刻的$\boldsymbol{\omega}_{ard}^{(l)}$;计算动态排序向量$\boldsymbol{\omega}_{ard}^{(k)}$元素 $\omega_{ard_i}^{(k)}$在 t_k 时刻的优势保有度 $ard_i^{(k)}$,直至计算到最后优势保有度向量 $\boldsymbol{ard}^{l-1}$。

步骤 8 利用 $\omega_{ard_i}^{(l)}(i \in M)$ 对整个动态过程综合属性评估 r_i 决策,即对方案 x_i 进行排序并择优。

(2)评估实例

针对同一着舰实例,决策方案与属性选取与静态群决策相同,现在 4 个决策时刻 $t_k(k=1,2,3,4)$ 对着舰航次进行评估,得到 4 个阶段不同航次的评估结果,如表 5.8 至表 5.11 所示,建立评估矩阵 $\boldsymbol{R}_k(k=1,2,3,4)$。

表 5.8 t_1 决策时刻(X 位置)决策表

航次/飞行状态	u_1	u_2	u_3
x_1	[0.1,0.2,0.3]	[0.1,0.2,0.3]	[0.1,0.2,0.3]
x_2	[0.4,0.5,0.6]	[0.2,0.3,0.4]	[0.2,0.3,0.4]
x_3	[0.5,0.6,0.7]	[0.4,0.5,0.6]	[0.5,0.6,0.7]
x_4	[0.3,0.4,0.5]	[0,0.1,0.2]	[0.2,0.3,0.4]
x_5	[0,0.1,0.2]	[0,0.1,0.2]	[0.1,0.2,0.3]

$$\boldsymbol{R}_1 = \begin{bmatrix} [0.1,0.2,0.3] & [0.1,0.2,0.3] & [0.1,0.2,0.3] \\ [0.4,0.5,0.6] & [0.2,0.3,0.4] & [0.2,0.3,0.4] \\ [0.5,0.6,0.7] & [0.4,0.5,0.6] & [0.5,0.6,0.7] \\ [0.3,0.4,0.5] & [0,0.1,0.2] & [0.2,0.3,0.4] \\ [0,0.1,0.2] & [0,0.1,0.2] & [0.1,0.2,0.3] \end{bmatrix} \tag{5-32}$$

表 5.9　t_2决策时刻(IM 位置)决策表

航次/飞行状态	u_1	u_2	u_3
x_1	[0.3,0.4,0.5]	[0.1,0.2,0.3]	[0.3,0.4,0.5]
x_2	[0.5,0.6,0.7]	[0.4,0.5,0.6]	[0.5,0.6,0.7]
x_3	[0.6,0.7,0.8]	[0.5,0.6,0.7]	[0.6,0.7,0.8]
x_4	[0.4,0.5,0.6]	[0.2,0.3,0.4]	[0.2,0.3,0.4]
x_5	[0.1,0.2,0.3]	[0.4,0.5,0.6]	[0.1,0.2,0.3]

$$\boldsymbol{R}_2 = \begin{bmatrix} [0.3,0.4,0.5] & [0.1,0.2,0.3] & [0.3,0.4,0.5] \\ [0.5,0.6,0.7] & [0.4,0.5,0.6] & [0.5,0.6,0.7] \\ [0.6,0.7,0.8] & [0.5,0.6,0.7] & [0.6,0.7,0.8] \\ [0.4,0.5,0.6] & [0.2,0.3,0.4] & [0.2,0.3,0.4] \\ [0.1,0.2,0.3] & [0.4,0.5,0.6] & [0.1,0.2,0.3] \end{bmatrix} \tag{5-33}$$

表 5.10　t_3决策时刻(IC 位置)决策表

航次/飞行状态	u_1	u_2	u_3
x_1	[0.4,0.5,0.6]	[0.3,0.4,0.5]	[0.5,0.6,0.7]
x_2	[0.6,0.7,0.8]	[0.5,0.6,0.7]	[0.6,0.7,0.8]
x_3	[0.7,0.8,0.9]	[0.6,0.7,0.8]	[0.7,0.8,0.9]
x_4	[0.5,0.6,0.7]	[0.4,0.5,0.6]	[0.4,0.5,0.6]
x_5	[0.2,0.3,0.4]	[0.3,0.4,0.5]	[0.3,0.4,0.5]

$$\boldsymbol{R}_3 = \begin{bmatrix} [0.4,0.5,0.6] & [0.3,0.4,0.5] & [0.5,0.6,0.7] \\ [0.6,0.7,0.8] & [0.5,0.6,0.7] & [0.6,0.7,0.8] \\ [0.7,0.8,0.9] & [0.6,0.7,0.8] & [0.7,0.8,0.9] \\ [0.5,0.6,0.7] & [0.4,0.5,0.6] & [0.4,0.5,0.6] \\ [0.2,0.3,0.4] & [0.3,0.4,0.5] & [0.3,0.4,0.5] \end{bmatrix} \tag{5-34}$$

表 5.11　t_4决策时刻(AR 位置)决策表

航次/飞行状态	u_1	u_2	u_3
x_1	[0.6,0.7,0.8]	[0.5,0.6,0.7]	[0.6,0.7,0.8]
x_2	[0.7,0.8,0.9]	[0.6,0.7,0.8]	[0.7,0.8,0.9]
x_3	[0.8,0.9,1]	[0.7,0.8,0.9]	[0.8,0.9,1]
x_4	[0.6,0.7,0.8]	[0.6,0.7,0.8]	[0.5,0.6,0.7]
x_5	[0.5,0.6,0.7]	[0.5,0.6,0.7]	[0.4,0.5,0.6]

$$\boldsymbol{R}_4 = \begin{bmatrix} [0.6,0.7,0.8] & [0.5,0.6,0.7] & [0.6,0.7,0.8] \\ [0.7,0.8,0.9] & [0.6,0.7,0.8] & [0.7,0.8,0.9] \\ [0.8,0.9,1] & [0.7,0.8,0.9] & [0.8,0.9,1] \\ [0.6,0.7,0.8] & [0.6,0.7,0.8] & [0.5,0.6,0.7] \\ [0.5,0.6,0.7] & [0.5,0.6,0.7] & [0.4,0.5,0.6] \end{bmatrix} \quad (5-35)$$

步骤 1　飞行状态属性权重向量 $\boldsymbol{\omega}=(0.4,0.4,0.2)^{\mathrm{T}}$,利用 TFLWA 算子对评估矩阵 $\boldsymbol{R}_1$ 中第 $i(i=1,2,3,4,5)$ 行的模糊语言评估信息进行集结,得到 t_1 决策时刻方案 x_i 综合属性评估 $r_i^{(1)}$:

$$r_1^{(1)} = \mathrm{TFLWA}_{\omega}(r_{11}^{(1)},r_{12}^{(1)},r_{13}^{(1)}) = \sum_{j=1}^{3}\omega_j r_{1j}^{(1)} = 0.4\times[0.1,0.2,0.3] + 0.4\times[0.1,0.2,0.3]+0.2\times[0.1,0.2,0.3] = [0.1,0.2,0.3]$$

同理可得

$$r_2^{(1)} = [0.28,0.38,0.48],\ r_3^{(1)} = [0.46,0.56,0.66],$$
$$r_4^{(1)} = [0.16,0.26,0.36],\ r_5^{(1)} = [0.02,0.12,0.22]。$$

综合得到

$$t_1(X):r^{(1)} = [r_1^{(1)},r_2^{(1)},r_3^{(1)},r_4^{(1)},r_5^{(1)}] = [[0.1,0.2,0.3],[0.28,0.38,0.48],[0.46,0.56,0.66],[0.16,0.26,0.36],[0.02,0.12,0.22]]$$

步骤 2　对 $r_i^{(1)}$ $(i\in M)$ 进行两两比较,建立 t_1 时刻可能度矩阵$\boldsymbol{P}^{(1)}=(p_{ij}^{(1)})_{m\times m}$。

$$\boldsymbol{P}^{(1)} = \begin{bmatrix} 0.5 & 0.005 & 0 & 0.245 & 0.82 \\ 0.995 & 0.5 & 0.005 & 0.92 & 1 \\ 1 & 0.995 & 0.5 & 1 & 1 \\ 0.755 & 0.08 & 0 & 0.5 & 0.955 \\ 0.18 & 0 & 0 & 0.045 & 0.5 \end{bmatrix}$$

步骤3 求得矩阵$\boldsymbol{P}^{(1)}$的静态排序向量：

$$\boldsymbol{\omega}^{(1)} = (0.153\,5, 0.246, 0.299\,8, 0.189\,5, 0.1113)^{\mathrm{T}}$$

确定$\boldsymbol{\omega}^{(1)}$在$t_1$时刻的优势保有度向量：

$$\boldsymbol{ard}^{(1)} = (15.35, 24.60, 29.98, 18.95, 11.13)^{\mathrm{T}}$$

LSO可以利用$\boldsymbol{\omega}^{(1)}$对X位置多航次着舰过程进行决策：

$$r_3 > r_2 > r_4 > r_1 > r_5$$

步骤4 重复步骤2，得到$t_k(k>1)$决策时刻x_i综合属性评估。

$$t_2(\mathrm{IM}): r^{(2)} = [[0.22, 0.32, 0.42], [0.46, 0.56, 0.66], [0.56, 0.66, 0.76], [0.28, 0.38, 0.48], [0.22, 0.32, 0.42]]$$

$$t_3(\mathrm{IC}): r^{(3)} = [[0.38, 0.48, 0.58], [0.56, 0.66, 0.76], [0.66, 0.76, 0.86], [0.44, 0.54, 0.64], [0.26, 0.36, 0.46]]$$

$$t_4(\mathrm{AR}): r^{(4)} = [[0.56, 0.66, 0.76], [0.66, 0.76, 0.86], [0.76, 0.86, 0.96], [0.58, 0.68, 0.78], [0.48, 0.58, 0.68]]$$

重复步骤2，建立$t_k(k>1)$决策时刻可能度矩阵$\boldsymbol{P}^{(k)} = (p_{ij}^{(k)})_{m\times m}$。

$$\boldsymbol{P}^{(2)} = \begin{bmatrix} 0.5 & 0 & 0 & 0.245 & 0.5 \\ 1 & 0.5 & 0.125 & 0.995 & 1 \\ 1 & 0.875 & 0.5 & 1 & 1 \\ 0.755 & 0.005 & 0 & 0.5 & 0.775 \\ 0.5 & 0 & 0 & 0.245 & 0.5 \end{bmatrix}$$

$$\boldsymbol{P}^{(3)} = \begin{bmatrix} 0.5 & 0.005 & 0 & 0.245 & 0.92 \\ 0.995 & 0.5 & 0.125 & 0.92 & 1 \\ 1 & 0.875 & 0.5 & 1 & 1 \\ 0.755 & 0.08 & 0 & 0.5 & 0.995 \\ 0.08 & 0 & 0 & 0.005 & 0.5 \end{bmatrix}$$

$$\boldsymbol{P}^{(4)} = \begin{bmatrix} 0.5 & 0.125 & 0 & 0.405 & 0.82 \\ 0.875 & 0.5 & 0.125 & 0.82 & 0.995 \\ 1 & 0.875 & 0.5 & 0.995 & 1 \\ 0.595 & 0.18 & 0.005 & 0.5 & 0.875 \\ 0.18 & 0.005 & 0 & 0.125 & 0.5 \end{bmatrix}$$

步骤5 矩阵$\boldsymbol{P}^{(2)}$的静态排序向量：

$$\boldsymbol{\omega}^{(2)} = (0.137\,3, 0.256, 0.293\,8, 0.175\,8, 0.137\,3)^{\mathrm{T}}$$

计算基于优势保有度的动态排序向量：

$$\begin{aligned}\boldsymbol{\omega}_{ard}^{(2)} &= (\omega_{ard_1}^{(2)},\omega_{ard_2}^{(2)},\cdots,\omega_{ard_5}^{(2)})^{\mathrm{T}} \\ &= (\omega_1^{(2)} \times ard_1^{(1)},\omega_2^{(2)} \times ard_2^{(1)},\cdots,\omega_5^{(2)} \times ard_5^{(1)}) \\ &= (2.106\ 8,6.297\ 6,8.806\ 6,3.330\ 5,1.527\ 6)^{\mathrm{T}}\end{aligned}$$

$\boldsymbol{\omega}_{ard}^{(2)}$在 t_2时刻的优势保有度向量：

$$\boldsymbol{ard}^{(2)} = (9.546\ 3,28.535\ 9,39.904\ 8,15.091\ 1,6.921\ 9)^{\mathrm{T}}$$

LSO 可以利用$\boldsymbol{\omega}_{ard}^{(2)}$对 IM 位置多航次着舰过程进行决策：

$$r_3 > r_2 > r_4 > r_1 > r_5$$

步骤 6 计算 $\boldsymbol{P}^{(3)},\boldsymbol{P}^{(4)}$的静态排序向量：

$$\boldsymbol{\omega}^{(3)} = (0.158\ 5,0.252,0.293\ 8,0.191\ 5,0.104\ 3)^{\mathrm{T}}$$

$$\boldsymbol{\omega}^{(4)} = (0.167\ 5,0.240\ 7,0.293\ 5,0.182\ 8,0.115\ 5)^{\mathrm{T}}$$

计算基于优势保有度的动态排序向量$\boldsymbol{\omega}_{ard}^{(3)}$和 t_3时刻的优势保有度向量：

$$\boldsymbol{\omega}_{ard}^{(3)} = (1.513\ 1,7.191\ 0,11.722\ 0,2.889\ 9,0.721\ 6)^{\mathrm{T}}$$

$$\boldsymbol{ard}^{(3)} = (6.294\ 6,29.915\ 7,48.765\ 2,12.022\ 5,3.002\ 0)^{\mathrm{T}}$$

LSO 可以利用$\boldsymbol{\omega}_{ard}^{(3)}$对 IC 位置多航次着舰过程进行决策：

$$r_3 > r_2 > r_4 > r_1 > r_5$$

计算最终时刻动态排序向量：

$$\boldsymbol{\omega}_{ard}^{(4)} = (1.054\ 3,7.202\ 2,14.312\ 6,2.197\ 1,0.346\ 7)^{\mathrm{T}}$$

步骤 7 利用最终时刻动态排序向量$\boldsymbol{\omega}_{ard}^{(4)}$对整个动态过程综合属性评估 r_i 进行排序。

$$r_3 > r_2 > r_4 > r_1 > r_5$$

因此，多航次舰载机着舰过程效能从高到低优劣排序为

航次 3 > 航次 2 > 航次 4 > 航次 1 > 航次 5

比对决策结果可知，多属性动态决策与静态群决策最终结果相同，说明两种决策方法的正确性。同时由于动态决策充分考虑了连续决策时间结果的保有性，因此动态决策不仅包含最终的整体决策结果，同时还可以针对不同时间点进行单点决策，更利于明确下滑着舰过程效能变化情况。

动态决策算例计算过程中我们发现 t_2时刻（IM 位置），通过静态排序向量$\boldsymbol{\omega}^{(2)}$判断，第 1 组和第 5 组飞行航次的综合飞行效果相同，此时如果应用传统的决策方法无法对其优劣程度进行判断；但应用动态决策方法依据上一决策时刻（t_1时刻：X 位置）的优势保有度可知 t_1决策时刻第 1 组飞行效果优于第 5 组，依据客观事物的逻辑连续性，可知截止到 t_2时刻，第 1 组航次的整体飞行效果仍高于第 5 组。因此基于优势保有度的动态决策方法增加了排序向量各分量之间的差异性，克服了

传统决策方法排序分量相同而无法决策的不足，具有较强的实用性。

5.3　基于层次分析法的舰载机安全起飞、着舰过程和结果综合评估方法

5.3.1　层次分析法

层次分析法（Analytic Hierarchy Process，AHP）是一种定性与定量相结合的多目标决策分析方法，最初由美国著名的运筹学专家 T. L. Satty 于 20 世纪 70 年代提出。层次分析法的核心是将一些定性且不易量化的因素进行量化，把复杂的问题分解为各个组成因素，将这些因素按支配关系分组形成有序的递阶层次结构，从而为评判与决策提供量化的参考依据。

层次分析法经常被用在系统评估中，层次分析法是一种定性和定量相结合的方法。由于定性分析方法主观性太强、对评估者要求高，而定量分析方法容易简单化、模糊化，所以把定性和定量相结合是有效的评估方法。

运用层次分析法解决问题，大致可以分为如下几步。

1. 系统分解，建立层次结构模型

这是 AHP 中最重要的一步。在深入分析所面临的问题之后，把复杂问题所包含的因素划分为不同层次。同一层次的元素作为准则对下一层次的某些元素起支配作用，同时它又受上一层次元素的支配。这种从上至下的支配关系形成了一个递阶层次。处于最上面的层次通常只有一个元素，一般是分析问题的预定目标或理想结果；处于中间的层次一般是准则、子准则；最低一层包括决策的方案。

2. 构造判断矩阵

判断矩阵的作用是在上一层某一元素的约束条件下，对同层次的因素进行一一对比打分，根据心理学家提出的“人区分信息等级的极限能力为 7 ± 2”的研究结论，AHP 方法在对评估指标的相对重要程度进行测量时，引入了九分位的相对重要的比例标度，构成一个判断矩阵。判断矩阵元素的值反映了人们对各因素相对重要性（或优劣、偏好、强度等）的认识，一般采用 1 ~ 9 及其倒数作为标度，表 5. 12 列出了 1 ~ 9 标度的含义。

表 5.12 1 ~9 标度的含义

标度	含 义
1	表示两个因素相比,具有相同的重要性
3	表示两个因素相比,前者比后者稍重要
5	表示两个因素相比,前者比后者明显重要
7	表示两个因素相比,前者比后者强烈重要
9	表示两个因素相比,前者比后者极端重要
2,4,6,8	表示上述相邻判断的中间值
倒数	若因素 i 与因素 j 的重要性之比为 a_{ij},则因素 j 与因素 i 的重要性之比为 $a_{ji}=\dfrac{1}{a_{ij}}$

3. 进行判别矩阵一致性检验

上述构造判断矩阵的方法虽能减少其他因素的干扰,但难免包含一定程度的非一致性,因此需要检验判断矩阵是否一致,以便确定构造的判断矩阵能否被接受。判断矩阵一致性检验的步骤如下:

(1)计算一致新指标 CI

$$CI=\frac{\lambda_{\max}-n}{n-1} \tag{5-36}$$

式中,$\lambda_{\max}$ 为判断矩阵的最大特征值;n 为判断矩阵的维数。

(2)查找相应的平均随机一致指标 RI。对于 1 ~9 阶判断矩阵,RI 的取值见表 5.13。

表 5.13 RI 的取值列表

n	1	2	3	4	5	6	7	8	9
RI	0	0	0.58	0.9	1.12	1.24	1.32	1.41	1.45

(3)计算一致性比例 CR

$$CR=\frac{CI}{RI} \tag{5-37}$$

当 $CR<0.1$ 时,认为判断矩阵的一致性是可以接受的,否则应对判断矩阵做

适当的修正。

4. 计算归一化权重

设 $\boldsymbol{A}$ 为某一层 n 个因素的成对比较判断矩阵,$\boldsymbol{A}$ 可用下式表示:

$$\boldsymbol{A}=\begin{bmatrix} a_{11} & a_{12} & \cdots & a_{1n} \\ a_{21} & a_{22} & \cdots & a_{2n} \\ \vdots & \vdots & & \vdots \\ a_{n1} & a_{n2} & \cdots & a_{nn} \end{bmatrix} \tag{5-38}$$

$$\omega'_i=(a_{i1},a_{i2},\cdots,a_{in})^{\frac{1}{n}} \tag{5-39}$$

$$\omega_i=\frac{\omega'_i}{\sum\limits_{i=1}^{n}\omega'_i} \tag{5-40}$$

第 i 个因素的初始权重系数 $\omega'_i(i=1,2,\cdots,n)$ 可由式(5-39)求得,进而利用式(5-40)可得归一化权重系数 $\omega_i(i=1,2,\cdots,n)$。

5. 计算组合权重系数,对评价对象的总评价目标进行综合评估

计算各评价指标相对于评价总目标的权重,并对没有子层的评价指标进行加权求和即可得到总评价结果。

5.3.2 基于层次分析法的舰载机全自动着舰结果和过程综合评估

以舰载机全自动着舰过程为例,给出利用层次分析法进行舰载机安全起飞、着舰结果和过程综合评估。

1. 构建全自动着舰综合评估层次结构模型

全自动着舰综合评估层次结构模型的构建过程如下:

① 根据层次分析法的原理,将全自动着舰综合评估结果作为层次结构的第一层。

② 将全自动着舰结果评估和全自动着舰过程评估作为第二层并列的两个评估指标。

③ 全自动着舰结果评估的子层评估指标由 2.6 节给出的全自动着舰安全性评估指标构成。

④ 根据过程特点，将全自动着舰过程划分为平飞、下俯、下滑、进入四个阶段，如图 5.11 所示，分别将舰载机在上述四个阶段的表现评估结果作为全自动着舰过程评估的子层。

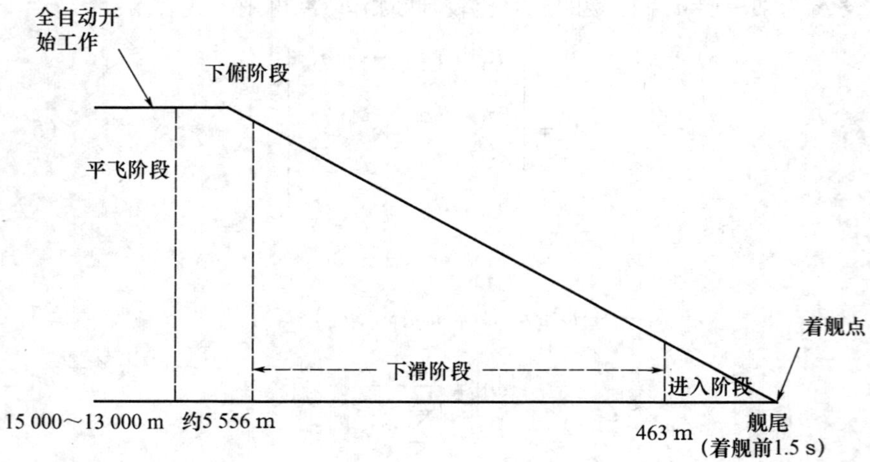

图 5.11　全自动着舰的阶段划分

⑤ 根据表 1.2 给出的全自动着舰各阶段重点评估的指标，确定各子阶段的子层评估指标。

按照上述过程建立如图 5.12 所示的自动着舰综合评估层次结构模型。

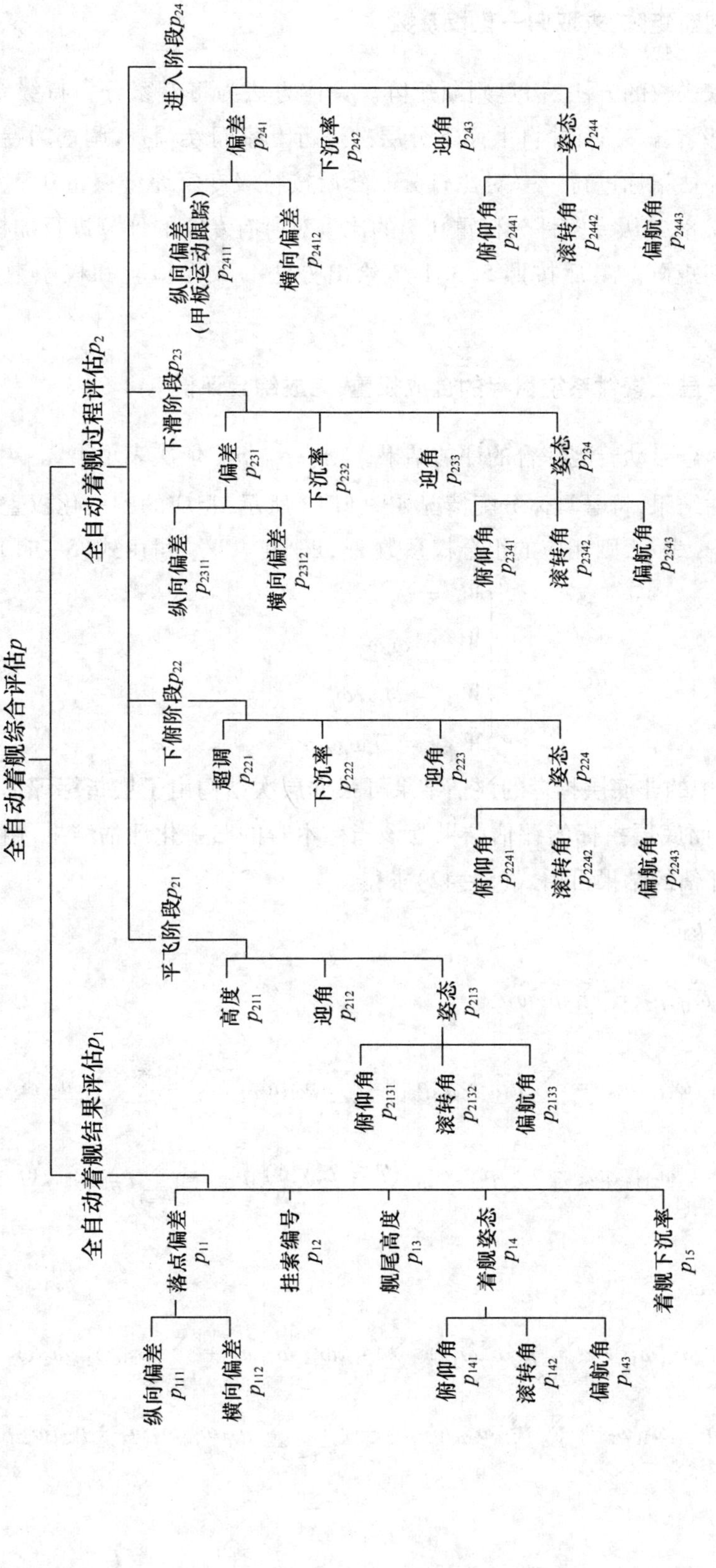

图5.12　全自动着舰综合评估层次结构模型

2. 构建判断矩阵,求取归一化权系数

采用专家构权的方法,构建判断矩阵。具体方法为将专家分为特级专家、一级专家和二级专家三类,并自上而下分层次进行专家问卷调查,调查问卷要求专家对每层的评估指标进行一一对比打分。然后按特级专家评分权重0.9、一级专家评分权重0.8、二级专家评分权重0.7的比重对所有专家的评分进行加权平均,最终得到判别矩阵。最后按照5.3.1节给出方法一致性检验和权系数归一化处理。

3. 计算各层元素对系统目标的合成权重,完成综合评价

令p表示全自动着舰综合的评估结果,p_i,p_{ij},p_{ijk},p_{ijkm}依次表示第2~4层各评估指标的评估结果,符号具体分配情况如图5.12所示,相应的归一化权重系数用ω_i,ω_{ij},ω_{ijk},ω_{ijkm}表示,则相应的组合权系数W_i,W_{ij},W_{ijk},W_{ijkm}可由式(5-41)求得。

$$\begin{cases} W_i = \omega_i \\ W_{ij} = \omega_i\omega_j \\ W_{ijk} = \omega_i\omega_j\omega_k \\ W_{ijkm} = \omega_i\omega_j\omega_k\omega_m \end{cases} \tag{5-41}$$

图5.12中的非底层指标的评估结果可根据层次结构由子层指标评估结果加权求和得到,而底层指标的评估结果为该指标本身的归一化评估结果,由此全自动着舰综合评估的结果可由式(5-42)求得。

$$\begin{cases} p = p_1\omega_1 + p_2\omega_2 \\ p_1 = \sum_{j=1}^{5} p_{1j}\omega_{1j}, p_2 = \sum_{j=1}^{4} p_{2j}\omega_{2j} \\ p_{11} = \sum_{k=1}^{2} p_{11k}\omega_{11k}, p_{14} = \sum_{k=1}^{3} p_{14k}\omega_{14k}, p_{21} = \sum_{k=1}^{3} p_{21k}\omega_{21k}, p_{2j} = \sum_{j=2}^{4}\sum_{k=1}^{4} p_{2jk}\omega_{2jk} \\ p_{213} = \sum_{m=1}^{3} p_{213m}\omega_{213m}, p_{2j4} = \sum_{m=1}^{3} p_{2j4m}\omega_{2j4m}(j = 2,3,4), p_{2j1} = \sum_{m=1}^{2} p_{2j1m}\omega_{2j1m}(j = 3,4) \end{cases} \tag{5-42}$$

$$\begin{aligned} p &= p_1\omega_1 + p_2\omega_2 \\ &= \sum_{k=1}^{2} p_{11k}\omega_{11k}\omega_{11}\omega_1 + \sum_{j=2,3,5} p_{1j}\omega_{1j}\omega_1 + \sum_{k=1}^{3} p_{14k}\omega_{14k}\omega_{14}\omega_1 + \sum_{k=1,2} p_{21k}\omega_{21k}\omega_{21}\omega_2 + \\ &\quad \sum_{m=1}^{3} p_{213m}\omega_{213m}\omega_{21}\omega_2 + \sum_{k=1}^{3} p_{22k}\omega_{22k}\omega_{22}\omega_2 + \sum_{j=2,3,4}\sum_{k=2,3} p_{2jk}\omega_{2jk}\omega_{2j}\omega_2 + p_{221}\omega_{221}\omega_{22}\omega_2 + \end{aligned}$$

$$\sum_{j=2,3,4}\sum_{m=1}^{3}p_{2j4m}\omega_{2j4m}\omega_{2j4}\omega_{2j}\omega_{2}+\sum_{j=2,3,4}\sum_{m=1}^{2}p_{2j1m}\omega_{2j1m}\omega_{2j1}\omega_{2j}\omega_{2}$$

$$=\sum_{k=1}^{2}p_{11k}W_{11k}+\sum_{j=2,3,5}p_{1j}W_{1j}+\sum_{k=1}^{3}p_{14k}W_{14k}+\sum_{k=1,2}p_{21k}W_{21k}+\sum_{m=1}^{3}p_{213m}W_{213m}+$$

$$\sum_{k=1}^{3}p_{22k}W_{22k}+\sum_{j=2,3,4}\sum_{k=2,3}p_{2jk}W_{2jk}+p_{221}W_{221}+\sum_{j=2,3,4}\sum_{m=1}^{3}p_{2j4m}W_{2j4m}+\sum_{j=2,3,4}\sum_{m=1}^{2}p_{2j1m}W_{2j1m}\quad(5-43)$$

4. 评估检验方法

将层次分析评估结果与专家评估结果进行对比,并使用 THEIL 不等系数法对两份数据进行分析。THEIL 不等系数如式(5－44)。

$$u=\frac{\sqrt{\frac{1}{n}\sum(P_i-A_i)^2}}{\sqrt{\frac{1}{n}\sum P_i^2}+\sqrt{\frac{1}{n}\sum A_i^2}}\quad(0\le u\le 1)\qquad(5-44)$$

式中,P_i 是我们的数据仿真结果($i=1,2,\cdots,n$);实际输出序列 A_i 是专家对数据的评估得分($i=1,2,\cdots,n$)。将数据代入相应的 THEIL 公式,计算可得:若 u 十分接近于 0,可以认为综合评估得分和专家评估得分一致度很高。

第 6 章　航母舰载机安全起飞、着舰风险评估方法

风险评估是指在风险事件发生前或之后(但还没结束),对风险事件对人们的生命、财产等各方面造成影响和损失的量化预测。风险评估是一种预测评估,其结果是风险预防决策的参考,因此风险评估是更高层次的评估。本章基于 BP 神经网络和证据推理技术讨论舰载机安全起飞、着舰风险评估方法。

6.1　基于 BP 神经网络的舰载机安全起飞、着舰风险评估方法

6.1.1　BP 神经网络

BP 神经网络是一种多层感知网络,网络的学习采用误差反向传播算法。BP 神经网络由输入层、隐层和输出层组成,每层之间存在连接权值,作用于各神经元之间,其大小反映的是连接强度。BP 网络学习规则的指导思想是对网络权值和阈值的修正要沿着表现函数下降最快的方向——负梯度方向,最后使网络的误差到达极小值或者最小值,即在这一点误差梯度为零[91]。网络训练过程即是确定各神经元之间权重的过程。

$$x_{k+1} = x_k - \alpha_k g_k \tag{6-1}$$

式中,x_k 是当前权值和阈值矩阵;g_k 是当前表现函数的梯度;α_k 是学习速率。

本书选用三层 BP 网络结构来对风险模型进行逼近,具体步骤如下:

步骤 1　给定输入层单元至隐层单元的连接权 $V_{hi}(h=1,2,\cdots,n;i=1,2,\cdots,n)$,隐层到输出层单元连接权 $W_{ij}(i=1,2,\cdots,p\ ;\ j=1,2,\cdots,q)$,赋随机值 n 为输入层节点数,p 为隐层节点数,q 为输出层节点数。

步骤 2　对样本$(X_k,Y_k)(k=1,2,\cdots,m)$进行如下操作:

(1)将 X_k 值送入输入层单元,通过连接权 V_{hi}送入隐层单元,产生隐层单元新激活值。

$$b_i = f(\sum_{i=1}^{h} V_{hi}x_h + \theta_i) \quad (i = 1,2,\cdots,p) \tag{6-2}$$

式中，f 函数选为 S 型函数 $f(x)=(1+\mathrm{e}^{-x})^{-1}$；$\theta_i$ 为偏移。

(2)计算输出层单元的激活值

$$y_j = g\left(\sum_{i=1}^{p} W_{ij} b_i + \theta_j\right) \quad (j=1,2,\cdots,q) \tag{6-3}$$

式中，g 函数也选择 S 型函数 $f(x)=(1+\mathrm{e}^{-x})^{-1}$；$\theta_i$ 为偏移。

(3)计算输出层单元误差

$$E(\omega) = \sum_{i=1}^{q} \| y_i - y_i^k \|^2 \tag{6-4}$$

式中，y_i^k 为输出单元 i 的期望输出。

(4)持续训练网络，直至 $E(\omega)$ 小于给定误差值后结束。否则进行反向传播过程，继续进行权值调整，由下式确定：

$$\Delta W_{ij}^k(t+1) = \eta \times \Delta W_{ij}^{(k-1)} + (1-\eta) \times \alpha(t) \times G_{ij}^{(k-1)}(t) \tag{6-5}$$

式中，η 为动量因子，其取值范围为 $0<\eta<1$；$\alpha(t)$ 为学习率；$\Delta W_{ij}^{(k-1)}(t)$ 表示第 t 次迭代时连接权值的变化量，位移的调整采取与权值相同的调整方式。

步骤 3　重复步骤 2，直到所有样本的误差为允许误差，即得到了完整的网络，该网络就可以对新样本进行网络回想，代入新样本的输入值 X 后，就能得到输出值 Y。

6.1.2　基于 BP 神经网络的滑跃起飞风险评估

利用多种工况下的滑跃起飞仿真数据可形成仿真数据集，利用每次仿真曲线对应的下沉量等关键指标数值可定义单次起飞的安全性，在综合多次数据集基础上，经过神经网络等拟合手段，即可形成起飞过程关于多种影响因素的高维连续函数，用于起飞过程安全性评估。

安全性指标，即离舰后飞机的轨迹下沉量，样本数据如图 6.1 所示。

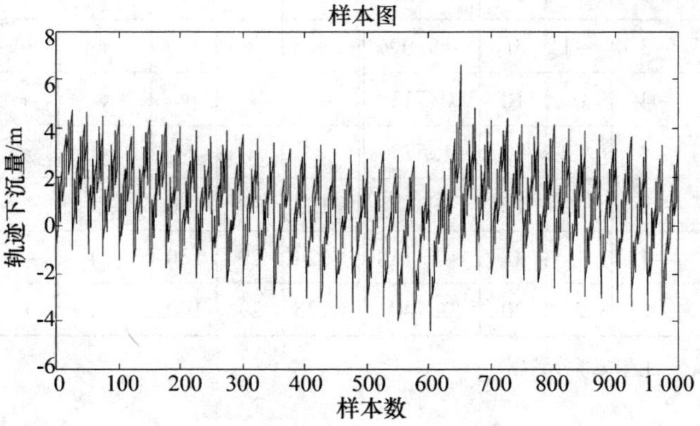

图 6.1　部分样本数据图

表6.1为选取的部分样本数据,影响因素包括起飞质量、滑跑距离、预置舵偏度、甲板纵摇和甲板风。

表6.1　滑跃起飞评估样本集合表

编号	输入变量					输出变量	编号	输入变量					输出变量
	起飞质量/t	滑跑距离/m	预置舵偏度/(°)	甲板纵摇/(°)	甲板风/m/s	轨迹下沉量/m		起飞质量/t	滑跑距离/m	预置舵偏度/(°)	甲板纵摇/(°)	甲板风/m/s	轨迹下沉量/m
1	28	80	-4	-2	0	-4.157	21	30	90	-4	0	0	-1.715
2	28	80	-4	-1	0	-2.335	22	30	90	-4	1	0	-2.095
3	28	80	-4	2	5	5.128	23	30	90	0	1	5	-2.256
4	29	80	-4	-2	0	-4.912	24	31	90	0	1	20	3.749
5	29	90	-4	-2	0	-5.910	25	31	90	0	2	20	4.641
6	29	90	-4	-1	10	-0.137	26	31	100	-4	1	15	2.221
7	30	80	0	2	20	3.144	27	31	100	-4	2	15	1.878
8	30	80	0	2	5	3.457	28	32	100	-2	0	5	-3.909
9	30	100	-2	-2	10	-1.254	29	32	100	-2	1	5	-2.384
10	31	100	-4	-1	0	-4.085	30	32	100	-2	-2	10	-2.573
11	31	100	-3	-2	0	-4.919	*	*	*	*	*	*	*
12	31	90	0	-2	5	-2.932	*	*	*	*	*	*	*
13	32	90	-4	-2	0	-4.514	*	*	*	*	*	*	*
14	32	100	-4	0	15	0.081	*	*	*	*	*	*	*
15	32	100	-3	-1	0	-5.096	*	*	*	*	*	*	*
16	28	110	-4	0	10	0.713	*	*	*	*	*	*	*
17	28	110	-4	-2	20	1.577	*	*	*	*	*	*	*
18	28	110	-3	-2	10	-0.754	3 123	29	100	-1	-2	15	-0.099
19	29	100	-4	1	0	-1.188	3 124	29	100	-1	-1	15	0.538
20	29	90	0	2	20	3.740	3 125	29	100	-1	1	15	1

注:样本数据库中随机的选取部分数据。

舰载机滑跃起飞过程中众多安全影响因素的作用体现了非线性关系,而且不同影响因素还有相互作用的关系,这又体现了非局限性的特点。神经网络特有的非线性适应性信息处理能力,恰好可以很好地解决这一问题。应用 BP 神经网络来逼近滑跃起飞安全评估函数,并训练出可以实时评价舰载机滑跃起飞安全性的函数模型,以供起飞安全性估计的应用。图 6.2 给出了滑跃起飞安全评估 BP 神经网络模型。

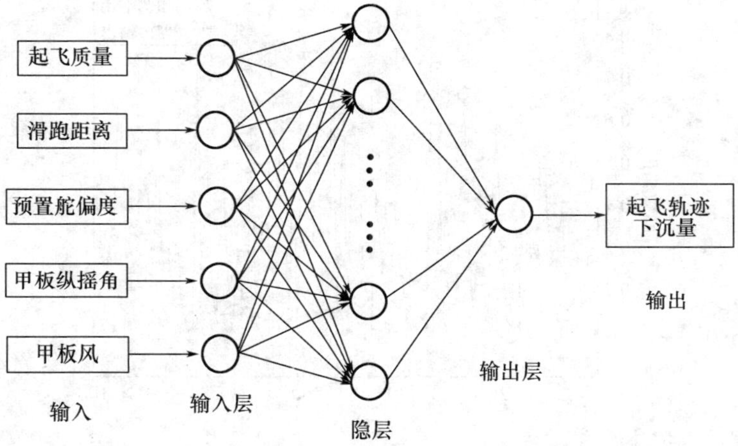

图 6.2　滑跃起飞安全评估 BP 神经网络模型

由舰载机滑跃起飞综合仿真平台离线仿真 3 125 次,得到了 3 125 次仿真数据,求得每次的轨迹下沉量后,从大量的样本集合中随机选取 200 组数,100 组作为训练样本,100 组作为测试样本。将数据通过归一化函数的处理后开始进行训练,经过 500 次训练后,网络收敛,如图 6.3 所示,误差达到 0.000 22,已达到很高的精度。

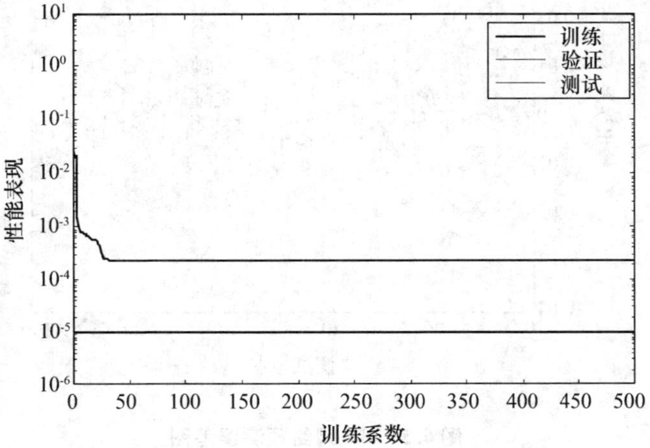

图 6.3　BP 网络训练效果图

为了对所设计的BP网络模型的泛化能力进行测试,将所选取的100组训练样本也进行归一化处理,并输入到模型中,得到BP网络的预测输出,如图6.4和图6.5所示。BP网络的预测与期望输出对比见表6.2。

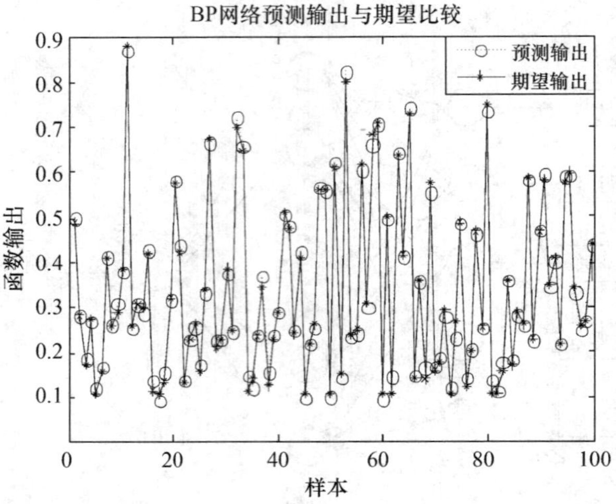

图6.4　BP网络输出与期望输出对比图

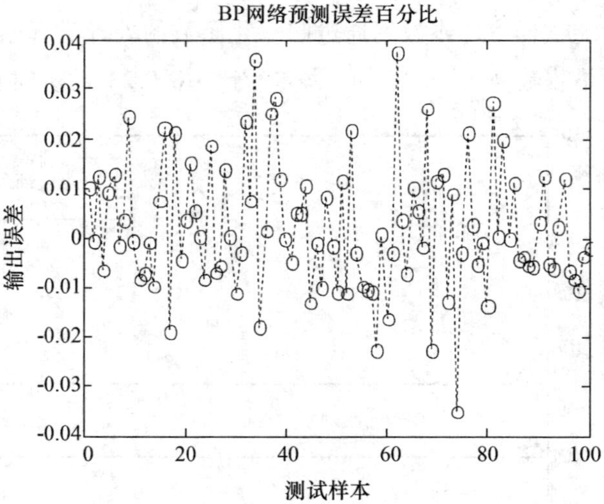

图6.5　BP网络预测误差图

表 6.2 滑跃起飞风险评估 BP 网络的预测与期望输出对比

编号	输入变量	期望输出	神经网络预测输出	编号	输入变量	期望输出	神经网络预测输出
1	(0. 381, 0. 639, 0. 133,0. 2,0. 7)	0. 493 4	0. 477 2	10	(0. 381, 0. 739, 0. 367,0. 3,0. 299)	0. 383 6	0. 384 5
2	(0. 381, 0. 639, 0. 167,0. 7,0. 432)	0. 274 1	0. 273 7	11	(0. 900, 0. 645, 0. 500,0. 1,0. 900)	0. 857 9	0. 856 6
3	(0. 354, 0. 378, 0. 213,0. 51,0. 599)	0. 175 7	0. 173 7	12	(0. 568, 0. 427, 0. 613,0. 51,0. 399)	0. 233 2	0. 230 8
4	(0. 721, 0. 613, 0. 757,0. 8,0. 442)	0. 278 1	0. 274 7	13	(0. 323, 0. 498, 0. 9,0. 5,0. 699)	0. 297 8	0. 298 6
5	(0. 408, 0. 638, 0. 223,0. 8,0. 442)	0. 118 9	0. 2	14	(0. 323, 0. 751, 0. 9,0. 9,0. 52)	0. 278 8	0. 281 5
6	(0. 107, 0. 188, 0. 9,0. 31,0. 565)	0. 169 7	0. 157 4	*	*	*	*
7	(0. 582, 0. 587, 0. 633,0. 5,0. 565)	0. 413 6	0. 415 5	*	*	*	*
8	(0. 528, 0. 784, 0. 233,0. 7,0. 699)	0. 352 6	0. 359 3	99	(0. 361, 0. 187, 0. 6,0. 5,0. 432)	0. 268 2	0. 269 3
9	(0. 316, 0. 326, 0. 9,0. 1,0. 532)	0. 331 9	0. 327 9	100	(0. 449, 0. 640, 0. 233,0. 1,0. 432)	0. 43	0. 432 2

通过对比 BP 网络的预测输出和期望输出可以发现,网络预测的输出值基本和期望的输出值相同,误差较小,说明本书所设计的神经网络具有较强的泛化能力,可以实现任意设定舰载机起飞的初始条件,并给出一个合理的起飞安全系数的功能。

根据前文设计并建立的滑跃起飞安全系数 BP 神经网络模型,经过大量的样本训练和测试后,可以实现随意设置舰载机起飞的初始条件、预测出该次起飞完成后轨迹的下沉量的大小,人们可以根据下沉量的多少来判定这样的起飞初始设置是否可以安全起飞。但是直接依据下沉量判断仍然不够直观易读,只有了解起飞的机理和参数后才能正确进行判断。如果把下沉量的多少转换为起飞安全系数的大小就可以解决这个问题,安全系数高,表示滑跃起飞能够安全从甲板起飞;反之,安全系数低,代表飞机下沉量较大,可能不能安全起飞,甚至坠海。

如图 6.6 所示,基于舰载机起飞轨迹的下沉量对滑跃起飞的安全系数给出定义,将下沉量的数值大小转换为滑跃起飞的安全系数的大小,使评价滑跃起飞的方法更简单、直观。

图 6.6　滑跃起飞安全系数 BP 神经网络模型结构图

首先需要了解下沉量和安全系数的关系,由于下沉量越大,安全系数越低,所以飞机的起飞轨迹的下沉量和安全系数为反比例关系,本书采用 sigmoid 型函数来实现两者之间的平滑的反比例关系。经过实验的调整和优化,采用式(6-6)来实现,对应的反比例曲线如图 6.7 所示。

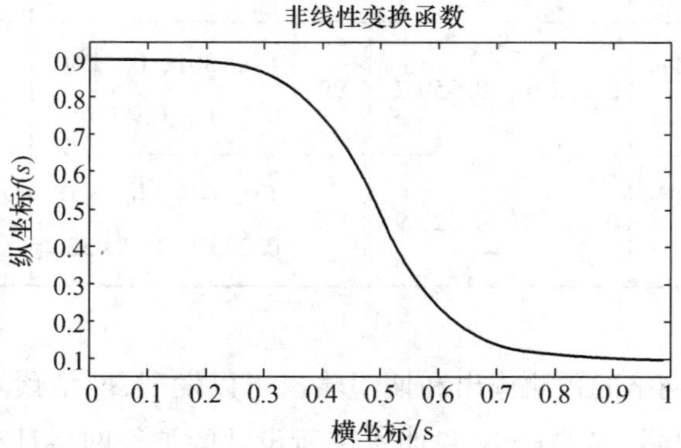

图 6.7　反比例函数关系图

$$f(s) = 4/[5 + 5\exp(15s - 7.5)] + 0.1 \tag{6-6}$$

根据舰载机滑跃起飞的安全起飞准则可知,一次好的滑跃起飞是指舰载机的起飞轨迹没有任何下沉,航迹角始终大于 0。由此可知,下沉量为 0 时,可以认为起飞基本没有风险，定义此时安全系数为最大值 0.9，并定义下沉量大于 3.048 m 时，起飞安全系数较低，定义此时的安全系数为 0.1；因此在此处对下沉量进行归一化的时候，规定 $H_{max}=3.048$，$H_{min}=0$，具体公式如下：

$$g(H)=0.8(H-H_{min})/(H_{max}-H_{min})+0.1\quad(0\leqslant H\leqslant 3.048)\tag{6-7}$$

为了方便起飞指挥官根据模型对起飞时机进行判断，应该使安全系数的变化随着下沉量变化更强烈些，这样才符合决策习惯，所以调节函数的系数，使曲线的变化更陡峭。于是得到如下函数：

$$f(H)=\begin{cases}0.1 & H>3.048\\ \dfrac{4}{5+2\cdot e^{[25\cdot g(H)-7.5]}}+0.1\approx\dfrac{4}{5+2\cdot e^{(6.67\cdot H-5)}}+0.1 & 0\leqslant H\leqslant 3.048\\ 0.9 & H<0(\text{轨迹无下沉})\end{cases}\tag{6-8}$$

根据以上分段函数，绘制曲线图(图 6.8)，得到了飞机起飞轨迹下沉量和滑跃起飞安全系数的反比例对应关系。下沉量小时，安全系数较高；下沉量大时，安全系数较低；且下沉量的变化都能让安全系数很好地体现出来，可以让起飞指挥官很好地决断。

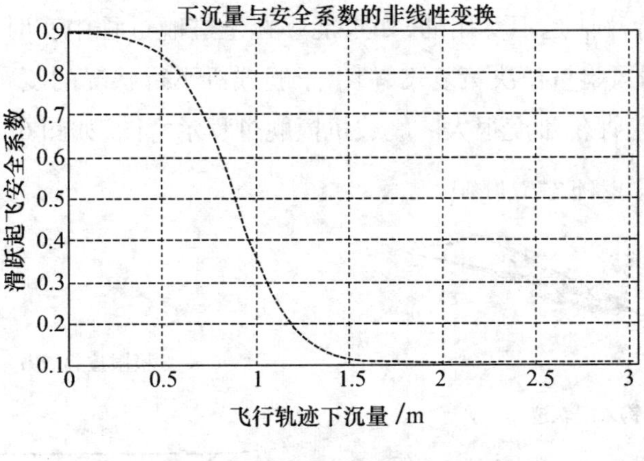

图 6.8　下沉量与安全系数的对应关系

综上所述，我们得到了一个完整的舰载机滑跃起飞安全评估模型，整个模型的结构示意图如图 6.9 所示。

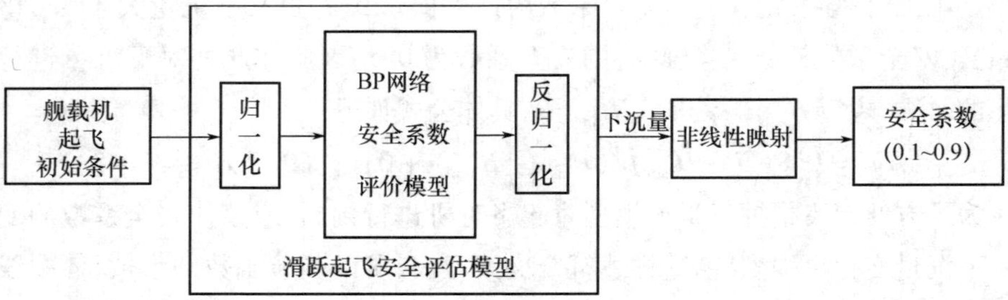

图 6.9　滑跃起飞安全评估模型结构示意图

6.1.3　基于 BP 神经网络的舰载机复飞风险评估及复飞决策方法

1. 复飞风险分析

舰载机复飞过程中,驾驶员面临的最主要风险——“复飞撞舰风险”,是指在复飞过程的近舰阶段舰载机尾钩或其他部位撞击航母甲板尾端的危险情况。本书复飞风险评估研究主要针对该风险,在不引起歧义的情况下,后文称“复飞撞舰风险”为“复飞风险”。由于进舰速度较快,驾驶员来不及做出反应,仅在舰尾附近对复飞风险进行评估是不实用的,如果能够在全进舰过程中实时评估复飞风险,那么就可以依据风险量值决策复飞,但由于舰载机飞行状况的复杂性和未来状态的不确定性,风险评价难度很大。舰载机撞舰过程示意图,如图 6. 10 所示。

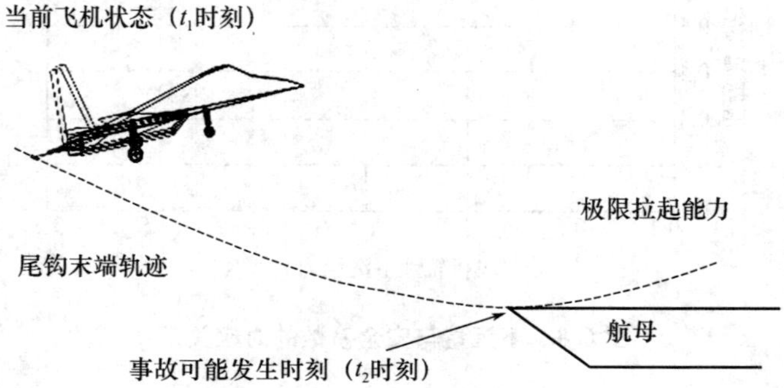

图 6.10　舰载机撞舰过程示意图

图 6. 10 中,t_1时刻舰载机距离航母较远,但此时采取复飞就已经处于“尾钩撞舰”的高风险状态,因为即使沿图中的标准复飞航迹拉起,仍会在复飞过程的 t_2时刻发生撞舰事故。但仅根据 t_1时刻飞行状态预测复飞风险是比较困难的,因为 t_2

时刻事故发生的原因可能是 t_1 时刻位置过低、飞行迎角过小、俯仰角波动速度较大或当前风速和流场引起机体下沉等。只有将所有影响因素一一列举,并依据它们建立高维空间概率分布函数,才可能准确量化 t_1 时刻风险。因此,本书欲建立的复飞风险评价函数应作用于整个下滑过程中,关于舰载机各飞行状态量和环境量的高维空间连续函数。所谓 t_1 时刻"撞舰风险",即 t_2 时刻实际撞舰事故发生的概率:

$$R(p_{t_1}^1, p_{t_1}^2, \cdots, p_{t_1}^n) = f(p_{t_2}^1, p_{t_2}^2, \cdots, p_{t_2}^n) \tag{6-9}$$

式中,$p_{t_k}^i, i=1,2,\cdots,n; k=1,2$ 为舰载机在 t_k 时刻的飞行状态变量和环境变量。

为量化复飞风险,本书定义如下指标。

定义 6.1　复飞剩余距离 $S_{t_k}^{\min}$:以 t_k 时刻飞行状态和环境状态执行复飞机动,标准复飞航迹中舰载机尾钩与航母舰尾甲板之间的最小距离。

通过定义 6.1 可知,复飞剩余距离 $S_{t_k}^{\min}$ 越小,复飞过程中舰机相对距离越小,飞机撞舰可能性越大,即复飞风险越高,反之亦然。因此我们可以利用复飞剩余距离 $S_{t_k}^{\min}$ 量化复飞风险,方法如下:

步骤 1　选取 t_k 时刻舰载机飞行状态(位置、姿态)和环境信息作为初始状态量,依据军用推力与升降舵综合控制复飞模型绘制 t_k 时刻作为复飞起始点的标准复飞航迹。

步骤 2　计算标准复飞航迹中舰载机尾钩与航母舰尾甲板的最小距离,即确定 t_k 时刻的复飞剩余距离 $S_{t_k}^{\min}$。

步骤 3　t_k 时刻的复飞风险 R_{t_k} 可以依据复飞剩余距离 $S_{t_k}^{\min}$ 的非线性函数定量描述,即

$$R(p_{t_k}^1, p_{t_k}^2, \cdots, p_{t_k}^n) = g(S_{t_k}^{\min}) \tag{6-10}$$

从系统泛化性的角度考虑,本书采用误差反向传播神经网络逼近复飞剩余距离 $S_{t_k}^{\min}$ 计算函数,实现飞行状态信息到复飞剩余距离之间的转换。训练样本集由动态仿真系统离线计算提供,为了减小神经网络训练负担,关键任务是如何简化训练样本集,即确定需要计算复飞风险的飞行位置,这些位置组成的区域我们称为状态风险建模区 S_{SRMA}(State Risk Modeling Area, SRMA)。

2. 状态风险建模区域

复飞过程中对舰尾处舰机相对高度具有显著影响的飞行状态包括飞行位置 (x,z)、飞行速度 v 和干扰下沉率 $\dot{h}_{\mathrm{d}}$、环境信息主要为航母舰尾运动 h_{s},其中飞行状态可以由机载雷达实时测量,传送给 LSO。

$$h_{\mathrm{s}} = h_{\mathrm{Ci}} + l_{\mathrm{ship}} \times \sin\theta_{\mathrm{C}} \tag{6-11}$$

式中，h_{Ci}为航母垂荡幅度；θ_C 为航母纵摇角度；l_{ship}为航母重心到舰尾距离。如图6.11所示为航母舰尾运动曲线。

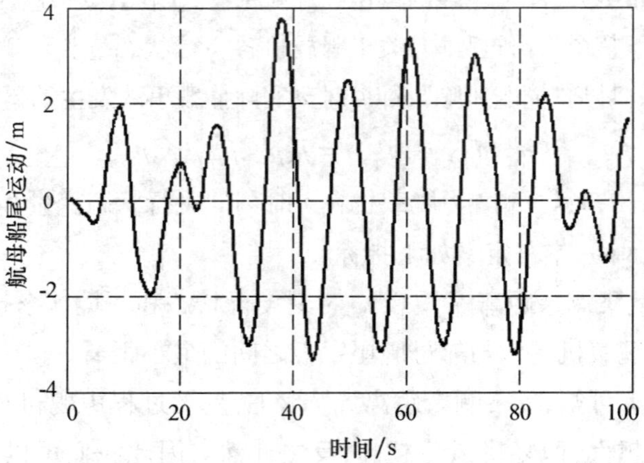

图 6.11 航母舰尾运动

实际飞行过程中，复飞包络应该是一条与上述状态量相关的动态变化曲线。综合考虑 $x, z, v, \dot{h}_d$ 和 h_s 等状态量，遍历所有影响因素可能出现的情况，仿真得到极限复飞包络。如图 6.12 所示，通过仿真极限复飞状态确定的"最大复飞包络"和"最小复飞包络"构成舰载机飞行过程中复飞机动操作范围的上下边界，同时将着舰空间划分为三个区域，即"复飞低风险区 $\Gamma_{LowRisk}$""复飞高风险区 $\Gamma_{HighRisk}$"和"复飞过渡风险区 $\Gamma_{TransRisk}$"。

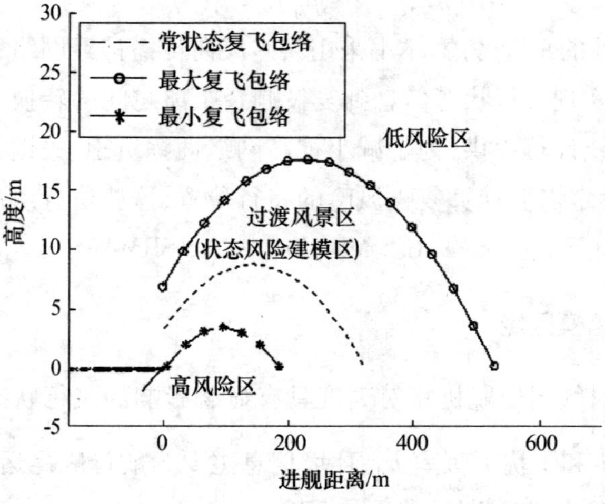

图 6.12 状态风险建模区

复飞低风险区内采取复飞操纵均可满足复飞准则要求，发生撞舰事故的概率极小；复飞高风险区内采取复飞操纵不能成功，发生事故的概率极大，二区域风险大小与当前舰载机飞行状态关联较小，因此在风险评价函数制定过程中针对此二区域分别给出固定的风险值。复飞过渡风险区内风险大小与当前飞行状态关联紧密，本书的研究重点正是此区域内风险值的非线性变化，因此 $\Gamma_{\text{TransRisk}}$ 即为"状态风险建模区 S_{SRMA}"，通过计算"复飞剩余距离 $S_{t_k}^{\min}$"量化复飞风险，式(6-9)可以表示为

$$R(p_{t_k}^1, p_{t_k}^2, \cdots, p_{t_k}^n) = \begin{cases} 0.1 & (x,z) \in \Gamma_{\text{LowRisk}} \\ g(S_{t_k}^{\min}) & (x,z) \in \Gamma_{\text{TransRisk}} \\ 0.9 & (x,z) \in \Gamma_{\text{HighRisk}} \end{cases} \tag{6-12}$$

3. 基于 BP 神经网络的复飞风险评估

(1)神经网络结构

利用舰载机飞行数据量化复飞风险的首要问题是 BP 网络模型的整体设计包括输入层和输出层节点设计、隐层节点设计、实验样本数据预处理和学习率的选取四个方面。

①输入层和输出层的节点设计

网络模型输入层和输出层节点的确定取决于使用者的要求。依据前文论述，复飞风险可以通过复飞剩余距离 $S_{t_k}^{\min}$ 指标衡量，为了易于网络收敛，直接将 $S_{t_k}^{\min}$ 作为模型目标参数，因此输出层节点数为 1。舰载机复飞航迹主要与"距舰距离 x""垂向位置 z""进近速度 v""干扰下沉率 $\dot{h}_{\text{d}}$"和"舰尾高度 h_{s}"状态量相关，而 h_{s} 可以由 x 和 v 通过航母运动模型得到，因此直接输入量为 4，由此可以确定网络输入层节点数为 4，因此式(6-9)可以表示为

$$R(x_k, z_k, v_k, \dot{h}_{\text{d}k}) = \begin{cases} 0.1 & (x,z) \in \Gamma_{\text{LowRisk}} \\ g(S_{t_k}^{\min}) & (x,z) \in \Gamma_{\text{TransRisk}} \\ 0.9 & (x,z) \in \Gamma_{\text{HighRisk}} \end{cases} \tag{6-13}$$

从易于训练的角度出发，应尽量减小样本集，在飞机引导着舰过程中，v 和 $\dot{h}_{\text{d}}$ 状态量取值范围较小，相应地在这两个维度上采样点数目较少；飞机位置 (x,z) 取值范围较大，但这两个状态量形成的二维空间，恰是前文论述的"状态风险建模区"所在平面，通过在 S_{SRMA} 内选点，同样可以实现减小样本数量的目的。

②隐层的节点设计

经证明，三层的 BP 网络可以完成任意 n 维到 m 维的映射，故本书模型采用单

隐层结构。隐层节点数的选择对于网络的学习和计算特性具有非常重要的影响，依据经验，具有 n 个输入单元和 q 个输出单元的三层网络，隐层单元数可以用下式表示：

$$N = \sqrt{n + q} + a \tag{6-14}$$

式中，a 为 0 ~ 10 的常数，结合实际情况进行试探性选择，逐步优化考虑计算精度和计算时间，最终隐层节点数选为 7。

③样本数据的预处理

舰载机飞行状态变量作为 BP 神经网络的输入，其单位和量纲各不相同，给模型训练带来困难，根据网络对输入输出范围的要求，按照式 6-15）对样本数据进行归一化处理，使参数取 0.1 ~ 0.9，避免网络学习过程中隐层到输入层之间权值调节的困难，提高网络的收敛速度和精度[146]。

$$X = \frac{0.8}{x_{\max} - x_{\min}}(x - x_{\min}) + 0.1 \tag{6-15}$$

式中，$x_{\max}$，$x_{\min}$ 分别为输入值、输出值中的最大值和最小值。其中需要注意的是本书结合实际情况确定复飞剩余距离 $S_{t_k}^{\min}$ 的网络拟合范围为 $[(S_{t_k}^{\min})_{\min},(S_{t_k}^{\min})_{\max}] = [0,10]$，如果 $S_{t_k}^{\min} < 0$，舰载机必然撞击航母，复飞风险 $R(x_k,z_k,v_k,\dot{h}_{dk}) = 0.9$；如果 $S_{t_k}^{\min} > 10$，舰机相对距离足够大，满足舰机之间的相对运动，此时发生撞舰事故的可能性较小，复飞风险 $R(x_k,z_k,v_k,\dot{h}_{dk}) = 0.1$，因此 $S_{t_k}^{\min}$ 的归一化公式为

$$vS_{t_k}^{\min} = \frac{0.8}{(S_{t_k}^{\min})_{\max} - (S_{t_k}^{\min})_{\min}}[x - (S_{t_k}^{\min})_{\min}] + 0.1 = 0.08S_{t_k}^{\min} + 0.1 \tag{6-16}$$

④学习率的选取

正确选择学习率 $\alpha(t)$ 对于 BP 网络的收敛非常重要，如果 $\alpha(t)$ 较大，收敛速度快，那么可能造成网络振荡和发散；如果 $\alpha(t)$ 较小，收敛速度慢，那么只有合理选取学习率才能提高计算效率，本书采用基于黄金分割定律的变学习率方法：

$$\alpha(t+1) = \begin{cases} K_1\alpha(t) & \lambda = 1 \\ 0.618K_1\alpha(t) & \lambda = -1 \end{cases} \tag{6-17}$$

$$\lambda = \mathrm{sign}[G_{ij}^{(k-1)}(t)G_{ij}^{(k-1)}(t-1)] \tag{6-18}$$

式(6-17)中，K_1 为学习率增长因子，对于本书所涉及的建模对象及网络收敛条件，选择 $1 < K_1 < 1.618$。式(6-18)的意义是根据输出误差的变化梯度来实现学习率的自适应调节。若连续两次迭代使 $G_{ij}^{(k-1)}(t)$ 与 $G_{ij}^{(k-1)}(t-1)$ 方法相反，此时 $\lambda = -1$，意味着学习率下降过快，应减小步长；相反，若 $G_{ij}^{(k-1)}(t)$ 与

$G_{ij}^{(k-1)}(t-1)$符号相同,此时 $\lambda=1$,意味着学习率下降过慢,应增加步长。变学习率的学习方法可以更好地适应收敛速度的变化,使网络状态稳定和优异。

(2)模型训练与测试

本书建立拓扑结构为 4-7-1 型的 BP 神经网络模型,如图 6.13 所示,其中隐层选用双曲正切 S 型激活函数,输出层选用对数 S 型激活函数,通过离线仿真得到状态风险建模区内的飞行状态数据,归一化后分为训练数据和测试数据两类,模型经 500 次训练收敛,误差为 0.000 1,精度较高,可以保证网络的学习效果。

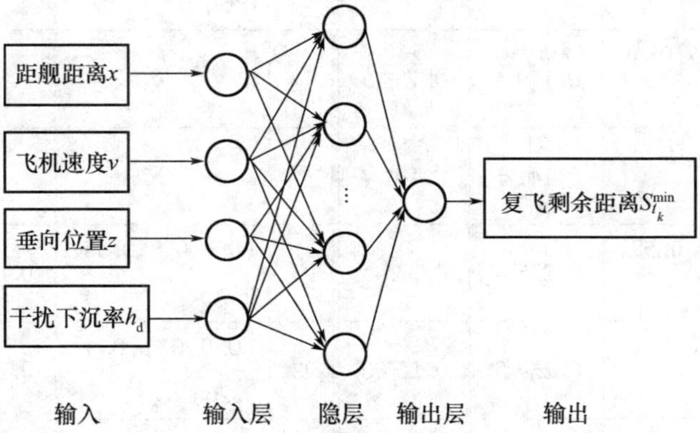

图 6.13　BP 复飞风险评测模型

构建网络模型成功与否需要判断建立模型是否具有泛化能力,即对于没有经过训练的输入样本是否也可以得到理想输出,对训练完成的网络进行测试,将归一化的 102 组测试集数据输入网络模型进行仿真,结果如表 6.3 所示。网络模型拟合输出数据与期望数据误差如图图 6.14 和图 6.15 所示。

表 6.3　BP 神经网络输出

编号	输入	期望输出	实际输出	编号	输入	期望输出	实际输出
1	(0.1,0.1,0.1,0.1)	0.1	0.109 6	16	(0.5,0.7,0.26,0.42)	0.433 3	0.444 4
2	(0.1,0.1,0.74,0.1)	0.1	0.110 1	17	(0.5,0.7,0.9,0.74)	0.274 1	0.285 8
3	(0.1,0.3,0.26,0.26)	0.187 8	0.189 3	18	(0.5,0.9,0.58,0.9)	0.425 6	0.409 8
4	(0.1,0.3,0.9,0.26)	0.187 8	0.190 3	19	(0.7,0.1,0.1,0.42)	0.754	0.686 8

表 6.3(续)

编号	输入	期望输出	实际输出	编号	输入	期望输出	实际输出
5	(0.3,0.1,0.42,0.3)	0.221 8	0.189 0	20	(0.7,0.1,0.58,0.26)	0.370 1	0.369 9
6	(0.3,0.1,0.9,0.42)	0.241 9	0.186 7	21	(0.7,0.3,0.26,0.9)	0.669 7	0.671 4
7	(0.3,0.3,0.58,0.74)	0.141 2	0.137	22	(0.7,0.3,0.74,0.5)	0.382 5	0.355 5
8	(0.3,0.5,0.1,0.26)	0.179 4	0.158 5	…	…	…	…
9	(0.3,0.5,0.74,0.3)	0.141 1	0.141 7	…	…	…	…
10	(0.3,0.7,0.58,0.26)	0.235 4	0.235 5	97	(0.7,0.7,0.58,0.7)	0.631 5	0.657 1
11	(0.5,0.1,0.1,0.7)	0.237 5	0.256 0	98	(0.9,0.1,0.1,0.26)	0.884 6	0.890 9
12	(0.5,0.1,0.58,0.3)	0.130 6	0.162 0	99	(0.9,0.1,0.58,0.5)	0.837 2	0.804 6
13	(0.5,0.3,0.1,0.9)	0.324 9	0.326 5	100	(0.9,0.3,0.1,0.9)	0.881 2	0.908 7
14	(0.5,0.3,0.9,0.26)	0.121 2	0.147 4	101	(0.9,0.3,0.42,0.42)	0.883 2	0.876 8
15	(0.5,0.5,0.74,0.3)	0.214 4	0.236	102	(0.9,0.3,0.9,0.74)	0.674 7	0.726 2

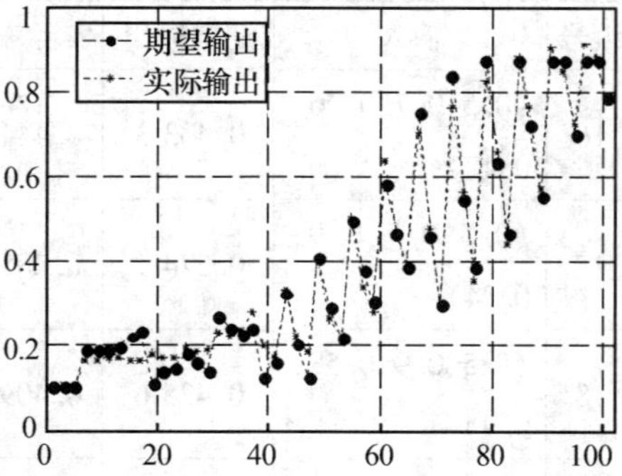

图 6.14 网络输出数据对比

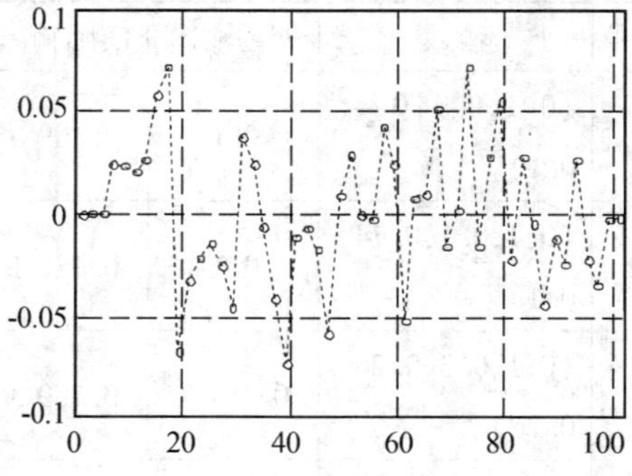

图 6.15 网络输出误差

表6.3和图6.15中数据对比结果表明，本书设计的网络模型拟合输出数据与期望输出数据基本吻合，最大误差不超过8%，证明所建立的网络模型正确合理，具有较强的泛化性，能够对舰载机不同飞行状态的复飞剩余距离 $S_{t_k}^{\min}$ 进行精确拟合。

(3)非线性变换

通过网络训练可以依据 t_k 时刻飞行状态得到归一化后的复飞剩余距离 $vS_{t_k}^{\min}$，据此计算风险，需要将 $vS_{t_k}^{\min}$ 经过非线性变换转化为量化的复飞风险量度 $R(x_k, z_k, v_k, \dot{h}_{dk})$。

在对 $vS_{t_k}^{\min}$ 进行反归一化的基础上，通过改进的 Sigmoid 变换函数实现 S_{SRMA} 内 $S_{t_k}^{\min}$ 到 $R(x_k, z_k, v_k, \dot{h}_{dk})$ 之间的转换(图6.16)，如式(6-20)所示。

$$S_{t_k}^{\min} = \frac{(vS_{t_k}^{\min} - 0.1) \times [(S_{t_k}^{\min})_{\max} - (S_{t_k}^{\min})_{\min}]}{0.8} + (S_{t_k}^{\min})_{\min} = 12.5 \times vS_{t_k}^{\min} - 1.25 \quad (6-19)$$

$$R(x_k, z_k, v_k, \dot{h}_{dk}) = g(S_{t_k}^{\min}) = \frac{4}{5 + 5\exp(1.2 \times S_{t_k}^{\min} - 5)} + 0.1 \quad (x, z) \in \Gamma_{\text{TransRisk}} \quad (6-20)$$

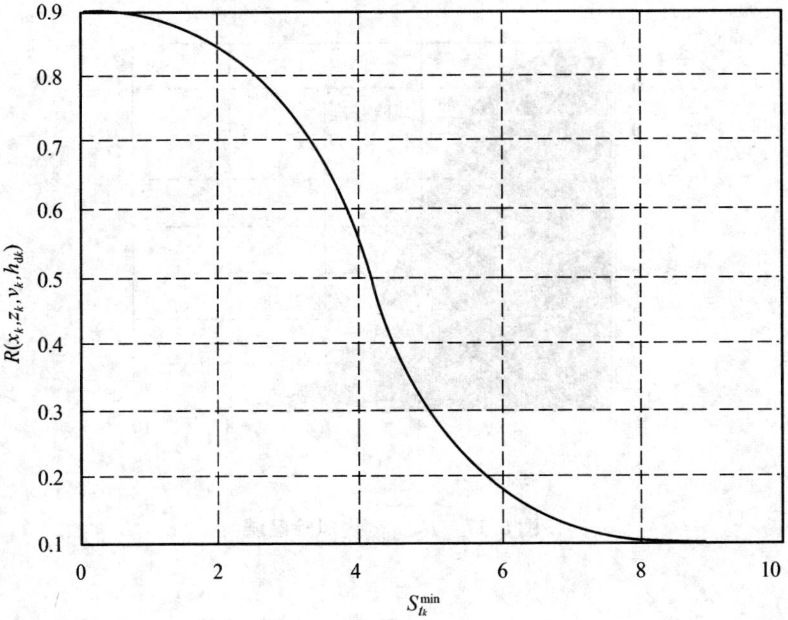

图6.16　$S_{t_k}^{\min}$ 与 $R(x_k, z_k, v_k, \dot{h}_{dk})$ 关系曲线

综上所述,本书建立的复飞状态风险评价函数综合表达形式为

$$R(x_k,z_k,v_k,\dot{h}_{dk}) = \begin{cases} 0.1 & (x,z) \in \Gamma_{LowRisk} \\ \dfrac{4}{5+5\exp(1.2\times S_{t_k}^{min}-5)}+0.1 & (x,z) \in \Gamma_{TransRisk} \\ 0.9 & (x,z) \in \Gamma_{HighRisk} \end{cases} \quad (6-21)$$

(4)过渡复飞风险区域

为了通过撞舰风险量度指标 $R(x_k,z_k,v_k,\dot{h}_{dk})$ 表征舰载机着舰过程复飞风险,我们定义两个基准风险量度指标。

定义 6.2(复飞风险基准 $R_{Risk}(x_k,z_k,v_k,\dot{h}_{dk})$) 非线性变换过程中,复飞剩余距离 $S_{t_k}^{min}=3$ m 时所对应的复飞风险指标值 $R(x_k,z_k,v_k,\dot{h}_{dk})$。

定义 6.3(复飞安全基准 $R_{Safe}(x_k,z_k,v_k,\dot{h}_{dk})$) 非线性变换过程中,复飞剩余距离 $S_{t_k}^{min}=5$ m 时所对应的复飞风险指标值 $R(x_k,z_k,v_k,\dot{h}_{dk})$。

当舰载机位置 $(x,z)\in\Gamma_{TransRisk}$ 时,通过网络训练与非线性变换可以实时计算进舰复飞风险 $R(x_k,z_k,v_k,\dot{h}_{dk})$,基于 $R_{Risk}(x_k,z_k,v_k,\dot{h}_{dk})$ 和 $R_{Safe}(x_k,z_k,v_k,\dot{h}_{dk})$,实现 $\Gamma_{TransRisk}$ 内风险变化区域的表示,如图 6.17 所示。

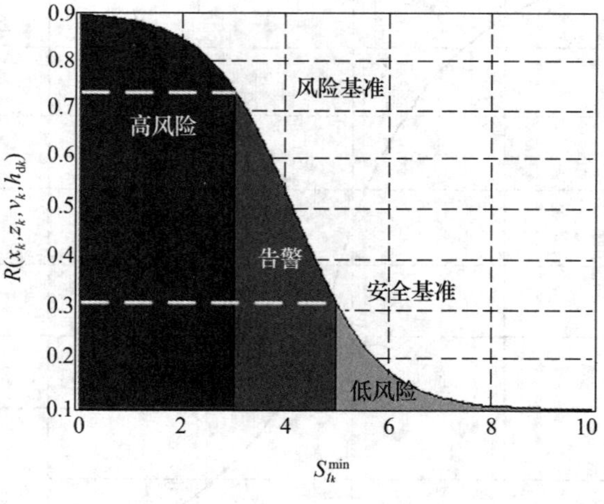

图 6.17　$\Gamma_{TransRisk}$ 内风险区域

$$R(x_k,z_k,v_k,\dot{h}_{dk}) \geqslant R_{Risk}(x_k,z_k,v_k,\dot{h}_{dk}) \Rightarrow (x_k,z_k)\in\Gamma_{TransHigh}\text{(过渡高风险区)}$$

$R_{\text{Safe}}(x_k, z_k, v_k, \dot{h}_{dk}) < R(x_k, z_k, v_k, \dot{h}_{dk}) < R_{\text{Risk}}(x_k, z_k, v_k, \dot{h}_{dk}) \Rightarrow (x_k, z_k) \in \Gamma_{\text{TransMiddle}}$（过渡风险告警区）

$R(x_k, z_k, v_k, \dot{h}_{dk}) \leqslant R_{\text{Safe}}(x_k, z_k, v_k, \dot{h}_{dk}) \Rightarrow (x_k, z_k) \in \Gamma_{\text{TransLow}}$（过渡低安全区）

如图 6.17 所示，当 $R(x_k, z_k, v_k, \dot{h}_{dk}) \leqslant R_{\text{Safe}}(x_k, z_k, v_k, \dot{h}_{dk}) = 0.32$ 时，复飞剩余距离 $S_{t_k}^{\min} \geqslant 5$ m，此时航母舰尾处舰机距离较大，具有足够的相对运动空间，舰载机位于过渡低风险区，复飞过程不会发生撞舰事故；当 $R(x_k, z_k, v_k, \dot{h}_{dk}) \geqslant R_{\text{Risk}}(x_k, z_k, v_k, \dot{h}_{dk}) = 0.74$ 时，复飞剩余距离 $S_{t_k}^{\min} \leqslant 3$ m，虽然本书在计算 $S_{t_k}^{\min}$ 时加入航母舰尾运动，但考虑舰载机自身的俯仰、滚转机动和海面环境变化，舰机相对运动距离仍然较小，由安全复飞准则可知，此时发生撞舰事故的可能性仍然较大，舰载机位于过渡高风险区，此时 LSO 应该及时决策复飞，避免不必要的风险；当 $R_{\text{Safe}}(x_k, z_k, v_k, \dot{h}_{dk}) < R(x_k, z_k, v_k, \dot{h}_{dk}) < R_{\text{Risk}}(x_k, z_k, v_k, \dot{h}_{dk})$ 时，复飞剩余距离 $3 \leqslant S_{t_k}^{\min} \leqslant 5$ m，虽然舰机之间存在相对运动距离，但从图 6.17 中的曲线变化趋势可知，此段曲线变化率最大，随着 $S_{t_k}^{\min}$ 的减小，$R(x_k, z_k, v_k, \dot{h}_{dk})$ 显著增加，复飞风险仍然存在，舰载机位于过渡风险告警区，此时 LSO 需要密切关注舰载机当前飞行状态和未来变化趋势，为可能到来的复飞决策提前做好准备。

4. 复飞风险评估仿真分析

为验证本书提出的基于神经网络复飞风险评估方法的准确性，针对不同输入变量进行仿真，分析其对复飞风险的影响作用；同时依据模型输入多维量，通过前文定义过渡复飞风险区域的方法，绘制复飞风险等高线，设计完整的舰载机进舰运动空间复飞风险区域分布图。

(1)飞行速度

舰载机干扰下沉率为 $\dot{h}_d = 0$ m/s，飞行速度分别为 $v = 55$ m/s，$v = 67$ m/s 和 $v = 85$ m/s，如图 6.18 和图 6.19 所示为复飞剩余距离 $S_{t_k}^{\min}$ 和撞舰风险 $R(x_k, z_k, v_k, \dot{h}_{dk})$ 关于空间位置(x, z)的三维变化曲面。

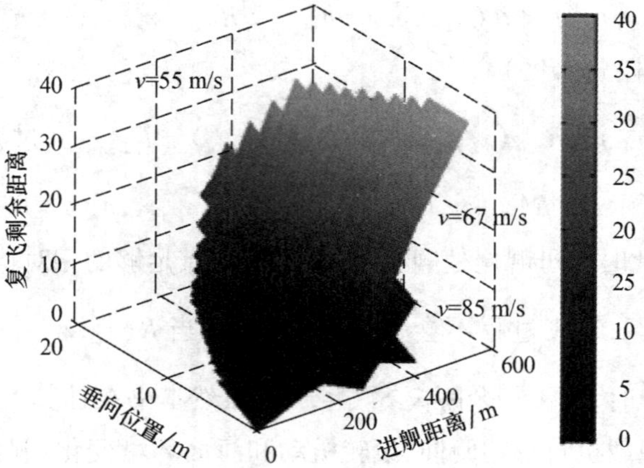

图 6.18 复飞剩余距离关于空间位置(x,z)的三维变化曲面

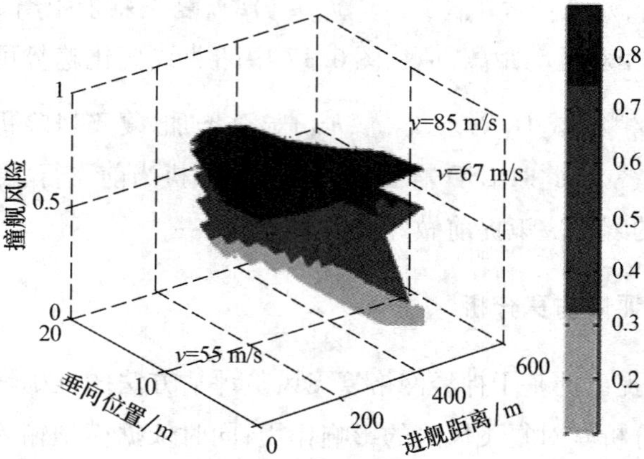

图 6.19 撞舰复飞风险三维曲面

如图 6.18 可知，依据复飞剩余距离 $S_{t_k}^{\min}$ 得到的舰载机撞舰风险 $R(x_k, z_k, v_k, \dot{h}_{dk})$ 在空间上随距舰距离 x 和垂向高度 z 的减小而增大，反之亦然。这是由于当舰机相对距离较小时，如果出现较大偏差，此时驾驶员通过复飞操作保证着舰安全是困难的，因为根据标准复飞曲线可知，在有限距离内很难完成垂向高度爬升，易产生撞舰事故；当舰机相对运动距离较大时，复飞操纵具备足够的安全爬升裕量，这种变化趋势符合着舰过程特殊性。

舰载机执行复飞操作过程中，在干扰下沉率相同的条件下，速度越大，其飞行状态垂直分量越大，在复飞下降过程中高度损失越多，复飞航迹越陡峭，产生的复飞风险越大，因此，比较不同速度下的复飞剩余距离曲面和撞舰风险曲面可知，随飞行速

度 v 的增大，复飞剩余距离 $S_{t_k}^{\min}$ 曲面降低，撞舰风险 $R(x_k, z_k, v_k, \dot{h}_{dk})$ 曲面升高。

舰载机复飞风险随其空间位置 (x, z) 的变化而变化，舰尾远端分别为低风险区 $\Gamma_{LowRisk}$ 和过渡低风险区 $\Gamma_{TransLow}$，舰尾近端分别为高风险区 $\Gamma_{HighRisk}$，过渡高风险区 $\Gamma_{TransHigh}$ 和过渡风险告警区 $\Gamma_{TransMiddle}$；由于低风险区和过渡低风险区风险量值小于复飞安全基准，复飞风险较小，可以将二者统称为复飞安全区 S_{WOSA}，对于复飞安全区内的舰载机，LSO 决策复飞安全；高风险区和过渡高风险区的风险量值大于复飞风险基准，复飞风险较大，二者统称为复飞风险区 S_{WORA}，对于复飞风险区内的舰载机，LSO 决策复飞风险；过渡风险告警区内风险量值介于安全基准和风险基准之间，此处是风险的明显过渡阶段，LSO 无法精确判断复飞风险与否，只能密切关注未来风险变化趋势，此区域又称为复飞告警区 S_{WOWA}，LSO 决策复飞告警，即

$$(x_k, z_k) \in S_{WOSA} \Rightarrow \text{复飞安全}$$
$$(x_k, z_k) \in S_{WORA} \Rightarrow \text{复飞风险}$$
$$(x_k, z_k) \in S_{WOWA} \Rightarrow \text{复飞告警}$$

如图 6.20 和图 6.21 所示分别为飞行速度 $v = 55$ m/s 和 $v = 85$ m/s 时舰载机复飞风险区域分布图。从复飞风险区域分布图我们明显可以看出，$v = 85$ m/s 时复飞风险区 S_{WORA} 距舰距离范围为 0 ~ 486 m，明显大于 $v = 55$ m/s 时的 S_{WORA} 距舰距离范围为 0 ~ 312 m，这与前文分析得到的随飞行速度增加，复飞风险增大的结论是相符的，同时我们从分布图中可以看到，复飞告警区 S_{WOWA} 范围较小，这是由于该区域内 $R(x_k, z_k, v_k, \dot{h}_{dk})$ 随 $S_{t_k}^{\min}$ 变化率最大，因此当舰载机进入 S_{WOWA} 时，LSO 应加强关注，谨防风险事故的发生。

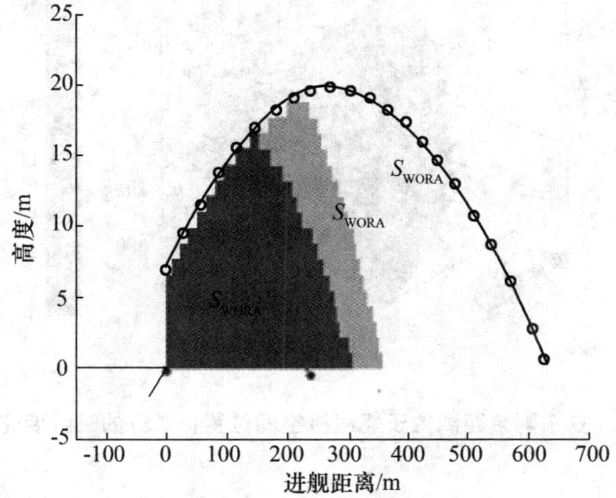

图 6.20　$v = 55$ m/s 时舰载机复飞风险区域分布图

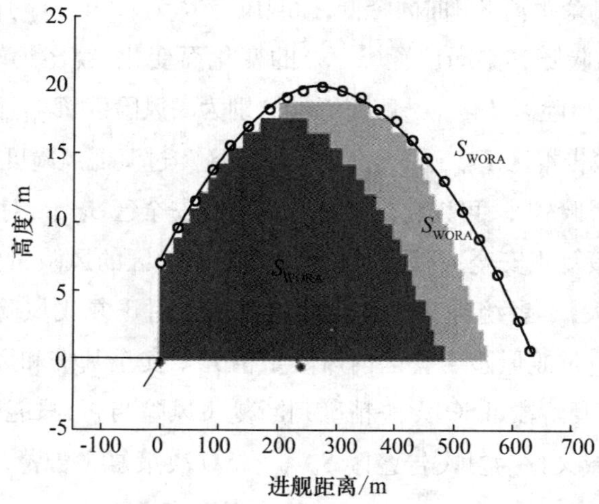

图 6.21 $v=85$ m/s 时舰载机复飞风险区域分布图

(2)干扰下沉率

舰载机飞行速度为 $v=67$ m/s,干扰下沉率分别为 $\dot{h}_d=-2$ m/s,$\dot{h}_d=0$ 和 $\dot{h}_d=2$ m/s,如图 6.22 和图 6.23 所示为复飞剩余距离 $S_{t_k}^{\min}$ 和撞舰风险 $R(x,z,v,\dot{h}_d)$ 关于舰载机空间位置(x, z)的三维变化曲面。

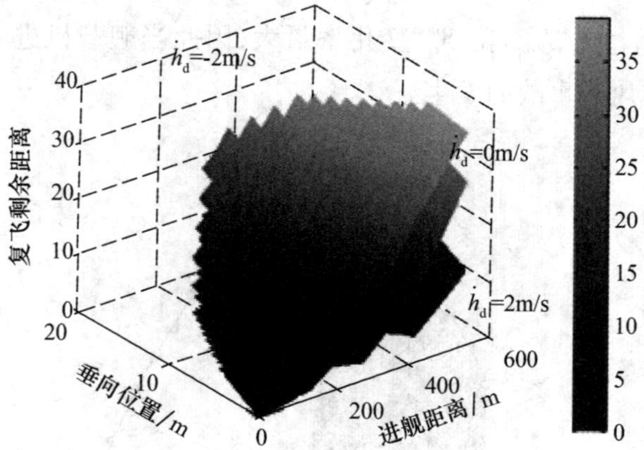

图 6.22 复飞剩余距离关于舰载机空间位置(x, z)的三维变化曲面

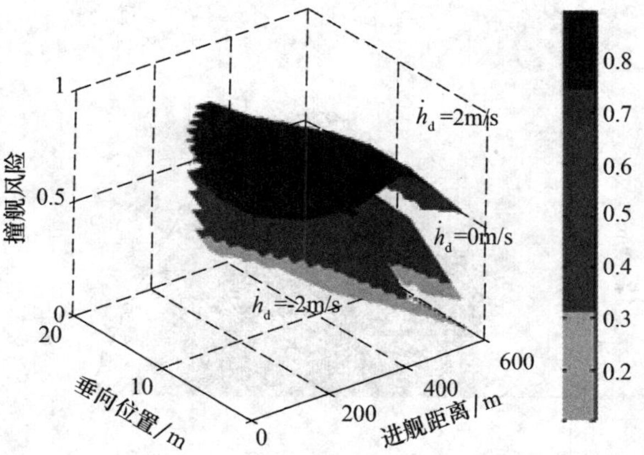

图 6.23　撞舰风险三维曲面

由图 6.22 和图 6.23 可知，复飞风险随距舰距离和垂向高度减小而增大的结论又一次得到验证，同时观测不同干扰下沉率条件下的复飞剩余距离曲面和风险曲面可知，随干扰下沉率 $\dot{h}_d$ 的增大，复飞剩余距离曲面降低，撞舰风险量度曲面升高，这是由于相同的复飞操作时间，$\dot{h}_d$ 越大，其下沉率降为零所需的高度损失也越大，当舰载机接近舰尾平面时，剩余距离也就随之变小，易造成舰尾撞击，产生较大的复飞风险。

图 6.24 和图 6.25 分别为干扰下沉率 $\dot{h}_d = -2$ m/s 和 $\dot{h}_d = 2$ m/s 时复飞风险区域分布图。从复飞风险区域分布图我们明显可以看出，$\dot{h}_d = 2$ m/s 时复飞风险区域距舰距离范围为 0 ~ 486 m，明显大于 $\dot{h}_d = -2$ m/s 时的复飞风险区域 0 ~ 289 m，这与前文分析得到的随干扰下沉率的增加，复飞风险也增大的结论是相符的。

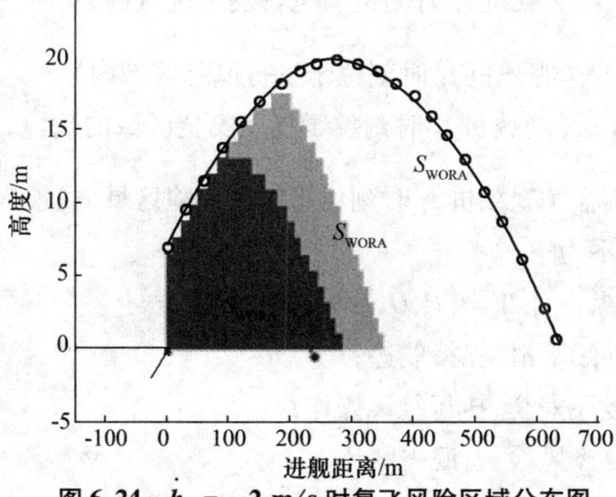

图 6.24　$\dot{h}_d = -2$ m/s 时复飞风险区域分布图

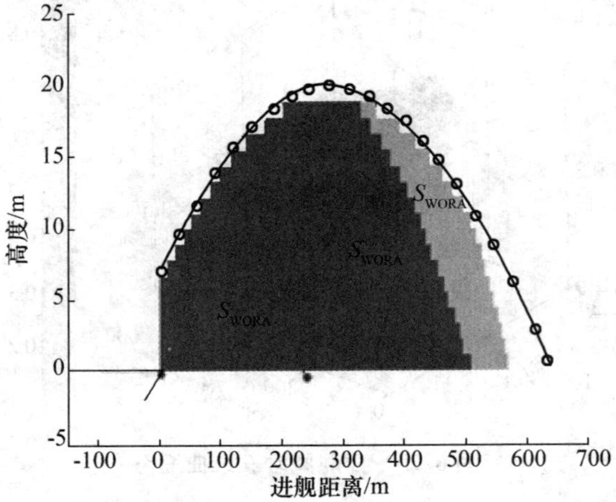

图 6.25 $\dot{h}_d = 2$ m/s 时复飞风险区域分布图

5. 复飞决策方法

舰载机复飞决策是一个系统的、多因素思考的决策过程,因为 LSO 需要同时考虑舰载机着舰安全和复飞安全两个安全指标,通常 LSO 都是在优先保证舰载机着舰的前提下兼顾复飞风险的变化,称为"着舰最大化"控制;LSO 同样需要对舰载机复飞安全负责,避免事故发生,称为"安全最大化"控制,合理协调两种控制方式,才能准确下达复飞决策,保证着舰安全。

(1)复飞决策时机

设舰载机 t_k 时刻纵向空间位置集合 $T = \{A, \bar{A}, B, \bar{B}\}$,其中

$A:(x_k, z_k) \in S_{FSA}$(舰载机 t_k 时刻位于飞行安全区域内);

$\bar{A}:(x_k, z_k) \in S_{FRA}$(舰载机 t_k 时刻位于飞行风险区域内);

$B:(x_k, z_k) \in S_{WOSA}$(舰载机 t_k 时刻位于复飞安全区域内);

$\bar{B}:(x_k, z_k) \in S_{WORA}$(舰载机 t_k 时刻位于复飞风险区域内)。

部分集合元素的交不为空。

舰载机机动操纵集合 $W = \{P, Q, R\}$,其中:

P:着舰安全,继续下滑,保持航迹;

Q:着舰风险,复飞安全,执行复飞操作;

R:着舰风险,复飞风险,着舰失败。

依据舰载机的实际操作,我们可以得到空间位置集合到机动操纵集合的映射

关系 $T \times T = W$：

$$\begin{array}{l} \text{if } (A, B) \text{ then } P \\ \text{if } (A, \bar{B}) \text{ then } P \\ \text{if } (\bar{A}, B) \text{ then } Q \\ \text{if } (\bar{A}, \bar{B}) \text{ then } R \end{array} \tag{6-22}$$

舰载机下滑过程中，从“着舰最大化”控制思想出发，安全着舰是最终目标，位于飞行安全区内的航迹应当予以保持，而对于飞行风险区内的航迹才应考虑是否决策复飞。同时，从“安全最大化”控制思想出发，当舰载机同时位于飞行风险区域和复飞风险区域，面临多重风险，不仅无法安全着舰，同时也不能安全复飞，将会造成严重的着舰事故。为了解决“着舰最大化”和“安全最大化”之间的矛盾，我们设定当舰载机位于飞行风险区域内，其进入复飞风险区域的时刻是 LSO 下达复飞指令的最后时机，基于此，定义复飞决策时刻的概念。

（2）复飞决策时刻的概念

定义 6.4（复飞决策时刻）　舰载机进舰下滑过程中，如果其空间位置位于飞行风险区域内，其进入复飞风险区域的时刻称为复飞决策时刻，此时舰载机的飞行位置称为复飞决策临界位置。

LSO 在舰载机到达此次飞行机动复飞决策临界位置时下达复飞指令，这种复飞决策制定方法既可以最大限度地保证舰载机着舰的可能，又可以避免复飞风险的发生。

6. 复飞风险评估及决策实例分析

设舰载机的下沉率为 8 m/s，使得舰载机在着舰过程中会快速下落，并且此时还设有高于下滑道 3 m 的纵向偏差，在该工况下人工着舰时，舰载机的飞行曲线与风险度变化曲线如图 6.26 所示。

在该种工况下，舰载机下沉的较快并且迅速偏离了着舰标准下滑道，当舰载机进舰距离较远时，其风险度维持在很小的程度，基本处于不会发生撞舰的风险值，可视为安全区域范围之内。当进舰距离不断减小时，其风险度快速增加，在此区域才是本书风险模型重点考察的区域，也是舰载机复飞决策集中的位置处。

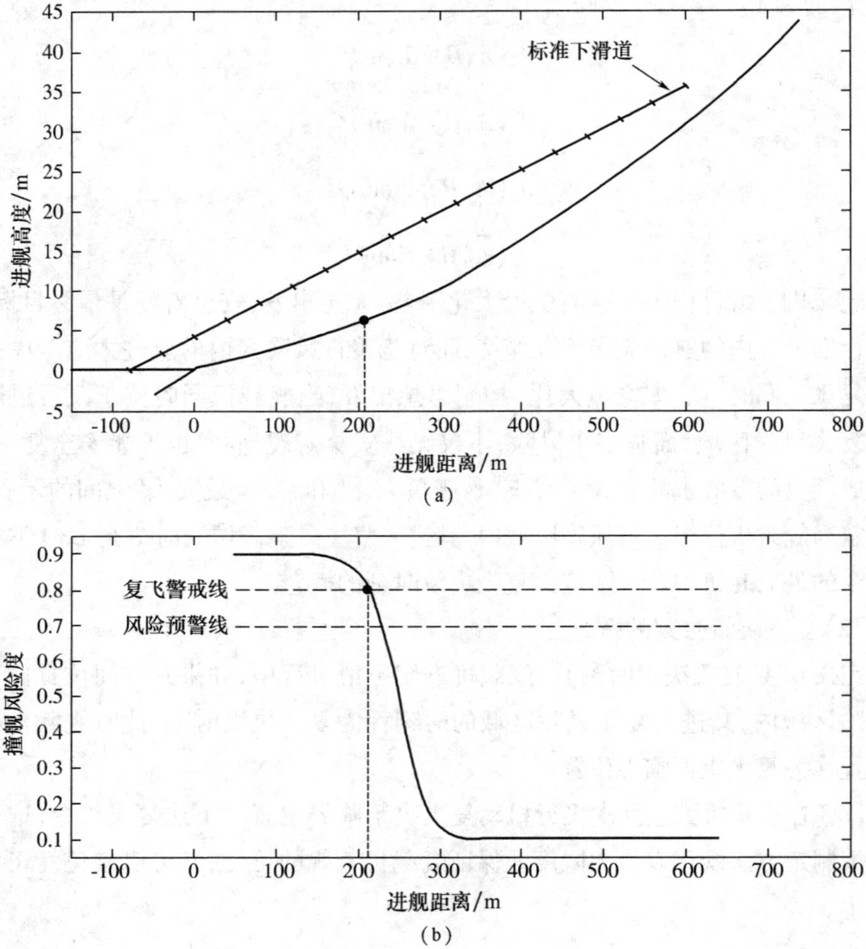

图 6.26　舰载机飞行曲线与风险度变化曲线

(a)舰载机飞行曲线;(b)风险度变化曲线

从图 6.26 中可以看出,风险度数值在距舰尾 200 m 左右处,其风险数值迅速上升,并且超过了本模型设定的复飞警戒线的高度,这说明当前舰载机存在着较为严重的撞舰风险,如若继续着舰则对于舰载机的着舰安全性有着严重的影响。我们从舰载机的飞行曲线可以看出,在该工况下进舰段处,即使对偏差做出了相应的着舰调整,如图 6.26(a)中飞机曲线下沉开始变得缓慢,但是最终舰载机还是没能顺利安全地着舰。因而,在达到复飞警戒线时,舰载机应该立即拉起复飞以规避其撞击舰尾的风险,并且重新调整着舰。

风险模型还设定了风险预警线,即图 6.26(b)中风险数值为 0.7 的预警线。当舰载机超过预警线时,可以提示飞行员当前飞机的状态快要接近复飞警戒线了，一方面提示其做好复飞操作的准备，另一方面也可以使其做出相应的操作来调整舰载机的当前状态，以使舰载机能够更加安全顺利地完成着舰任务。

基于本书建立的风险评估模型，我们还可以将其应用于舰载机引导着舰过程中的复飞决策问题上。根据风险判断的标准，我们得到该飞行过程中在距舰尾 212 m 处其风险数值达到了 0.8，即本书设定的风险警戒线，这时对于舰载机的着舰是非常危险的，为了规避该风险对舰载机的影响，考虑其着舰的安全性，因而可在这点的位置上进行复飞决策，以使舰载机迅速拉起复飞，以避免继续进行着舰操作而造成的风险。

因而，仍以该种工况下进行舰载机着舰仿真操作，当飞机的风险值达到复飞预警线时，迅速对其进行拉起复飞操作，舰载机将会先下沉一段以使下沉率降至为 0，然后纵向下沉速度方向变为向上，飞机拉起后飞行，重现升高后再一次调整状态进行着舰操作，该过程的飞行轨迹如图 6.27 所示。我们可以看出，按照本书设定的复飞预警线进行复飞操作能够有效地避免着舰过程中出现的撞舰风险。如图 6.27 所示，在复飞警戒点处如若继续进行着舰，舰载机将撞击舰尾，发生事故，而若在此点拉起复飞则可以规避该风险，有效防止事故的发生。

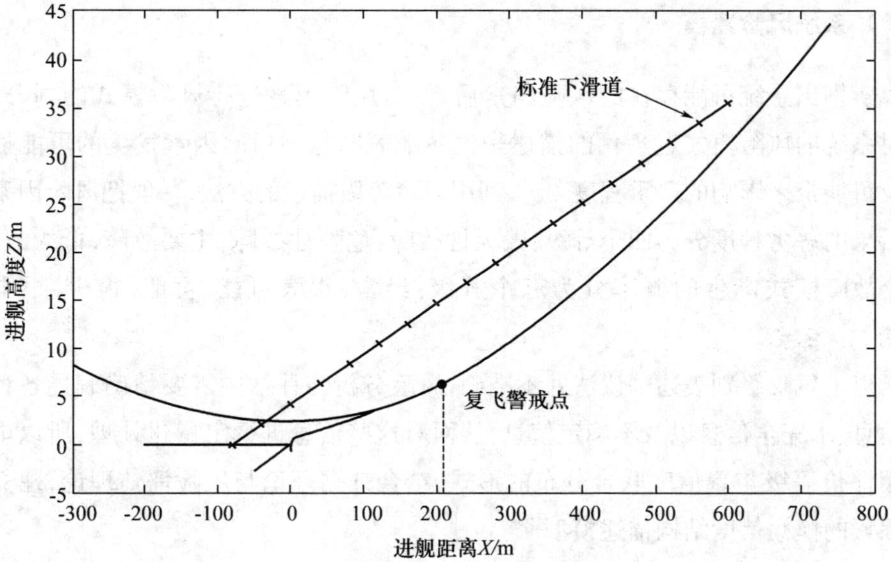

图 6.27　舰载机下滑曲线与拉起复飞曲线

6.2 基于模糊证据推理的舰载机起降安全性评估指标预测评估方法

目前,模糊证据推理在航天领域的风险评估中应用较广泛的是概率风险分析技术。证据推理方法以概率推理作为分析与评价的方法,并且在概率理论的基础上采用概率作为不确定性描述手段。舰载机系统极为复杂,且起降过程中可能存在的风险因素较多,因此,为了分析多个风险因素同时存在时的评估问题,需要对大量的风险信息进行风险评价,而传统的概率理论在该方面缺乏优势,模糊证据推理可以解决该问题。

这里以舰载机引导着舰过程的风险评估为例给出模糊证据推理方法。这种方法对各种风险因素(安全指标和风险因素)进行实时风险排序,得到目前影响安全性的最大风险因素,以便飞行员和指挥员及时修正。

6.2.1 基于模糊证据推理论的风险评估理论

1. 系统风险建模

辨别出系统可能存在的风险因素后,要对风险因素进行风险模式的划分,通过对系统的风险模式定量化的描述来清楚地表明每种风险因素发生的可能性大小及可能带来影响的严重程度[92]。利用风险等级描述的方法,一般把风险因素产生后果的恶劣程度分为四个等级:毁灭性故障,危险性故障,主要故障,低级故障;各个故障模式产生的概率分为五个等级:经常,很大可能,可能,很少,根本不可能[92]。

以上风险级别表述的说法并不准确,风险分析与评估中需要精确表述各种模糊信息、不完全信息以及不确定信息,从而对这些信息进行定量化处理,所以本书采用评价等级与置信度联合分布的形式,结合证据理论与风险评估理论,建立风险因素的模糊信度结构描述模型[93]。

模糊集作为一个集合,其定义没有统一的、精确的界限。一个模糊集所包含的元素是可以不完全属于这个模糊集的,模糊集是由其隶属函数表示的。隶属函数是一条曲线,曲线上的每一点都代表一个隶属度,通常由 μ 表示,它的值必须在 0 ~ 1 变化。模糊集和隶属函数之间的关系如下:

设 U 是论域,μ_A 是将任意 $u \in U$ 映射到[0,1]上的某个值的函数,即 $\mu_A: U \to$

$[0,1]$，$u \to \mu_A(u)$。则 μ_A 称为规定在 U 上的隶属函数。

设 $A=\{\mu_A(u)\mid u\in U\}$，则称 A 为 U 上的模糊集。

$\mu_A(u)$ 称为 u 对 A 的隶属度。

假设一个风险因素 R 的风险评价等级数为 N，该风险因素对应的隶属度函数已给出，那么其风险评价等级为 $FH=\{FH_1,FH_2,\cdots,FH_n,\cdots,FH_N\}$，每个等级 FH_n 用三角模糊数或梯形模糊数描述。

假定只有两个相邻的风险评价等级才有交集，$FH_{n,n+1}$ 表示 FH_n 与 FH_{n+1} 的相交的部分，则风险评价等级描述如图 6.28 所示。

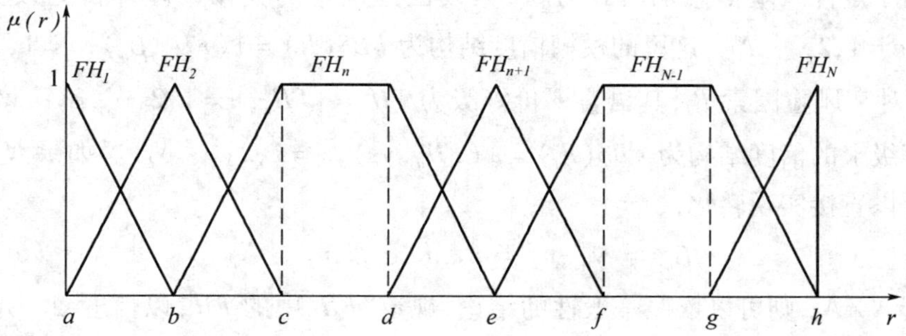

图 6.28　模糊风险评价等级

在对系统的模糊与不精确信息建模之前规定如下：

(1) FH_n 为模糊评估等级；

(2) N 为所有语言评价等级的个数；

(3) β_n 为在模糊等级 FH_n 上的置信度，且满足 $\beta_n \geqslant 0$，$\sum_{n=1}^{N}\beta_n \leqslant 1$。

在此基础上联系信度结构数学建模的知识，可将模糊信度结构 FBS 表述为

$$FBS(R)=\{(FH_n,\beta_n),n=1,2,\cdots,N\}$$

这一模型表示将风险因素 R 以 β_n 的可信度分配到风险评价等级 FH_n 上。FBS 模型里的 FH_n 实现了对模糊系统数学模型的构建，β_n 则是对不精确信息的说明，如果 $\sum_{n=1}^{N}\beta_n=1$，说明不精确信息是完全的；如果 $\sum_{n=1}^{N}\beta_n<1$，则说明不精确信息是不完全的；特殊情况 $\sum_{n=1}^{N}\beta_n=0$，表示对信息是完全无知的。

在了解了证据理论、组合规则，完成了系统风险因素的识别，以及对模糊的、不确定的系统风险建模之后，我们总结出了使用模糊证据推理的风险评估的算法流程：首先使用数据预处理的方法完成对每一风险因素的各风险模式的模糊信度

结构模型的建立,然后使用证据理论和风险评估理论相结合的方法对风险模式进行风险值的计算,最后采用加权排序的方法完成对各个风险因素严重程度的排序,并对风险评价结果进行分析。

2. 数据预处理

(1)定性信息预处理

分别对定性数据和定量数据进行处理,把各种风险模式数据转换到规定的模糊信度模型框架。

对于定性风险信息的转换方法,假设已经确定的模糊风险评价等级 $FH=\{FH_n,n=1,2,\cdots,N\}$,这里的模糊信度结构为 $FBS(R)=\{(FH_n,\beta_n),n=1,2,\cdots,N\}$;则对某风险因素 R_l,其语言评价等级为 $FH^l=\{FH_n^l,n=1,2,\cdots,N_l\}$,该语言评价等级上的信度结构为 $FBS(R_l)=\{(FH_n^l,\gamma_n),n=1,2,\cdots,N_l\}$。如果 $N=N_l$,那么可以直接实现转化:

$$\beta_{n_1}=\gamma_{n_2},n_1=n_2,n_1\in N,n_2\in N_l \tag{6-23}$$

若 $N\neq N_l$,则可以依照一般性的结论,规定“FH^l 中的 FH_n^l 以信度 $\alpha_{n_1,n_2}(n_1\in N,n_2\in N_l)$ 等价于 FH 中的 FH_n”,其表述形式如下:

$$FH_{n_2}^l\Leftrightarrow\{(FH_{n_1},\alpha_{n_1,n_2}),n_1\in N,n_2\in N_1\} \tag{6-24}$$

这里 $0\leqslant\alpha_{n_1,n_2}\leqslant 1,\sum_{n_1=1}^{N}\alpha_{n_1,n_2}=1$。用矩阵的形式可将上述算法表示为

$$\boldsymbol{B}=\begin{bmatrix}\beta_1\\\beta_2\\\vdots\\\beta_N\end{bmatrix}=\boldsymbol{A}\times\boldsymbol{\Lambda}=\begin{array}{c}\\FH_1\\FH_2\\\vdots\\FH_N\end{array}\begin{array}{c}\begin{array}{cccc}FH_1 & FH_2 & \cdots & FH_{N_i}\end{array}\\\begin{bmatrix}\alpha_{1,1} & \alpha_{1,2} & \cdots & \alpha_{1,N_l}\\\alpha_{2,1} & \alpha_{2,2} & \cdots & \alpha_{2,N_l}\\\vdots & \vdots & & \vdots\\\alpha_{N,1} & \alpha_{N,2} & \cdots & \alpha_{N,N_l}\end{bmatrix}\end{array}\times\begin{bmatrix}\gamma_1\\\gamma_2\\\vdots\\\gamma_{N_l}\end{bmatrix} \tag{6-25}$$

(2)定量数据预处理

对于的定量数据,也假设其风险评价等级为 $\{FH_n,n=1,2,\cdots,N\}$,模糊信度结构表示为 $\{(FH_n,\beta_n),n=1,2,\cdots,N\}$。假如某风险因素 R_l 的风险值为 $r_l=I(R_l)$,其落在模糊风险等级 FH_n 与 FH_{n+1} 上的隶属度分布分别为 μ_{FH_n} 和 $\mu_{FH_{n+1}}$,如图 6.29 所示。

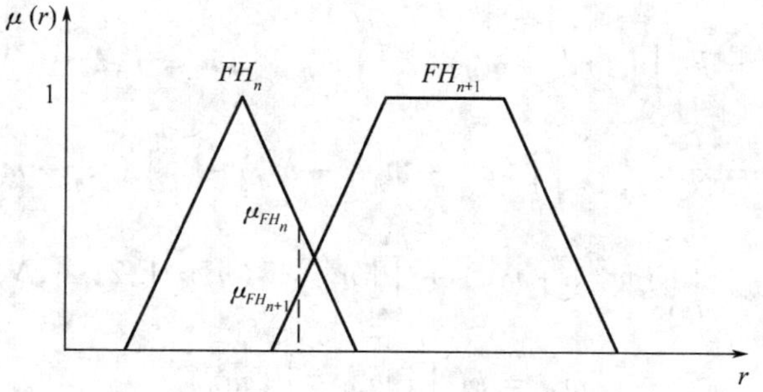

图 6.29　定量风险数据预理

归一化处理 μ_{FH_n} 和 $\mu_{FH_{n+1}}$ 得到 R_l 的信度模型 $FBS_l=\{(FH_n,\beta_n)\}$，其中 β_n 可由(6－26)求得。

$$\beta_n=\frac{\mu_{FH_n}}{\mu_{FH_n}+\mu_{FH_{n+1}}} \tag{6-26}$$

3. 模糊证据推理算法

建立了系统各风险因素信度结构模型后，要对系统每一风险因素的各风险模式进行风险估计。假设通过风险识别，被风险因素 S 涉及 L 个风险模式 $R_l(l=1,2,\cdots,L)$，每个风险模式 R_l 的 FBS 模型为 $FBS_l=\{(FH_n,\beta_n)\}$，其相对重要程度(即权重)为 ω_l，且 $\sum\limits_{l=1}^{L}\omega_l=1$，第一步需要求得各风险因素的 mass 数，首先给出如下定义：

m_n^l 表示风险模式 R_l 在评价等级 FH_n 上的可信度；

m_H^l 表示因为数据缺失而不能明确的风险值，其包括 $\bar{m}_H^l$ 和 $\tilde{m}_H^l$ 两部分，且

$$m_H^l=\bar{m}_H^l+\tilde{m}_H^l$$

$$m_n^l=\omega_l\beta_n^l\quad(n=1,2,\cdots,N;l=1,2,\cdots,L) \tag{6-27}$$

$$m_H^l=1-\sum_{n=1}^{N}m_n^l\quad(l=1,2,\cdots,L) \tag{6-28}$$

$$\bar{m}_H^l=1-\omega_l\quad(l=1,2,\cdots,L) \tag{6-29}$$

$$\tilde{m}_H^l=\omega_l\Big(1-\sum_{n=1}^{N}\beta_n^l\Big)\quad(l=1,2,\cdots,L) \tag{6-30}$$

对 L 个风险模式使用模糊证据推理方法做数据处理，得到被风险因素 S 的风

险评价结果 $FBS_s = \{(FH_n, \beta_n^S)\}$，具体算法如下：

$$m_n^S = k[\prod_{l=1}^{L}(m_n^l + m_H^l) - \prod_{l=1}^{L} m_H^l] \quad (n = 1,2,\cdots,N) \tag{6-31}$$

$$m_{n,n+1}^S = k\mu_{FH_{n,n+1}}^{\max}[\prod_{l=1}^{L}(m_n^l + m_{n+1}^l + m_H^l) - \prod_{l=1}^{L}(m_n^l + m_H^l) - \prod_{l=1}^{L}(m_{n+1}^l + m_H^l) + \prod_{l=1}^{L} m_H^l] \quad (n = 1,2,\cdots,N) \tag{6-32}$$

$$\tilde{m}_H^S = k(\prod_{l=1}^{L} m_H^l - \prod_{l=1}^{L} \bar{m}_H^l) \tag{6-33}$$

$$\bar{m}_H^S = k(\prod_{l=1}^{L} \bar{m}_H^l) \tag{6-34}$$

$$k = \{\sum_{n=1}^{N-1}(1 - \mu_{FH_{n,n+1}}^{\max})[\prod_{l=1}^{L}(m_n^l + m_H^l) - \prod_{l=1}^{L} m_H^l] + \sum_{n=1}^{N-1}\mu_{FH_{n,n+1}}^{\max}[\prod_{l=1}^{L}(m_n^l + m_{n+1}^l + m_H^l) - \prod_{l=1}^{L}(m_{n+1}^l + m_H^l) + \prod_{l=1}^{L}(m_N^l + m_H^l)]\}^{-1} \tag{6-35}$$

$$\beta_n^S = \frac{m_n^s}{1 - \bar{m}_H^S} \quad (n = 1,2,\cdots,N) \tag{6-36}$$

$$\beta_{n,n+1}^S = \frac{m_{n,n+1}^S}{1 - \bar{m}_H^S} \quad (n = 1,2,\cdots,N-1) \tag{6-37}$$

$$\beta_H^S = \frac{\tilde{m}_H^S}{1 - \bar{m}_H^S} \tag{6-38}$$

在此过程中，首先得到风险因素 S 的风险评估可信度 mass 数，m_n^S，$m_{n,n+1}^S$ 为风险评价等级相交部分 $FH_{n,n+1}$ 上的 mass 数；之后，得到风险因素 S 的风险评估结果，β_n^S 表示融合了 L 个风险模式的风险因素 S 在风险评价等级 FH_n 上的信度，$\beta_{n,n+1}^S$ 表示在两个风险评价等级相交部分 $FH_{n,n+1}$ 上的信度，β_H^S 表示无法确定的风险的信度，即总的不确定性置信度。

4. 模糊交集信度分配

为得出最后风险评估结果，需把上一步得出的两个相邻的风险评价等级相交的部分 $FH_{n,n+1}$ 上的信度 $\beta_{n,n+1}^S$ 转化到风险评价等级 FH 上。假设风险评价等级 FH_n，FH_{n+1} 及其交集 $FH_{n,n+1}$ 如图 6.30 所示，$FH_{n,n+1}$ 只与 FH_n 和 FH_{n+1} 有交集，而与其他评价等级没有交集，所以，$FH_{n,n+1}$ 可以一定的概率分配到 FH_n 和 FH_{n+1} 上。定义如下：

(1)如果 $FH_{n,n+1}$ 与 FH_n 完全重合,则全部分配到 FH_n 上;

(2)如果 $FH_{n,n+1}$ 和 FH_n 不完全重合,则它部分分配到 FH_n 上。

在此基础上,给出 $FH_{n,n+1}$ 上的可信度 $\beta^S_{n,n+1}$ 匹配到 FH_n 和 FH_{n+1} 上的信度和算法如下:

$$\tilde{\beta}^S_n = \frac{S_n + AF_n + S_{n,n+1}}{S_n + S_{n,n+1} + S_{n+1}} \tag{6-39}$$

$$\tilde{\beta}^S_{n+1} = \frac{S_{n+1} + AF_{n+1} + S_{n,n+1}}{S_n + S_{n,n+1} + S_{n+1}} \tag{6-40}$$

式中,S_n,S_{n+1},$S_{n,n+1}$,d_n,d_{n+1} 分别为交集的面积和距离,如图 6.30 所示。

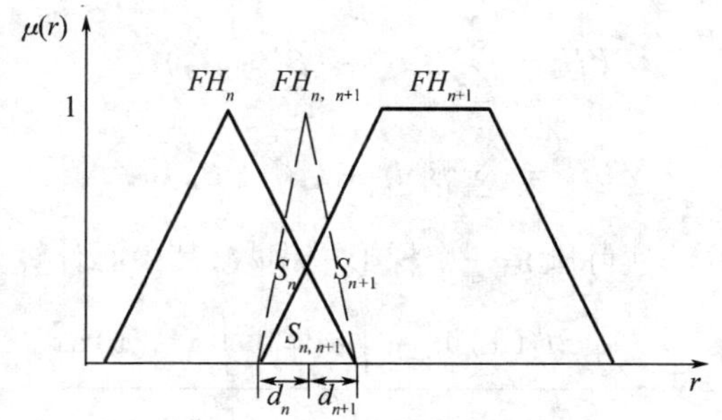

图 6.30　模糊交集信度分配

AF_n 和 AF_{n+1} 为信度匹配算子,其定义式为

$$AF_n = \frac{1}{2}\left[\left(1 - \frac{d_n}{d_n + d_{n+1}}\right) + \frac{S_n}{S_n + S_{n+1}}\right] \tag{6-41}$$

$$AF_{n+1} = \frac{1}{2}\left[\left(1 - \frac{d_{n+1}}{d_n + d_{n+1}}\right) + \frac{S_{n+1}}{S_n + S_{n+1}}\right] \tag{6-42}$$

可以证明,$AF_n + AF_{n+1} = 1$。如图 6.30 所示,如果 d_n,S_{n+1} 为 0,那么 $AF_n = 1$,$AF_{n+1} = 0$,则 $\beta^S_{n,n+1}$ 完全地分配到 FH_n 上;如果 d_{n+1},S_n 为 0,那么 $AF_n = 0$,$AF_{n+1} = 1$,则 $\beta^S_{n,n+1}$ 完全地分配到 FH_{n+1} 上;如果 $S_n > S_{n+1}$,$d_{n+1} > d_n$,那么 $\beta^S_{n,n+1}$ 分配到 FH_n 上的信度比分配到 FH_{n+1} 上的信度大。

5. 风险评价结果分析

完成利用模糊证据算法的风险评估后,需要详细地分析各个风险因素的最终风险评估结果,以便比较各风险因素发生的可能性大小,以及可能对系统产生影响的严重程度,因此,采用模糊数排序的方法对上述风险评估结果进行直观地排序，得出最后的风险分析结果。

某风险因素 S 的信度结构模型的结果为 $FBS^S = \{(FH_n, \beta_n^S), n = 1, 2, \cdots, N\}$，其信度满足 $\beta_n^S \geqslant 0$，$\sum_{n=1}^{N} \beta_n \leqslant 1$，$\beta_H^S = 1 - \sum_{n=1}^{N} \beta_n^S$。假设给模糊等级 FH_n 赋予风险指数 (a_n, b_n, c_n, d_n)，$a_n, b_n, c_n, d_n \in (0, 1)$，那么风险因素 S 的评价指数为 $(LB, PL, PU, UB)^S$，且

$$LB = \sum_{n=2}^{N} \beta_n^S a_n + (\beta_1^S + \beta_H^S) a_n \tag{6-43}$$

$$PL = \sum_{n=2}^{N} \beta_n^S b_n + (\beta_1^S + \beta_H^S) b_n \tag{6-44}$$

$$PU = \sum_{n=2}^{N} \beta_n^S c_n + (\beta_1^S + \beta_H^S) c_n \tag{6-45}$$

$$UB = \sum_{n=2}^{N} \beta_n^S d_n + (\beta_1^S + \beta_H^S) d_n \tag{6-46}$$

$(LB, PL, PU, UB)^S$ 实际上是一个梯形模糊数，其中心计算公式为

$$\bar{x} = \frac{\int_a^b x f_A^L(x)\,\mathrm{d}x + \int_e^d x\,\mathrm{d}x + \int_c^d x f_A^R(x)\,\mathrm{d}x}{\int_a^b f_A^L(x)\,\mathrm{d}x + \int_e^d \mathrm{d}x + \int_c^d f_A^R(x)\,\mathrm{d}x} \tag{6-47}$$

$$\bar{y} = \frac{\int_0^1 y[g_A^R(y) - g_A^L(y)]\,\mathrm{d}y}{\int_0^1 [g_A^R(y) - g_A^L(y)]\,\mathrm{d}y} \tag{6-48}$$

而对梯形模糊数 $(LB, PL, PU, UB)^S$ 来说，其中心坐标为

$$\bar{x} = \frac{1}{3}\left(LB + PL + PU + UB - \frac{UB \times PU - LB \times PL}{UB + PU - LB - PL}\right) \tag{6-49}$$

$$\bar{y} = \frac{1}{3}\left(1 + \frac{PU - PL}{UB + PU - LB - PL}\right) \tag{6-50}$$

由此计算模糊风险排序指数 D 为

$$D = \sqrt{\bar{x}^2 + \bar{y}^2} \tag{6-51}$$

根据 D 的大小，可以很容易地分析最终的风险评估结果，并对它们进行排序从而比较各个风险因素的严重程度。

6.2.2 舰载机安全着舰风险评估方法

舰载机着舰风险因素的分析与评估是制定风险应对措施、辅助着舰指挥官做出安全的风险决策极为关键的部分。当系统只存在一种风险因素时，传统的方法

很容易针对该风险因素做出决策。然而当多种风险因素同时存在时,传统的方法很难选择出该对哪种风险因素进行决策。本书基于模糊证据推理算法,在传统方法的基础上,可以在多种风险因素同时存在时评价出在着舰过程中对系统安全性影响最为严重的风险因素。其通过对不确定的风险因素进行定量化处理,使用模糊信度结构这一数据模型,描述可信度不确定信息与模糊风险等级信息,再通过风险模式的划分及风险值的估计,得到各个风险因素的风险排序指数,之后对模糊风险排序指数进行加权排序,得出最终的风险评估结果并进行分析。

1. 舰载机纵向着舰风险识别

舰载机在着舰过程中,其纵向回路的参考信息主要包括飞机高度偏差 Δh,速度偏差 Δu,加速度 u',下沉率偏差 ΔV_z,俯仰角偏差 $\Delta\theta$ 和距舰距离 R,各个影响因素的含义见表6.4。

表6.4　舰载机纵向着舰风险影响因素含义

影响因素	含　义	影响因素	含　义
$\Delta h>0$	下滑位置偏高,高度存在正偏差	$\Delta h<0$	下滑位置偏低,高度存在负偏差
$\Delta u>0$	速度偏大,飞行速度存在正偏差	$\Delta u<0$	速度偏小,飞行速度存在负偏差
$u'>0$	速度增加,飞行速度正在增加	$u'<0$	速度下降,飞行速度正在下降
$\Delta V_z>0$	下沉率偏大,下沉速度与理想值存在正偏差	$\Delta V_z<0$	下沉率偏小,下沉速度与理想值存在负偏差
$\Delta\theta>0$	俯仰角偏大,俯仰角与理想值存在正偏差	$\Delta\theta<0$	俯仰角偏小,俯仰角与理想值存在负偏差

由此可知,基于纵向回路的舰载机的着舰过程主要存在五种风险因素,分别为高度偏差、速度偏差、加速度、下沉率偏差和俯仰角偏差。同时,结合实际经验和影响因素的含义可对五种风险影响因素进行模式划分,划分结果见表6.5。

表 6.5　风险影响因素的模式划分

风险种类	风险模式	风险权重
高度偏差 Δh	舰载机下滑位置低 $\Delta h<0$	0.7
	舰载机下滑位置高 $\Delta h>0$	0.3
下沉率偏差 ΔV_z	下沉率偏小 $\Delta V_z<0$	0.3
	下沉率偏大 $\Delta V_z>0$	0.7
加速度 u'	速度下降 $u'<0$	1
速度偏差 Δu	速度偏小 $\Delta u<0$	0.8
	速度偏大 $\Delta u>0$	0.2
俯仰角偏差 $\Delta\theta$	俯仰角偏大 $\Delta\theta>0$	0.9
	俯仰角偏小 $\Delta\theta<0$	0.1

其中,风险权重表示各个风险因素的风险模式对系统影响的重要程度,是结合专家经验和以下原则确定的:

(1)由于舰尾阶段是事故多发阶段,所以 1 200 m 以后危险因素更大;

(2)舰载机低于下滑道比高于下滑道更危险。

2. 风险值估计

(1)风险值的确定

根据舰载机的进舰过程中着舰距离的阶段划分,再结合专家经验,得到的各偏差的风险边界范围见表 6.6。

表 6.6　风险边界范围

风险因素	风险模式	边界范围
高度偏差 Δh	舰载机下滑位置低 $\Delta h<0$	$\Delta h\leqslant -R/300$
	舰载机下滑位置高 $\Delta h>0$	$\Delta h\geqslant R/75$
下沉率偏差 ΔV_z	下沉率偏小 $\Delta V_z<0$	$\Delta V_z< -R/150$
	下沉率偏大 $\Delta V_z>0$	$\Delta V_z\geqslant R/300$
加速度 u'	速度下降 $u'<0$	$u'\leqslant -3$
速度偏差 Δu	速度偏小 $\Delta u<0$	$\Delta u\leqslant -5$
	速度偏大 $\Delta u>0$	$\Delta u>15$

表 6.6(续)

风险因素	风险模式	边界范围
俯仰角偏差 $\Delta\theta$	俯仰角偏大 $\Delta\theta>0$	$\Delta\theta\geqslant 0.052$ rad $\approx(2.98°)$
	俯仰角偏小 $\Delta\theta<0$	$\Delta\theta\leqslant -0.052$ rad $\approx(-2.98°)$

根据风险边界范围,利用线性模糊等级划分的方法,做出风险值随风险边界范围变化的动态曲线,从而确定每一时刻、每种风险因素的风险模式的具体的风险值。下面以高度偏差为例,给出风险值的详细求解过程,其流程图如图 6.31 所示。

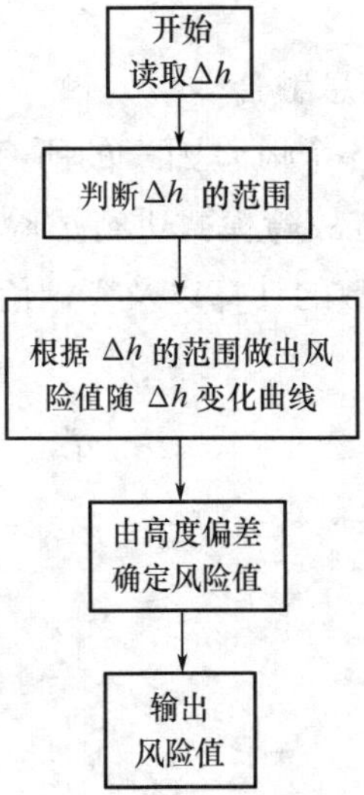

图 6.31　求解风险值的流程图

(2)数据预处理,转化为风险信度结构模型

得到每一时刻每种风险因素的故障模式对应的风险值后,首先建立模糊风险评价等级模型,把舰载机系统的风险分成五个风险等级:

$$\{FH_1,FH_2,\cdots,FH_n,\cdots,FH_N\}=\{\text{严重},\text{高度},\text{中等},\text{较低},\text{很低}\}$$

其评价等级分布如图 6.32 所示,水平方向为风险值,垂直方向为隶属度。

由风险值和隶属度的关系,利用风险评价等级的分布,可求出所有风险因素的所有故障模式所对应的模糊信度结构,即

$$FBS=\{(FH_1,\beta_1),(FH_2,\beta_2),(FH_3,\beta_3),(FH_4,\beta_4),(FH_5,\beta_5)\}。$$

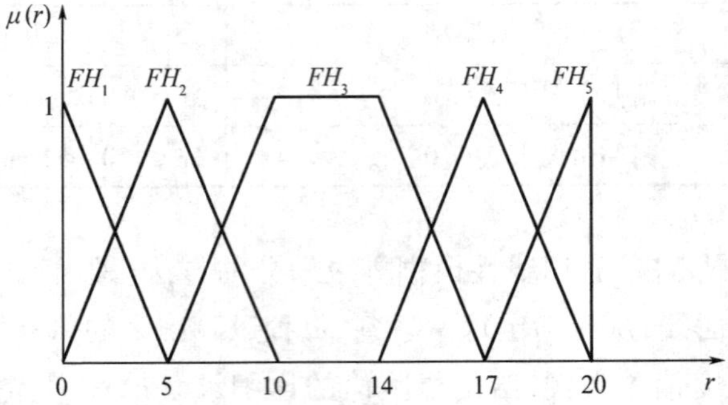

图 6.32 模糊风险评价等级

(3)计算 mass 函数,风险信息融合

得到模糊信度结构后计算各个风险因素的所有故障模式的基本可信度 mass 数,之后对各个风险因素的所有故障模式进行风险信息融合,得到每个风险因素所对应的风险信度模型。mass 数的计算以及模糊信度的求解如图 6.33 和图 6.34 所示。

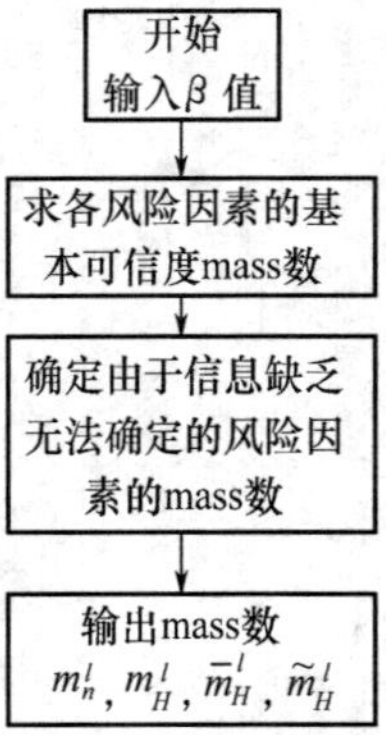

图 6.33 mass 数的计算

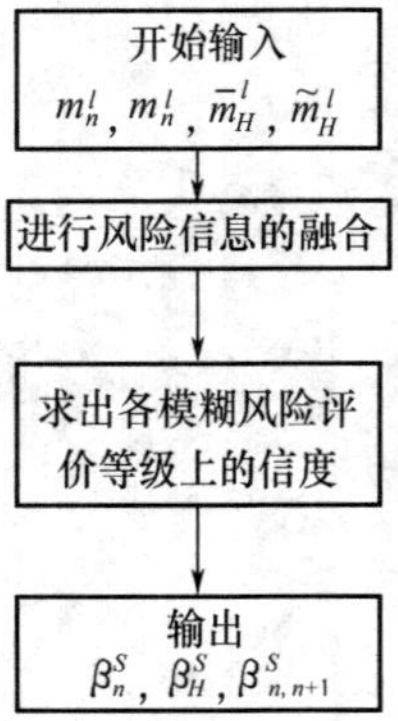

图 6.34 模糊信度的求解

(4)模糊交集信度分配

在上述风险信息融合的过程中,不仅求出了综合各个故障模式后的风险因素的模糊风险评价等级 FH_n 上的信度 β_n^S,也根据确定性及不确定性风险因素的 mass 数求出了模糊风险等级交集 $FH_{n,n+1}$ 上的信度 $\beta_{n,n+1}^S$,所以要根据模糊风险评价等级把 $\beta_{n,n+1}^S$ 等价地转化到模糊风险等级 FH_n 上。

(5)模糊数排序

根据每种风险因素的模糊证据推理结果利用梯形模糊数排序法得到每种风

险因素的模糊风险排序指数 D,可以方便地比较各个风险因素的风险严重程度,并对它们进行排序。以高度偏差为例的模糊风险排序指数 D 求解的流程图如图 6.35所示:

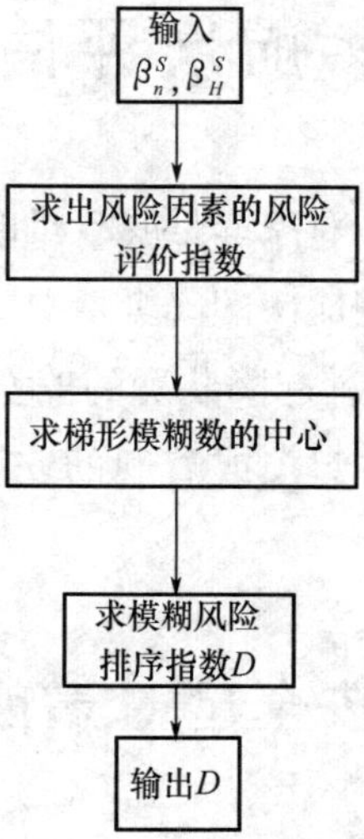

图 6.35　模糊风险排序指数 D 的求解

第7章　航母舰载机安全起飞、着舰多航次评估方法

本书第4章至第6章的评估对象都是舰载机的一个起飞或着舰航次，这些评估结果只能代表一个起飞或着舰航次的安全情况。若要评估航母/舰载机起降系统的安全性（或航母、舰载机、特种起降装置的安全适配性）、考核飞行员、指挥员的技能，则需评估舰载机多航次起飞或着舰的安全性。本章讨论舰载机安全起飞、着舰的多航次评估方法。

7.1　舰载机安全起飞、着舰多航次评估

舰载机安全起飞、着舰的多航次评估（后文简称多航次评估）是指统计舰载机的多航次起飞、着舰飞行数据，分析多航次数据的统计规律，利用统计规律评估系统的安全性。此外，将单航次数据曲线与多个满意航次绘制的数据曲线包络进行比较可实现单航次飞行的评估。

根据指标是否随时间/空间位置变化可将多航次统计评估指标分为结果指标和过程指标两类。其中，结果指标不随时间/空间位置变化，一个飞行航次只有一个指标取值，它是反映是否安全起飞、着舰的重要指标。以全自动着舰过程为例，其多航次评估结果指标包括落点纵向偏差、落点横向偏差、落点下沉率、落点俯仰角、落点滚转角、落点偏航角、舰尾净高、挂索编号；过程指标是随时间/空间位置变化的，一个航次的过程指标应当是一个时间序列，它反映了舰载机起飞、着舰过程的安全性趋势，以全自动着舰过程为例，其多航次评估过程指标包括平飞阶段、下滑阶段和进入阶段的横向、纵向偏差、下沉率、俯仰、滚转、偏航、迎角。过程指标对结果指标反映的最终绩效有重要影响，或者说是一个主要参数。过程指标和结果指标有着明显的动态关系，任何一个良好的指标系统都应该寻求两种指标之间的适当平衡，单靠一个都是不充分的。过程指标提供一种预测能力，它告诉你着舰过程是如何进行的，过程指标与结果指标的结合分析有助于发现系统的运行隐患，为系统的修正提供方向。同时，过程指标也提供了一种在必要时进行干预的机会，使着舰过程向预期的方向进行。实际上，复飞决策过程就是一种过程评

价并进行干预以避免舰尾事故的行为。

7.2 结果指标统计评估方法

7.2.1 结果指标统计规律的测度表征

多航次评估结果指标统计规律的测度表征包含分布的集中趋势和分布的离散程度两个方面。

1. 分布的集中趋势表征

集中趋势是指一组数据向某一中心值靠拢的倾向,测度集中趋势也就是要寻找数据一般水平的代表值或中心情况。分布集中趋势的测度包含:

(1)平均值

去离点之后的平均数(截尾均值)。

(2)众数

出现最频繁的数。

(3)中位数

数据按照升序排列时中间的数(当数据个数为偶数个时取中间两个数的平均值)。

如图7.1所示,平均值、众数、中位数在数据概率密度曲线上的分布决定了数据向中心靠拢的倾向。

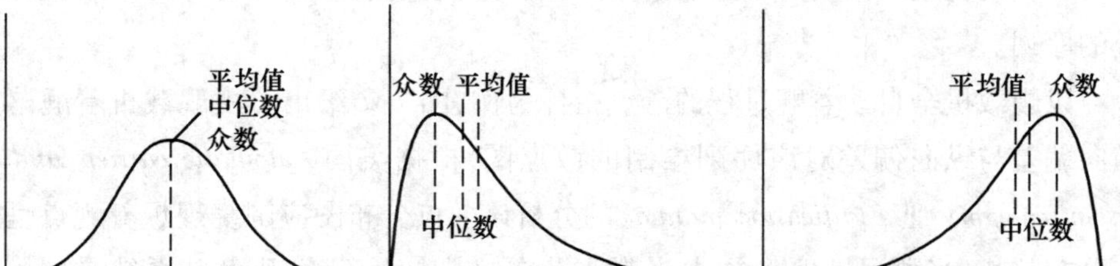

图7.1 分布的集中趋势

(a)对称数据;(b)正倾斜数据;(c)负倾斜数据

以舰载机全自动着舰过程为例,美国 *Automatic carrier landing system category* Ⅲ *certification manual* 指出各机型的AN/SPN 42全自动着舰系统验证数据的平均

值、众数、中位数在数值上仅相差3%~4%，说明全自动着舰的统计数据应具有中心内对称性。若数据统计结果不具有对称性，则系统受到模型不良因素的影响，需分析原因。

2. 分布的离散程度表征

离散程度是指变量值原理中心值的趋势，也称离散趋势。分布的离散程度的测度包含：

(1)方差

$$\sigma^2 = \frac{1}{N}\sum_{i=1}^{N}(x_i - \bar{x})^2$$

(2)标准差

标准差 σ 是方差的平方根。标准差表征了关于均值的发散，一个观测值一般不会远离均值超过标准差的3倍。

7.2.2 结果指标统计规律的图形表征

多航次评估结果指标的统计规律也可用图形表征，主要图形表征形式包含散点图、箱线图、直方图、航次统计图等。

1. 散点图

散点图将一组序列显示为一组点，序列值由图中的位置表示。散点图表征了序列变量的大致趋势。对于舰载机安全起飞、着舰结果指标评估而言，散点图序列可以是两种结果指标的对应关系序列，也可是着舰航次编号与一种结果指标组成的序列。

以舰载机全自动着舰过程的落点指标为例，图7.2给出了由舰载机着舰落点横向偏差与纵向偏差对应序列绘制的散点图，根据美国 *Automatic carrier landing system category* Ⅲ *certification manual* 的分析该散点分布图应围绕理想着舰点呈正态分布趋势，当数据量足够多时，若散点分布趋势与此不符，则意味系统受到模型不良因素的影响，需分析原因。

2. 箱线图

箱线图是一种分布的直观表示，它用数据中的最小值、第一四分数、中位数、第三四分位数和数据最大值来反映数据分布的总心位置和散布范围。将多组数据的箱线图画在统一坐标上可以清晰地显示各种数据的分布差异，为发现问题、

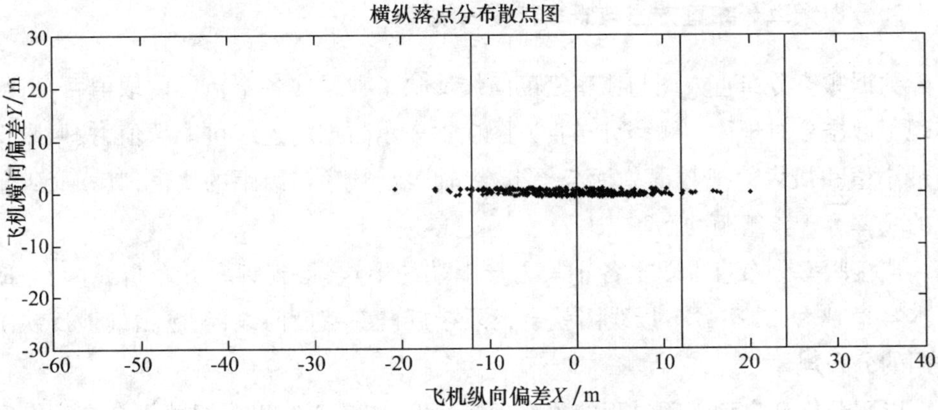

图 7.2　舰载机着舰仿真落点偏差散点图

改进系统提供线索。图 7.3 为舰载机着舰仿真下滑道偏差箱线图，图 7.3 中盒子的中线表示数据的中位数（即数据中有一半的数大于中位数，另一半小于中位数），盒子的上、下边分别代表上、下四分数（数据中有四分之一的数小于下四分数、有四分之一的数大于上四分数），盒子两端的线段表明盒子外面点的分布情况，红色“+”代表群离点或极端值（距离四分位数大于 1.5 倍盒子长度的数值点为群离点，超出盒子长度三倍的倍为极端值）。

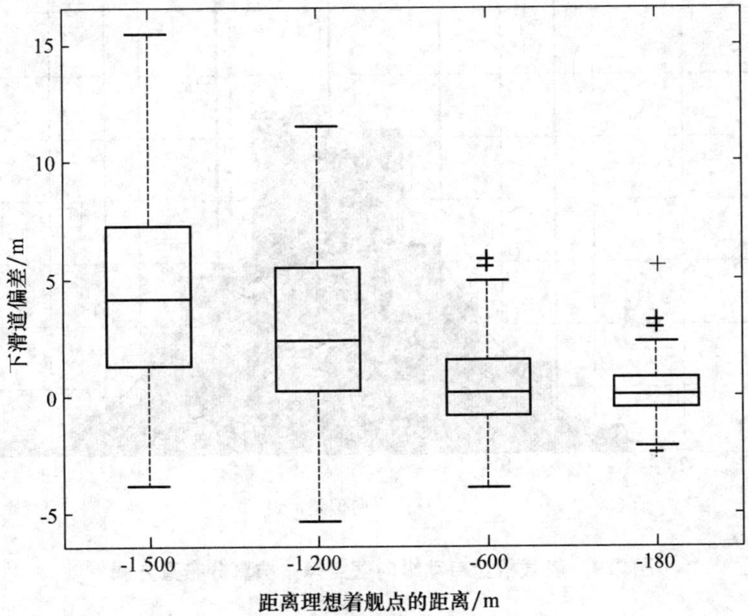

图 7.3　舰载机着舰仿真下滑道偏差箱线图

3. 数据频率分布直方图与概率密度曲线

数据频率分布直方图与概率密度曲线反映了数据在各个范围内取值百分比，体现了数据分布规律。频率分布直方图横轴表示数据的连续可取数值，按照数据的最小值和最大值把数据分为若干组，纵轴表示频率与组距的比值，其相应组距上的频率等于该组距的面积。

连接频率分布直方图中各小长方形上端的中点，得到频率分布折线图，一般样本容量越大，频率分布折线图就会无限接近概率密度曲线，就越精确地反映了数据的分布规律。

以舰载机全自动着舰过程的落点指标为例，图 7. 4 给出了舰载机全自动纵向落点偏差的仿真分布直方图。美国 *Automatic carrier landing system category* Ⅲ *certification manual* 指出各机型的 AN/SPN 42 全自动着舰系统验证数据的落点偏差概率与正态分布没有明显差别。因此，图 7. 4 将数据的数据频率分布直方图与根据数据的均值和标准差画出的正态分布概率密度曲线进行对比，在数据量足够的情况下，若纵向落点的频率分布直方图与正态分布概率密度曲线不一致，则意味系统受到不良因素的影响，需分析原因。

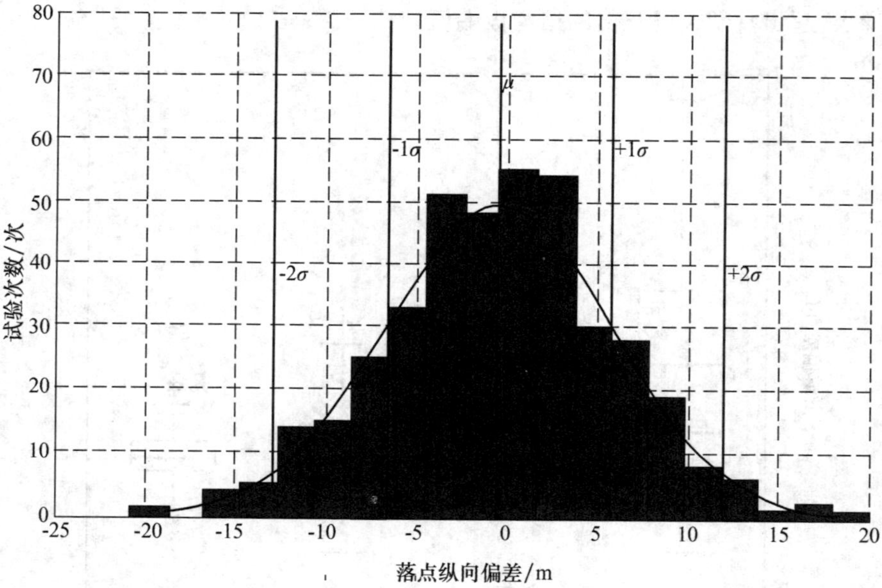

图 7. 4　舰载机全自动纵向落点偏差仿真分布直方图

4. 航次统计图

航次统计图用于查找问题数据对应的航次，航迹统计图的横轴为航次标号，纵轴为统计数据的数值，如图 7.5 所示的航次统计图中标记最大值、最小值、均值、标准差。

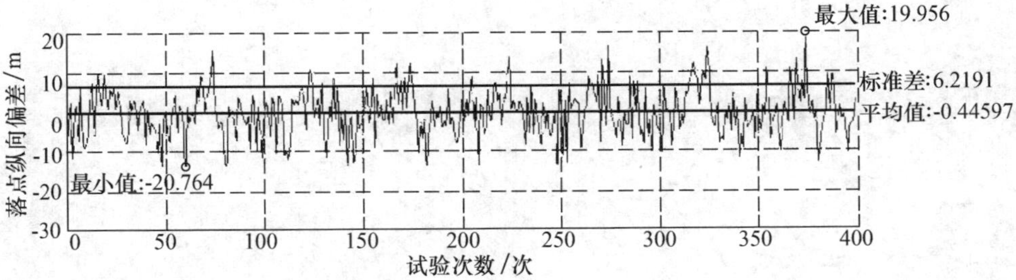

图 7.5　航次统计图

7.3　过程指标统计评估方法

由于过程指标是一系列时间/空间序列，因此利用图形表征其性能更加清晰、直观。

7.3.1　曲线簇图

曲线簇由多航次飞行曲线叠加而成，曲线簇的边界形成曲线包络，它反映了过程指标的分布范围。图 7.6 为舰载机着舰过程下滑道偏差仿真曲线簇，图中横轴为距理想着舰点的距离，纵轴为指标的数值。可利用多个满意航次的曲线簇构成评估包络，将对应单航次的评估指标曲线与评估包络对比能够实现对单航次的过程指标评价。

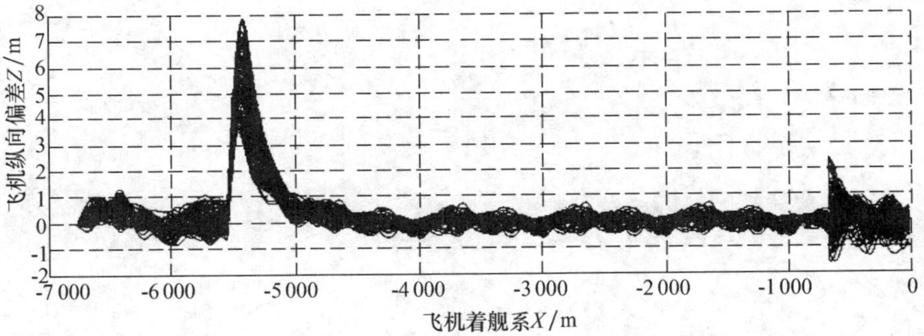

图 7.6　舰载机着舰过程下滑道偏差仿真曲线簇

7.3.2 基线图

基线图可以用于过程指标的统计评估,基线图直观地反映了过程指标的集中趋势和离散程度。

第3篇 航母舰载机安全起飞、着舰评估辅助软件

舰载机安全起飞、着舰评估软件是揭示舰载机起飞、着舰过程安全状况的辅助分析软件，它能够利用舰载机起飞、着舰的飞行数据，分析并挖掘客观存在的风险，或对舰载机起降安全性进行量化或给出舰载机起降安全性的评估结论，或预测事故可能发生的概率。目前，市面上的工程安全性评估软件较少，且很难适应舰载机安全起飞、着舰评估的特殊性要求，因此需要针对航母舰载机安全起飞、着舰的特点开发专用的辅助分析软件，供相关研究人员参考。

第 8 章　航母舰载机安全起飞、着舰评估系统

航母舰载机安全起飞、着舰评估系统包含安全性过程评估系统、基于层次分析法的安全性评估系统和安全性辅助评估系统三种，分别实现过程评估、结果和过程综合评估以及数据的辅助分析评估。

8.1　舰载机安全起飞、着舰过程评估系统

为实现舰载机起飞、降落过程各阶段的安全性评估，可依据各过程的安全指标分别构建起飞过程、着舰引导过程、LSO 辅助决策过程、阻拦过程评估软件。各过程软件以舰载机与航母的相对航迹为输入，能够提供单航次起降过程安全性指标统计显示，并依据安全指标边界定性地给出安全评估结果。

以引导过程评估软件为例介绍各起降过程评估软件。如图 8.1 所示的着舰引导过程评估软件分为三个显示区域，分别提供工况显示、关键状态变量曲线显示和评估结果显示。其中，关键状态变量曲线显示便于评估者了解引导过程的航迹调整细节，评估结果显示提供了引导过程各安全指标的统计结果、安全指标边界和定性安全评估结果的显示。

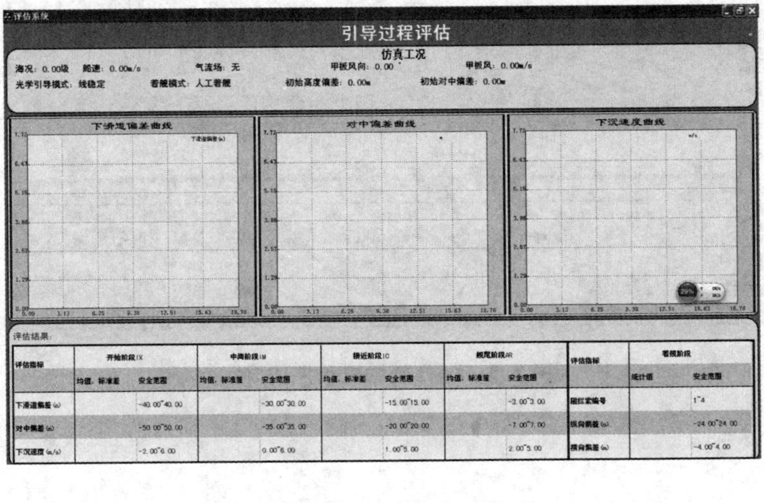

图 8.1　着舰引导过程评估显示界面

考虑到空间位置安全性是起降安全性的关键,可根据各阶段的空间位置特点建立空间图形化显示界面,如图 8.2 所示,阻拦过程评估给出了舰载机在阻拦区域的滑跑时经过的区域边界,便于评估者了解舰载机是否超出阻拦安全边界。如图 8.3 所示,LSO 辅助决策评估给提供了舰载机着舰航迹的图形化显示,便于评估者了解舰载机是否超出了着舰航迹边界。

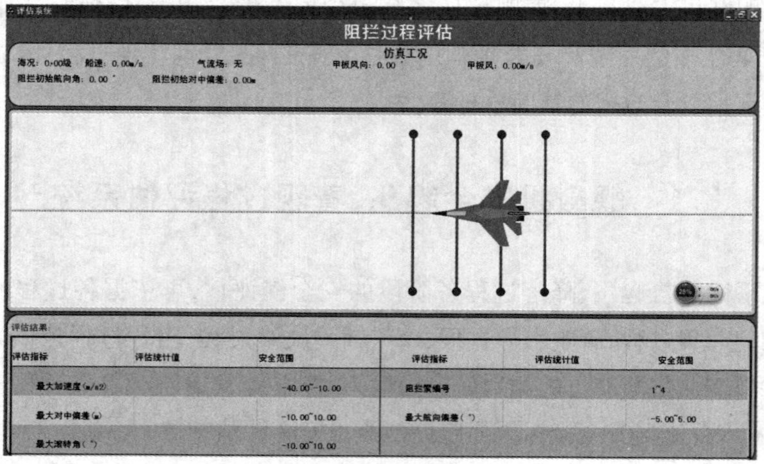

图 8.2　阻拦过程评估显示界面

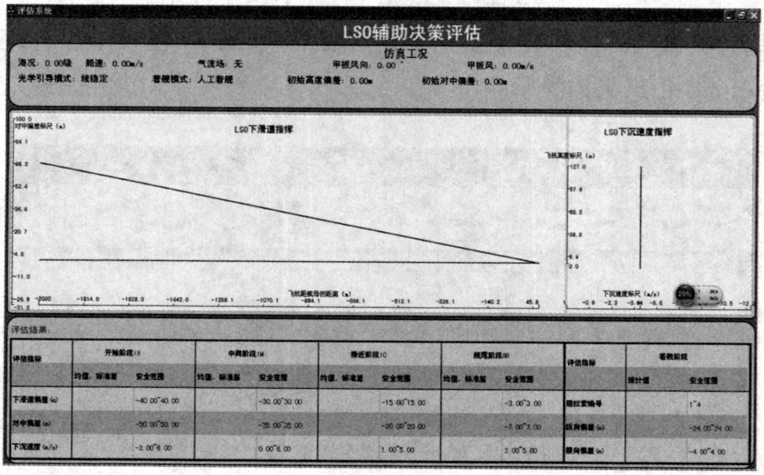

图 8.3　LSO 辅助决策评估显示

8.2　基于层次分析法的安全起飞、着舰评估系统

基于层次分析法利用历史航次的统计结论和专家打分，实现单航次舰载机起降过程指标和结果指标的综合评价。软件具备舰载机起降过程事后数据的读取、预处理以及阶段划分功能、指标的计算功能、舰载机起降过程层次结构的显示功能、单航次指标评估及显示功能、综合评价及显示功能，评估标准和专家权重的配置功能。

下面以着舰引导过程为例给出基于层次分析法的综合评估方法。如图 8.4 所示，软件包含飞机舰载机引导过程的评估指标层次结构和权重颜色尺。评估时软件以彩色样条的形式给出评估结果，其中样条的长度代表指标评估的量化结果，样条的颜色代表该指标的层次评估权重。

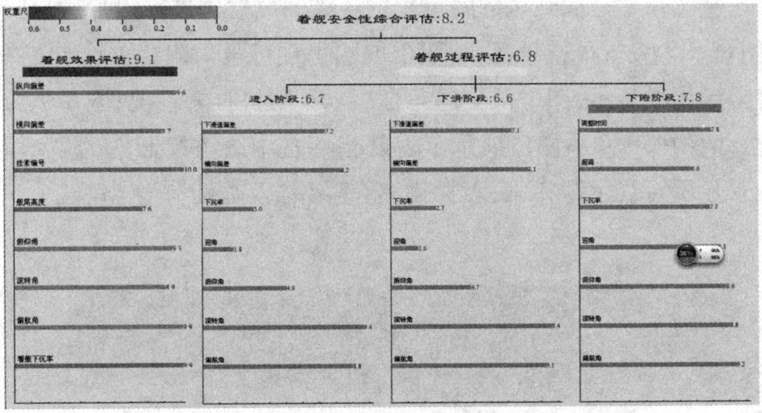

图 8.4　基于层次分析法着舰引导评估软件显示

此外，由于软件评价结论的准确性取决于评价标准和专家权重，软件支持评价标准和专家权重的用户配置，便于用户对评价结论的调整。

8.3　舰载机安全起飞、着舰辅助评估系统

舰载机起降过程涉及航母、舰载机、舰载机起降特种装置、海上环境等多个方面，这些方面错综复杂的交织在一起难于用安全评估指标覆盖所有的安全性问题。在分析软件的辅助下，人工针对舰载机安全起飞、着舰进行评估是最有效、最可靠的分析手段。

舰载机起降安全性辅助评估软件包括两类,即三维回放软件和数据辅助分析软件。

8.3.1 舰载机起降过程的三维回放软件

视景仿真是一种基于可计算信息的沉浸式交互环境,能够为用户提供等同于真实环境的体验。利用飞行状态数据驱动三维视景,再现舰载机起降过程,直观地展示起降过程细节,也是实现舰载机起降过程安全评估的一种手段。舰载机起降过程的三维回放软件是能够实现舰载机起降过程回放的三维视景仿真软件,软件包含全局视景、飞行员视景和着舰指挥官视景三种模式,其中飞行员视景和着舰指挥官视景分别从飞行员和着舰指挥官的视场角度提供起飞、着舰、引导、全自动着舰过程的回放;全局视景具备调整视点和视角功能,用户可根据评估的需求任意调整视点和视角。

图 8.5 至图 8.7 是舰载机起降过程的三维回放软件进行阻拦过程回放时的截图,其中图 8.5 为飞行员视景显示,图中展示了飞行员对阻拦安全性的视觉认知;图 8.6 为全局视景显示,图中从全局角度展示了阻拦挂索情况;图 8.7 为着舰指挥官视景显示,图中下方小窗口展示了着舰指挥官中线监视器内的显示内容,着舰指挥官视景显示可展示阻拦索、阻拦钩、起落架的运动细节。

图 8.5　舰载机起降过程的三维回放软件进行阻拦过程回放时的截图(飞行员视景显示)

图 8.6　舰载机起降过程的三维回放软件进行阻拦过程回放时的截图(全局视景显示)

图 8.7　舰载机起降过程的三维回放软件进行阻拦过程回放时的截图(着舰指挥官视景显示)

8.3.2　舰载机起飞、着舰数据辅助分析软件

舰载机起降过程数据辅助分析软件是一种人工安全性评估的辅助工具,该软件与舰载机起降数据的特点相适应,能够统一处理和分析舰载机起降各过程的数据。舰载机起降过程数据辅助分析软件的功能包含曲线显示、曲线分析、曲线操作和曲线处理四个方面。

1. 曲线显示功能

(1)曲线的显示与隐藏

曲线显示界面如图 8.8 所示,当同一曲线显示区域内加载多条曲线时,可通过曲线显隐设置确定曲线显示区域显示哪些曲线。

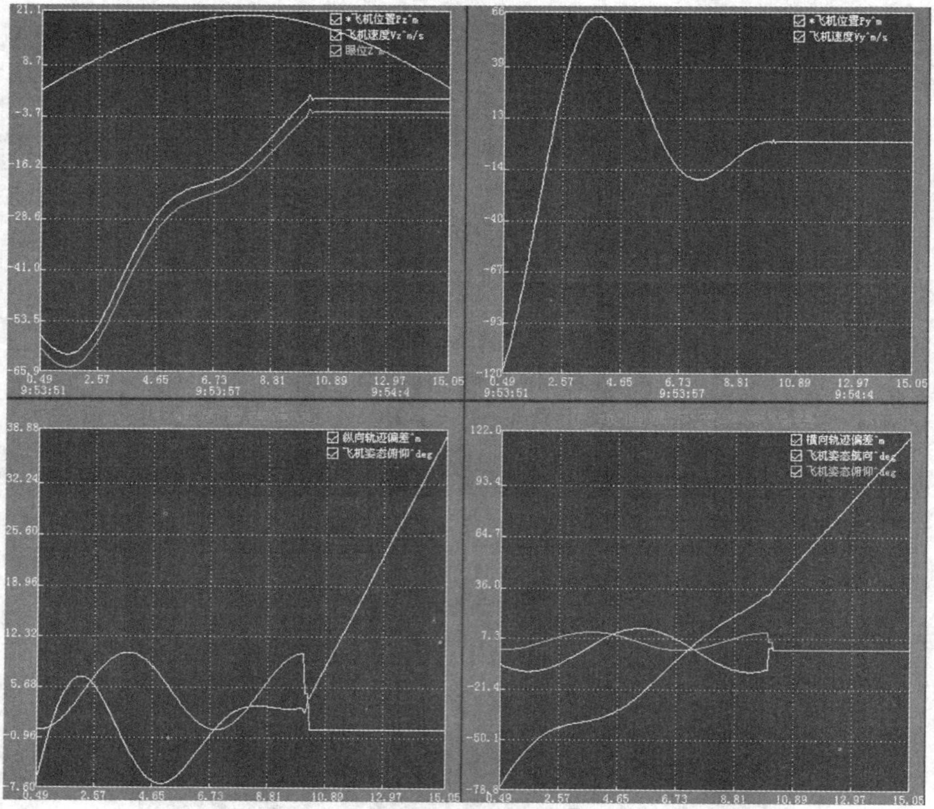

图 8.8　曲线显示界面

(2)曲线加粗功能

提供重点分析曲线的加粗标识功能。

(3)关键事件标注功能

如图 8.9 所示提供曲线标注的途径,可对人工判断的关键事件进行标注和更改。

2. 曲线分析功能

(1)曲线测量功能

如图 8.10 所示,可测量曲线段起始点坐标,用于辅助估算给定曲线段的斜率等指标。

(2)曲线漫游功能

实现曲线上、下、左、右四个方向的移动和缩放。

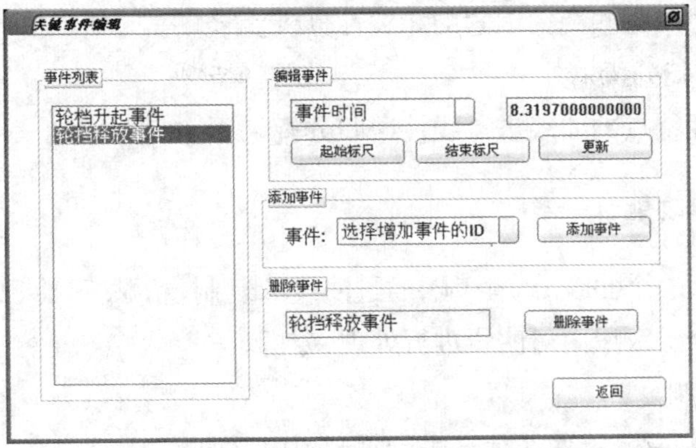

图 8.9　关键事件编辑窗口

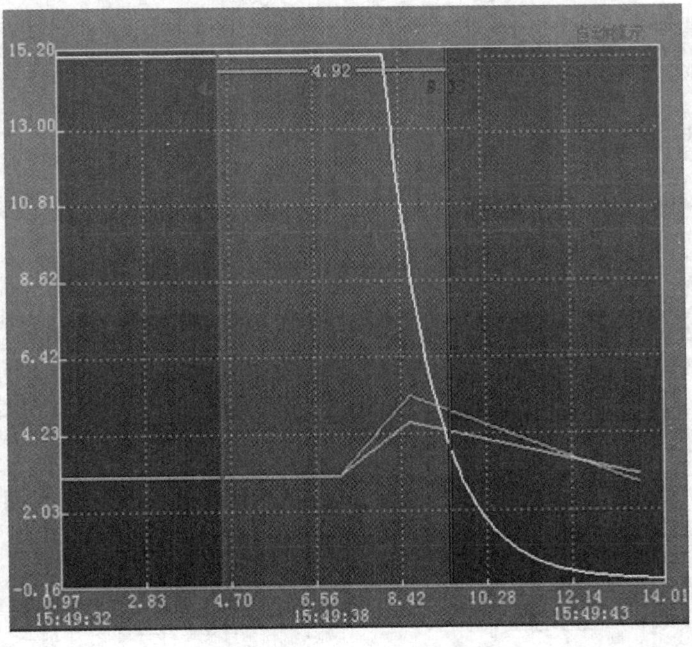

图 8.10　关键事件编辑窗口

(3) 曲线关联漫游功能

可以将界面中上下两个窗口关联起来，可以同时对两个窗口中的图形或曲线进行拖动漫游，或对两个窗口中的曲线同时进行时间测量。

(4) 曲线统计功能

可对数据曲线进行最大值、最小值、均方差等指标的统计。

(5)曲线相关性分析

可实现曲线与某些相关因素的相关性分析。

(6)曲线回归分析

对具有线性特点的曲线进行线性回归分析。

3. 曲线操作功能

软件提供了一个曲线分析区域,通过曲线的复制、粘贴,可将原始曲线的一部分提取到曲线分析区域内对曲线进行处理、分析。

(1)曲线复制

可选择一段曲线,将曲线信息进行复制到内存中。

(2)曲线粘贴

可将内存中存储的曲线粘贴到曲线分析区域内进行分析。

(3)曲线删除

可对删除曲线分析区域的曲线。

4. 曲线处理功能

通过如图 8.11 所示的曲线处理设置,实现曲线的插值、滤波和修正。

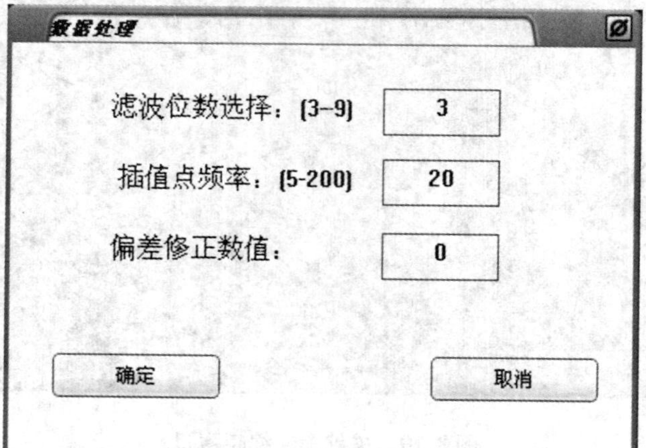

图 8.11　曲线处理设置

附录 航母舰载机安全起飞、着舰评估指标体系

附表1 滑跃起飞安全指标体系与主要影响因素

安全指标					主要影响因素		
序号	安全指标	原理分析	边界条件分析	指标类型	序号	影响因素	原理分析
1	离舰后允许的最大高度损失	取决于升力与重力的平衡关系以及舰载机加速性能	不低于航母水平高度(近海面飞控能力分析)	不等式型	1	离舰速度	若离舰速度不足,舰载机离舰后将持续出现较大下沉率、负爬升率(航迹角)、轨迹下沉,从而导致舰载机离舰后高度损失过大
					2	滑跑距离	影响舰载机的离舰速度,从而影响舰载机离舰后的高度损失和迎角
					3	推重比	影响载机的离舰速度和离舰后的高度损失
					4	甲板风	影响起飞升力,从而影响舰载机离舰后的高度损失和迎角
					5	离舰航迹角	离舰航迹角决定了舰载机离舰后的初始航迹角,从而影响舰载机离舰后的高度损失和迎角

附表 1(续)

安全指标					主要影响因素		
序号	安全指标	原理分析	边界条件分析	指标类型	序号	影响因素	原理分析
2	舰载机离舰后的最大迎角	满足舰载机正常的飞控能力	不超过 $0.9C_{Lmax}$ (C_{Lmax}:最大升力系数)对应的迎角	不等式型	6	滑跃航母型线	影响离舰航迹角,从而影响舰载机离舰后的高度损失和迎角
					7	航母运动	航母纵摇和升沉影响舰载机离舰航迹角、俯仰角以及离舰点距海面的高度,从而影响舰载机离舰后的高度损失和迎角
					8	舰载机操控	(1)预置升降舵偏角(飞行员控制)的大小影响舰载机离舰后俯仰运动趋势,从而影响舰载机离舰后的高度损失和迎角; (2)迎角稳定控制:在滑跃起飞过程中引入增稳控制可限制迎角过大、增加迎角稳定性
					9	地面效应	对舰载机升力有较大影响,从而影响舰载机离舰后的高度损失和迎角

附表 2　弹射起飞安全指标体系与主要影响因素

安全指标					主要影响因素		
序号	安全指标	原理分析	边界条件分析	指标类型	序号	影响因素	原理分析
1	离舰后允许的最大高度损失	取决于升力与重力的平衡关系以及舰载机加速性能	不低于航母水平高度(近海面飞控能力分析)	不等式型	1	弹射能量等级	同时影响舰载机的弹射重量和最大弹射末速度,从而影响弹射起飞离舰后的高度损失和迎角
					2	弹射距离	影响舰载机的离舰速度,从而影响弹射起飞离舰后的高度损失和迎角
					3	弹射末速度	影响舰载机的离舰速度,从而影响弹射起飞离舰后的高度损失和迎角
2	舰载机离舰后的最大迎角	满足舰载机正常的飞控能力	不超过 $0.9C_{Lmax}$ (C_{Lmax}:最大升力系数)对应的迎角	不等式型	4	剩余航母长度	影响舰载机的起落架突伸过程,从而影响弹射起飞离舰后的高度损失和迎角
					5	推重比	影响弹射末端的加速性能和离舰速度,并影响舰载机离舰后的加速度,从而影响弹射起飞离舰后的高度损失和迎角
					6	甲板风	影响起飞升力,从而影响弹射起飞离舰后的高度损失和迎角
					7	前起落架突伸力	影响起飞迎角,从而影响弹射起飞离舰后的高度损失和迎角

附表 2(续)

安全指标					主要影响因素		
序号	安全指标	原理分析	边界条件分析	指标类型	序号	影响因素	原理分析
3	弹射最大加速度	满足飞行员的安全要求	飞行员的正加速度承受能力	不等式型	8	航母运动	航母纵摇和升沉影响舰载机离舰航迹角、俯仰角以及离舰点距海面的高度,从而影响弹射起飞离舰后的高度损失和迎角
					9	舰载机控制方式	(1)预置升降舵偏角(飞行员控制)的大小影响舰载机离舰后俯仰运动趋势,从而影响高度损失和迎角; (2)迎角稳定控制:起飞过程中引入增稳控制可限制迎角过大、增加迎角稳定性
					10	地面效应	与对滑跃起飞的影响相似,地面效应对舰载机起飞升力的影响较大,改变弹射起飞轨迹,从而影响弹射起飞离舰后的高度损失

附表3　着舰引导安全指标体系与主要影响因素

安全指标					主要影响因素		
序号	安全指标	原理分析	边界条件分析	指标类型	序号	影响因素	原理分析
1	落点纵向偏差	满足四道阻拦索的安全阻拦要求	从第一道索前12米至第四道索的位置	边界型	1	菲涅尔助降系统的性能	(1)系统可视距离和光学分辨能力影响飞行员感受纵向偏差的能力,影响其下滑道调整性能,从而影响引导过程各项安全指标; (2)稳定补偿方式确定了引导光束的空间稳定形式,影响舰载机下滑策略,从而影响引导过程各项安全指标; (3)灯索布局关系影响挂索
2	落点横向偏差	防止超过阻拦的最大安全约束	满足阻拦安全对偏心的要求	边界型	2	甲板灯光的对中引导性能	影响飞行员感受横向偏差的能力,影响其下滑道对中调整性能,从而影响引导过程各项安全指标
					3	航母运动	航母的航行运动影响舰载机的航迹角和队中偏差;航母的升沉和纵摇影响纵向落点偏差,影响舰尾净高;航母横摇影响舰机相对姿态
3	落点垂向速度	防止舰载机结构损坏	取决于舰载机结构强度要求	不等式型	4	甲板风	甲板风由航母航行和环境风共同决定: (1)甲板风可减小舰载机对甲板的接近速度,从而影响着舰速度、落点下沉速度等指标; (2)甲板风侧向分量使下滑道对中调整偏差增大,从而影响落点横向偏差等指标

附表 3(续)

安全指标					主要影响因素		
序号	安全指标	原理分析	边界条件分析	指标类型	序号	影响因素	原理分析
4	钩坡距	防止舰载机撞击舰尾	满足舰尾净高 3 米的要求	不等式型	5	尾流场	尾流场影响舰载机近舰段的下滑道调整能力和抗扰动能力，从而影响舰尾净高、落点纵向偏差和垂向速度
					6	舰载机飞行品质	影响引导下滑调整能力，从而影响各项引导安全指标
					7	飞行员水平	飞行员的操作能力直接影响引导性能，从而影响各项引导安全指标
5	落点舰载机相对姿态	防止机翼、机头、尾翼撞击航母	取决于舰载机的结构尺寸	边界型	8	初始航迹偏差	初始航迹偏差增加了引导下滑调整的难度，从而影响各项引导安全指标
					9	LSO 指令	LSO 引导指令的及时性、合理性影响飞行员的下滑调整策略，从而影响各项引导安全指标

附表4 全自动着舰安全指标体系与主要影响因素

安全指标					主要影响因素		
序号	安全指标	原理分析	边界条件分析	指标类型	序号	影响因素	原理分析
1	落点纵向偏差	满足四道阻拦索的安全阻拦要求	从第一道索前12米至第四道索的位置	边界型	1	航母运动	航母的航行运动影响舰载机的航迹角和队中偏差；航母的升沉和纵摇影响纵向落点偏差，影响舰尾净高，航母横摇影响落点舰机相对姿态
					2	甲板风	甲板风由航母航行和环境风共同决定： (1)甲板风可减小舰载机对甲板的接近速度，从而影响着舰速度、落点下沉速度等； (2)甲板风侧向分量使下滑道对中调整偏差增大，从而影响落点横向偏差等指标
2	落点横向偏差	防止超过阻拦的最大安全约束	满足阻拦安全对偏心、偏航的要求	边界型	3	尾流场	尾流场影响舰载机近舰段的下滑道调整能力和抗扰动能力，从而影响舰尾净高、落点纵向偏差和垂向速度
					4	初始航迹偏差	初始航迹偏差增加了引导下滑调整的难度，从而影响各项全自动着舰安全指标
3	落点垂向速度	防止舰载机结构强度损坏	取决于舰载机结构强度要求	不等式型	5	舰载机自动飞行控制性能	是影响全自动着舰过程的航迹跟踪性能，其系统带宽、响应延迟等特性是否达标、是否能与引导律指令相适配是影响全自动着舰落点偏差和飞行员满意度等关键因素

附表 4(续)

安全指标					主要影响因素		
序号	安全指标	原理分析	边界条件分析	指标类型	序号	影响因素	原理分析
4	钩坡距	防止舰载机撞击舰尾	满足舰尾净高 3 米的要求	不等式型	6	着舰引导控制律性能	直接影响着舰航迹,是影响落点偏差、舰尾净高等安全指标的关键因素
					7	甲板运动预报及补偿控制性能	影响着舰前的航迹,进而影响落点偏差、舰尾净高等安全指标
5	落点舰机相对姿态	防止机翼、机头、尾翼撞击航母	取决于舰载机的结构尺寸	边界型	8	舰尾流补偿控制性能	补偿舰尾流对舰载机的航迹控制影响,从而改善舰尾净高和落点偏差等安全指标
					9	航迹测量系统性能	包含航迹测量系统的捕获能力、精度、抗噪声能力、时间滞后、稳定性、可靠性等,影响了测量信息的准确性,从而影响全自动着舰的各项安全指标
6	飞行员的满意度	考虑飞行员的心理感受	满足全自动着舰品质等级(AQR)评定要求	不等式型	10	复飞决策技术	复飞决策的正确与否直接影响了自动着舰的成功率

附表 5　阻拦安全指标体系与主要影响因素

安全指标					主要影响因素		
序号	安全指标	原理分析	边界条件分析	指标类型	序号	影响因素	原理分析
1	阻拦距离	防止舰载机冲出航母	满足阻拦航母长度的约束	不等式型	1	阻拦系统性能	包含阻拦力规律、偏心偏航阻拦能力和阻拦系统的最大能量等级。影响阻拦过程中舰载机受力,从而影响阻拦各项安全指标
					2	阻拦俯仰角、滚转角	阻拦俯仰角、滚转角为舰载机尾钩挂索时刻的俯仰、横滚等姿态,将会引起滑跑阻拦过程中舰载机运动姿态的复杂波动,幅度过大将导致舰载机姿态倾翻、机翼打地等风险
2	阻拦加速度	满足飞行员的安全要求	取决于飞行员的负加速度承受能力	不等式型	3	阻拦偏心、偏航	阻拦偏心、偏航为舰载机尾钩挂索时刻的偏心、偏航,阻拦偏心、偏航影响阻拦过程中舰载机的受力状态及运动轨迹,从而影响阻拦加速度和阻拦包络
					4	尾钩运动及钩索摩擦	影响偏心阻拦时的阻拦轨迹包络,从而影响阻拦横向最大位移
3	阻拦包络	防止撞击航母其它设备	取决于着舰航母安全边界和舰载机的机翼尺寸	边界型	5	飞行员操控	舰载机尾钩挂索成功后,飞行员应及时关闭发动机油门,否则影响阻拦距离及阻拦加速度等安全指标

附表6　复飞安全指标体系与主要影响因素

安全指标					主要影响因素		
序号	安全指标	原理分析	边界条件分析	指标类型	序号	影响因素	原理分析
1	复飞高度损失	防止撞击舰尾或航母	高度损失不得大于30英尺	不等式型	1	初始下沉率和迎角	初始下沉率影响复飞下沉量，初始迎角影响复飞最大迎角
					2	发动机响应能力	影响舰载机加速过程，从而影响复飞轨迹
2	复飞最大迎角	满足舰载机正常的飞控能力	不超过 $0.9C_{Lmax}$（C_{Lmax}：最大升力系数）对应的迎角	不等式型	3	复飞操纵方法	影响舰载机的复飞表现
					4	LSO决策	LSO复飞决策的合理性影响了着舰成功率； LSO复飞决策及时性影响了复飞轨迹，从而影响了各项复飞安全指标
3	舰载机俯仰增量	防止引起尾钩下沉过多而勾住阻拦索	舰载机俯仰增量不能超过3°	不等式型	5	飞行员响应时间	影响复飞操作时机，从而影响复飞高度损失
					6	舰载机飞行品质	舰载机飞行品质是影响舰载机再次拉起复飞的能力，从而影响各项安全指标

参 考 文 献

[1]曲东才,周胜明.舰载机起飞技术研究[J].航空科学技术,2004(4):25-29.

[2]吴家鸣.航母舰载机起降方式特点分析及全球现役航母简介[J].广东造船,2011(5):45-57.

[3]尹敦兵.舰载机归来:浅谈舰载机着舰[J].航空知识,2007(7):43-45.

[4]郑峰婴,杨一栋,胡恩勇.激光助降侧向目视对中着舰系统[J],应用科学学报,2008,26(4):430-435.

[5]汪曈.航母舰载机自动着舰引导技术研究[D].哈尔滨:哈尔滨工程大学,2010.

[6]寒羽.航空航母特种装备介绍之四:阻拦装置[J].当代海军,1996(2):23-24.

[7]贲亮亮,魏小辉,刘成龙,等.航母甲板风对舰载机进舰轨迹流场影响分析[J].舰船科学技术, 2014(1):27-30.

[8]方芬.舰载机光学助降关键技术研究[D].南京:南京航空航天大学, 2009.

[9]贲亮亮.舰载机着舰环境扰动影响及其响应分析[D].南京:南京航空航天大学, 2013.

[10]何智航.舰载机弹射起飞起落架性能优化及参数分析[D].南京:南京航空航天大学, 2013.

[11]蔡丽青.舰载机弹射起飞安全因素分析及安全指标设计[D].南京:南京航空航天大学, 2014.

[12]焦鑫.舰载机着舰环境与复飞决策技术研究[D].南京:南京航空航天大学, 2012.

[13]焦鑫,江驹,王新华,等.舰载机综合复飞决策研究[J].飞行力学, 2012, 30(5):405-409.

[14]许东松,刘星宇,王立新.变化风场对舰载机着舰安全性影响[J].北京航空航天大学学报, 2010, 36(1):77-81.

[15]许东松,刘星宇,王立新.航母运动对舰载机着舰安全性的影响[J]. 北京航空航天大学学报, 2011, 37(3):289-294.

[16]李晓磊,赵廷弟.基于模糊推理的舰载机进舰过程安全性仿真分析[J].航空

学报,2013,34(2):325－333.

[17]石明,屈香菊,王萌辉.航母运动对舰载机人工着舰的影响和补偿[J].飞行力学, 2006, 24(1):5－8.

[18]田瑾,赵廷弟.舰载机着舰安全的多维状态空间分析[J].北京航空航天大学学报, 2011, 37(2):155－160.

[19]郭元江,李会杰,申功璋,等.复杂环境下舰载机弹射起飞环境因素建模分析[J].北京航空航天大学学报, 2011, 37(7):877－881.

[20]刘星宇,许东松,王立新.舰载机弹射起飞的机舰参数适配特性[J].航空学报, 2010, 31(1):102－108.

[21]孙婧,杨炳恒,张涛.菲涅耳光学助降系统稳定算法对舰载机着舰的影响[J].工业控制计算机, 2015(7):108－109.

[22]曲志刚,袁涛.舰载机复飞指标研究[J].科技视界, 2012(23):119－120.

[23]张晓杰,崔坤林,吴文海.舰载机自动复飞决策技术研究[J].海军航空工程学院学报, 2009, 24(3):329－332.

[24]贾忠湖,高永,韩维.航母纵摇对舰载机弹射起飞的限制研究[J].飞行力学, 2002, 20(2):19－21.

[25]CLARK Jr J W, WALTERST M . CTOL Ski Jump: Analysis, Simulation, and Flight Test[J]. Journal of Aircraft,2015,23(5):382－389.

[26]DEVESON K . STOVL carrier operations-comparison of safe launch criteria and MTOW sensitivities using APOSTL[R]. American Institute of Aeronautics and Astronautics,1997.

[27] IMHOF G,SCHORK W. Using simulation to optimize ski jump ramp profiles for STOVL aircraft[C]. AIAA. America,2000.

[28] SHRIKANT R P, AMITABH S. Performance analysis and control design for ski-jump take off[C]. AIAA Guidance, Navigation, and Control Conference and Exhibit,2013.

[29] LUCAS C B. Catapult criteria for a carrier based airplane[R]. [S. l]: AD702814,1968.

[30]NAVAIR 00－80T－105. NATOPS landing signal officer manual [S]. US,2004.

[31]BREIDENBACH S T, BRICTSON C A. Development of the automated performance assessment and remedial training system (APARTS): A landing signal officer training aid[R]. Dunlap and Associates, 1997.

[32]SCHUST A P, YONG P N, SIMPSON W R. Automatic carrier landing system (ACLS) category 3 certification manual[R]. AD A118181, 1982.

[33]GIBSON P T, CRESS H A. Analytical study of aircraft arresting gear cable design [R]. Battelle Memorial Institute,1965.

[34]吕开东,李新飞,姜迈,等. 舰载机着舰过程的舰角流场数值仿真分析[J]. 飞行力学,2013,31(1):19 - 23.

[35]DMITRIY M, IGOR V, ALEXEY B. Finite element modeling of the arresting gear and simulation of the aircraft deck landing dynamics[J],Stuttgart,2008(6): 24 - 27.

[36]ROBERT B J. Development of the wave-off decision device and its relationship to the carrier approach problem [R]. [S.l.]:AIAA - 68 - 846,1968.

[37]Carrier suability testing manual with revision 2 of 30[R]. [S.l.]:[s.n.],1994.

[38]Department of defense joint service guide[R]. [S.l.]:[s.n.],2001.

[39]PRICKETT A L, PARKES C J. Flight testing of the F/A - 18E/F automatic carrier landing system[C]. Proceedings of IEEE Aerospace Conference,2001.

[40]LOUISE M F. A study of the effect of different cam designs on Mark 7 Mod 1 arresting gear performance[R]. [S.l.]:ADA061486, 1978.

[41]苏为华. 多指标综合评价理论与方法问题研究[D]. 厦门:厦门大学, 2000.

[42]RIEHARD A J, DEAN W W. Applied multivariate statistieal analysis[M]. 陆璇,译. 北京:清华大学出版社, 2001.

[43]任若恩,王惠文. 多元统计数据分析[M]. 陆璇,译. 北京:国防工业出版社,1997.

[44]JOLLIEFF I T. Principal component analysis [M]. New York: Springer, 1986.

[45]晏露蓉,吴伟. 建设先行指标体系的科学方法[J]. 金融研究,2006(6):128 - 135.

[46]彭念一. 先行指标预测法初探[J]. 财经理论与实践,1988(4):39 - 42.

[47]徐泽水, 达庆力. 基于模糊语言评估的多属性决策方法[J]. 东南大学学报(自然科学版), 2002,32(4): 1 - 3.

[48]韩作生, 刘培德. 一种基于梯形模糊语言变量的多属性决策方法[J]. 模糊系统与数学, 2011, 25(3): 119 - 126.

[49]HERRERA F, MARTINEZ L. An approach for combing numerical and linguistic information based on the 2-tuple fuzzy linguistic representation model in decision

making[J]. International Journal of Uncertainty, Fuzziness and Knowledge-Based Systems, 2000,8:539 – 562.

[50]张迎新. 基于正态模糊数的矿井煤尘爆炸危险度分析[J]. 煤炭工程, 2009(7): 72 – 74.

[51] TING Y C, CHIA H L. Objective weights with intuitionistic fuzzy entropy measures and computational experiment analysis[J]. Applied Soft Computing, 2011(11): 5 411 – 5 423.

[52] XU Z. Group decision making with triangular fuzzy linguistic variables [C]// IDEAL 2007, LNCS, 2007, 4 881:17 – 26.

[53] LIANG X C, CHEN S F. Multiple attribute decision making method based on trapezoid fuzzy linguistic variables[J]. Journal of Southeast University (English Edition), 2008,24(4):478 – 481.

[54] LIU P, YU S. The extended TOPSIS based on trapezoid fuzzy linguistic variables [J]. Journal of Convergence Information Technology, 2010,5(4):38 – 53.

[55]吕泽华, 陈传波, 秦培煜. 正态模糊集合:Fuzzy 集理论的新拓展[J]. 计算机科学, 2006, 33(11): 1 – 14.

[56]徐泽水. 几类多属性决策方法研究[D]. 南京:东南大学,2003.

[57] DURAND T S. Carrier Landing Analysis[R]. [S.l.]:AD650232, 1967.

[58]徐泽水. 模糊互补判断矩阵排序的一种算法[J]. 系统工程学报, 2001, 16(4): 311 – 314.

[59] CHEN Y, LI B. Dynamic multi-attribute decision making model based on triangular intuitionistic fuzzy numbers[J]. Scientia Iranica, 2011 ,18(2): 270 – 274.

[60] ZHI X S, MING Y C, GUO P X, et al. An interactive method for dynamic intuitionistic fuzzy multi-attribute group decision making[J]. Expert Systems with Applications, 2011,38(12): 15 286 – 15 295.

[61] XU Z S, YAGER R R. Dynamic intuitionistic fuzzy multi-attribute decision making[J]. International Journal of Approximate Reasoning, 2008 (48): 246 – 262.

[62] XU Z S. Corrigendum to "dynamic intuitionistic fuzzy multi-attribute decision making" [J]. International Journal of Approximate Reasoning, 2009 (51): 162 – 164.

[63] JUN Y. Fuzzy cross entropy of interval-valued intuitionistic fuzzy sets and its optimal decision-making method based on the weights of alternatives[J]. Expert Systems with Applications, 2011 (38): 6 179 -6 183.

[64] EULALIA S, JANUSZ K. Entropy for intuitionistic fuzzy sets[J]. Fuzzy Sets and Systems, 2001 (118): 467 -477.

[65] XU Z S. On multi-period multi-attribute decision making[J]. Knowledge-Based Systems, 2008, 21(2):164 -171.

[66] LIN Y H , LEE P C , TING H I . Dynamic multi-attribute decision making model with grey number evaluations[J]. Expert Systems with Applications, 2008,35 (4):1 638 -1 644.

[67] 朱勇甫.舰载机着舰时航迹稳定性研究[J]. 飞行力学,1992,10(2):32 -52.

[68] WEI G W. Some geometric aggregation functions and their application to dynamic multiple attribute decision making in intuitionistic fuzzy setting[J]. International Journal of Uncertainty, Fuzziness and Knowledge-Based Systems , 2009,17(2): 179 -196.

[69] 胡丽芳, 关欣, 邓勇,等. 一种三角模糊数型多属性决策方法[J]. 控制与决策, 2011, 26(12): 1 877 -1 880.

[70] 张慧哲, 王坚, 任子晖. 三角模糊数判断矩阵理论及排序方法研究[J]. 模糊系统与数学, 2009, 23(4): 120 -125.

[71] 徐泽水. 三角模糊数互补判断矩阵的一种排序方法[J]. 模糊系统与数学, 2002, 16(1): 47 -50.

[72] IOANNIS K V, GEORGE D S. Intuitionistic fuzzy information-Applications to pattern recognition[J]. Pattern Recognition Letters, 2007 (28): 197 -206.

[73] HUI M Z, LI Y Y. MADM method based on cross-entropy and extended TOPSIS with interval-valued intuitionistic fuzzy sets [J]. Knowledge-Based Systems, 2012,30(2): 115 -120.

[74] 饶从军, 肖新平. 风险型动态混合多属性决策的灰矩阵关联度法[J]. 系统工程与电子技术, 2006, 28(9): 1 353 -1 357.

[75] 杜源, 伍之前, 李登峰. 基于DIFHA算子的动态直觉模糊多属性群决策方法[J]. 火力与指挥控制, 2011, 36(8): 15 -18.

[76] CHAO F, SHAN L Y. An attribute weight based feedback model for multiple attributive group decision analysis problems with group consensus requirements in

evidential reasoning context [J]. European Journal of Operational Research, 2011,212(1): 179 - 189.

[77] MARKO B, BLAZ Z. A function-decomposition method for development of hierarchical multi-attribute decision models[J]. Decision Support Systems, 2004 (36): 215 - 233.

[78] BYEONG S A, KYUNG S P, CHANG H H, et al. Multi-attribute decision aidunder incomplete information and hierarchical structure[J]. European Journal of Operational Research, 2000(15): 431 - 439.

[79] SHI Q Y, ZHI B J, NA L. A multi-objective dynamic scheduling approach using multiple attribute decision making in semiconductor manufacturing[J]. Int. J. Production Economics, 2011,130(1): 125 - 133.

[80] WEI G W. Grey relational analysis model for dynamic hybrid multiple attribute decision making[J]. Knowledge-Based Systems, 2011 (24): 672 - 679.

[81] 任松, 司长哲, 雷军. 雷达干扰机分配的模糊多属性动态规划模型[J]. 系统工程与电子技术, 2008, 30(10): 1 909 - 1 913.

[82] 汪新凡, 杨小娟. 信息不完全确定的动态随机多属性决策方法[J]. 系统工程理论与实践, 2010, 30(2): 332 - 338.

[83] 杨威, 庞永锋. 一个基于不确定动态几何加权平均算子的多属性决策方法[J]. 数学的实践与认识, 2011, 41(8): 14 - 18.

[84] TAHO Y, MU C C, CHIH C H. Multiple attribute decision-making methods for the dynamic operator allocation problem [J]. Mathematics and Computers in Simulation, 2007 (73): 285 - 299.

[85] JUN Y. Multicriteria fuzzy decision-making method using entropy weights-based correlation coefficients of interval-valued intuitionistic fuzzy sets [J]. Applied Mathematical Modelling, 2010(34): 3 864 - 3 870.

[86] TING Y C, CHIA H L. Determining objective weights with intuitionistic fuzzy entropy measures: A comparative analysis[J]. Information Sciences, 2010 ,180 (21): 4 207 - 4 222.

[87] CUI P W, PEI W, YU Z Z. Entropy, similarity measure of interval-valued intuitionistic fuzzy sets and their applications[J]. Information Sciences, 2011 , 181(19): 4 273 - 4 286.

[88] JIN Q LI, GUAN N D, HONG X L, et al. The relationship between similarity

measure and entropy of intuitionistic fuzzy sets[J]. Information Sciences, 2012, 188(4): 314-321.

[89]董长虹. Matlab 神经网络与应用[M]. 2 版. 北京:国防工业出版社,2007.

[90]景劲松. 复杂产品系统创新项目风险识别、评估、动态模拟与调控研究[D]. 杭州:浙江大学,2005.

[91]袁家军. 神舟飞船系统工程管理[M]. 北京:机械工业出版社, 2006.

[92]YANG J B, WANG Y M, XU D L, et al. The evidential reasoning approach for multiattribute decision analysis under uncertainties[J]. IEEE Transaetions on Systenis, Man and Cyberneties, PartA: Systems and Humans, 2002, 32(3): 289-324.

[93]黄文静. 概率模糊集理论研究及其建模[D]. 长沙:中南大学,2013.